2014—2015

化 学

学科发展报告

REPORT ON ADVANCES IN
CHEMISTRY

中国科学技术协会　主编
中国化学会　编著

中国科学技术出版社
·北　京·

图书在版编目（CIP）数据

2014—2015 化学学科发展报告 / 中国科学技术协会主编；中国化学会编著．—北京：中国科学技术出版社，2016.2

（中国科协学科发展研究系列报告）

ISBN 978-7-5046-7080-9

Ⅰ.①2… Ⅱ.①中… ②中… Ⅲ.①化学－学科发展－研究报告－中国－2014—2015 Ⅳ.①O6-12

中国版本图书馆 CIP 数据核字（2016）第 025845 号

策划编辑	吕建华　许　慧
责任编辑	郭秋霞
装帧设计	中文天地
责任校对	何士如
责任印制	张建农

出　　版	中国科学技术出版社
发　　行	科学普及出版社发行部
地　　址	北京市海淀区中关村南大街16号
邮　　编	100081
发行电话	010-62103130
传　　真	010-62179148
网　　址	http://www.cspbooks.com.cn

开　　本	787mm × 1092mm　1/16
字　　数	300千字
印　　张	14.75
版　　次	2016年4月第1版
印　　次	2016年4月第1次印刷
印　　刷	北京盛通印刷股份有限公司
书　　号	ISBN 978-7-5046-7080-9 / O · 187
定　　价	60.00元

首席科学家 杨国强

专 家 组（按姓氏笔画排序）

丁有钱　卜显和　王　为　王　训　王　磊
王任小　王江云　王利祥　王宏达　王雪松
邓少芝　邓春梅　石先哲　石高全　帅志刚
田中群　田伟生　史　勇　包信和　冯小明
成会明　朱玉军　朱亚先　庄　林　刘　义
刘　庄　刘正平　刘扬中　刘伟生　刘克文
刘虎威　刘明杰　刘忠范　刘俊秋　刘海超
刘琛阳　江　雷　安立佳　许宁生　许国旺
孙为银　孙世刚　孙育杰　孙俊奇　闫寿科
李　嫕　李子臣　李永舫　李攻科　李志波
李国辉　李晓霞　杨　帆　杨文胜　杨秀荣
杨国强　杨芃原　来鲁华　吴一弦　吴大鹏
邱洪灯　邱晓辉　何鸣元　佟胜睿　沈兴海
沈培康　张　锦　张广照　张玉奎　张东辉
张生栋　张先正　张丽华　张新荣　陆　靖

›››› 序

党的十八届五中全会提出要发挥科技创新在全面创新中的引领作用，推动战略前沿领域创新突破，为经济社会发展提供持久动力。国家“十三五”规划也对科技创新进行了战略部署。

要在科技创新中赢得先机，明确科技发展的重点领域和方向，培育具有竞争新优势的战略支点和突破口十分重要。从 2006 年开始，中国科协所属全国学会发挥自身优势，聚集全国高质量学术资源和优秀人才队伍，持续开展学科发展研究，通过对相关学科在发展态势、学术影响、代表性成果、国际合作、人才队伍建设等方面的最新进展的梳理和分析以及与国外相关学科的比较，总结学科研究热点与重要进展，提出各学科领域的发展趋势和发展策略，引导学科结构优化调整，推动完善学科布局，促进学科交叉融合和均衡发展。至 2013 年，共有 104 个全国学会开展了 186 项学科发展研究，编辑出版系列学科发展报告 186 卷，先后有 1.8 万名专家学者参与了学科发展研讨，有 7000 余位专家执笔撰写学科发展报告。学科发展研究逐步得到国内外科学界的广泛关注，得到国家有关决策部门的高度重视，为国家超前规划科技创新战略布局、抢占科技发展制高点提供了重要参考。

2014 年，中国科协组织 33 个全国学会，分别就其相关学科或领域的发展状况进行系统研究，编写了 33 卷学科发展报告（2014—2015）以及 1 卷学科发展报告综合卷。从本次出版的学科发展报告可以看出，近几年来，我国在基础研究、应用研究和交叉学科研究方面取得了突出性的科研成果，国家科研投入不断增加，科研队伍不断优化和成长，学科结构正在逐步改善，学科的国际合作与交流加强，科技实力和水平不断提升。同时本次学科发展报告也揭示出我国学科发展存在一些问题，包括基础研究薄弱，缺乏重大原创性科研成果；公众理解科学程度不够，给科学决策和学科建设带来负面影响；科研成果转化存在体制机制障碍，创新资源配置碎片化和效率不高；学科制度的设计不能很好地满足学科多样性发展的需求；等等。急切需要从人才、经费、制度、平台、机制等多方面采取措施加以改善，以推动学科建设和科学研究的持续发展。

中国科协所属全国学会是我国科技团体的中坚力量，学科类别齐全，学术资源丰富，汇聚了跨学科、跨行业、跨地域的高层次科技人才。近年来，中国科协通过组织全国学会开展学科发展研究，逐步形成了相对稳定的研究、编撰和服务管理团队，具有开展学科发展研究的组织和人才优势。2014—2015 学科发展研究报告凝聚着 1200 多位专家学者的心血。在这里我衷心感谢各有关学会的大力支持，衷心感谢各学科专家的积极参与，衷心感谢付出辛勤劳动的全体人员！同时希望中国科协及其所属全国学会紧紧围绕科技创新要求和国家经济社会发展需要，坚持不懈地开展学科研究，继续提高学科发展报告的质量，建立起我国学科发展研究的支撑体系，出成果、出思想、出人才，为我国科技创新夯实基础。

2016 年 3 月

›››› 前言

在中国科协学会学术部的指导下，继 2007 年、2009 年、2011 年、2013 年先后 4 次出版化学学科发展报告之后，中国化学会再次组织所属各学科委员会和专业委员会对化学学科近 3 年来取得的进展进行调研，撰写完成了《2014—2015 化学学科发展报告》（以下简称“本报告”）。

本报告由综合报告和专题报告两部分构成。在综合报告中，为使读者更好地了解化学学科的发展现状和国际地位，报告首次与励德爱思唯尔信息技术（北京）有限公司合作，以本学科科技论文为抓手，定量对比分析了学科发文、高被引文献、论文归一化影响因子和国际合作率等方面的内容；报告也首次对我国高等化学教育的发展现状和概况进行了调研和整理，以期为高等化学教育改革提供参考；综合报告中的“我国化学学科国内最新重要进展”和“我国化学学科发展趋势和展望”两节由执笔人根据各学科和专业委员会、有关专家以及编写组人员提供的部分资料编写而成，文中共涉及国内科学家近年发表的论文 511 篇。

本报告的 8 篇专题报告是编写组根据专家座谈会的意见有选择地组织的，内容涉及与经济发展和民生相关的热点领域，以便使感兴趣的读者对这些方面的工作有更为具体的了解。由于这些报告写得非常详细，共引用了 667 篇参考文献，所以很多内容也就没有再在综合报告中复述。

本报告的编写得到化学界的多位院士、专家的大力支持和积极响应，他们亲自参与了调研、编写和审稿。在此对他们所付出的辛勤劳动表示衷心的感谢。报告虽经有关专家多次审阅，但百密难免一疏，特别是受执笔人的学术水平和能力之限，报告恐难全面地反映我国化学科学的全貌，一定还会存在材料取舍和编排不当、疏漏等不少的缺陷与瑕疵。对此，编写小组恳请国内广大同仁予以谅解。对于报告的不足，欢迎同仁们批评指正。

中国化学会

2015 年 11 月

目录

综合报告

专题报告

ABSTRACTS IN ENGLISH

综合报告

化学进展

一、引言

化学是研究物质组成、性能和转化的科学。化学与人类社会发展密切相关，与人类日常生活密不可分。随着人类社会快速发展和人类生活条件不断改善的需求增加，化学不仅在本学科，而且在生命科学、材料科学等学科领域也发挥越来越重要的作用。近两年来我国化学学科研究队伍不断壮大，一个显著的原因是化学工作者不仅仅局限于纯化学领域研究工作，更多地以化学为工具，利用化学原理和知识探索生命奥秘，发展新型材料。近两年来，我国化学工作者一如既往继续在化学及与化学相关领域做出了重要学术贡献，突出地表现在发表学术论文数量和质量显著提高。中国化学家在国际纯化学社会中已经形成了一个巨大群体，成为国际化学期刊学术论文发表作者的重要组成部分。他们同时也正在为解决人类社会面临的重大问题和中国社会经济发展做出了应有的贡献。2015 年，屠呦呦研究员与两位国外科学家分享了诺贝尔生理学或医学奖，标志着我国天然产物化学研究工作得到国际社会的肯定。此外，中国的化学教育也取得了显著成就，近年来一直源源不断地为中国和全球培养各类优秀的化学专门人才。

二、以科技论文的视角，比较分析中国与国际化学学科进展

中国化学会首次与励德爱思唯尔信息技术（北京）有限公司（Elsevier）合作，对 2010—2014 年中国和国际化学学科科技论文进行了定量对比分析，比较准确地了解和分析了中国化学学科近年的发展状况，及其在国际化学的学术地位和国际影响力的变化。该报告中所有数据均来源于 Scopus 数据库，该数据库收录了来自于全球 5000 余家出版社的 21000 余种期刊，包含 4900 余万条数据。Scopus 数据库将学科分为 27 个大类，化学（ASJC

1600）为 27 大类之一。

（一）论文发表数量呈快速增长

科技论文的发表情况是一门基础学科发展的重要指标。在 Scopus 数据库，我们检索了中国、德国、日本、英国和美国 5 个化学强国自 1996—2014 年发表化学论文数量，见图 1。从图 1 中可以看出，中国化学发表论文数量逐年增长，自 2004 年起呈现快速增长势头，到 2009 年，中国化学的发文数量超过美国，位居世界第一。2010—2014 年的发文数量更是随年呈指数增长，牢牢占据世界第一的位置。在表 1 中，我们列出了 2010—2014 五年间中国化学发表论文总数和世界化学论文总数。表中数据表明，中国化学发表论文数从 2010 年的 40452 篇大幅增长到 2014 年的 62177 篇，增幅为 53.7%，所占世界化学类论文总数的比例也从 2010 年的 21.4% 上升到 2014 年的 27.4%，表明中国已经成为名副其实的化学论文发表大国。

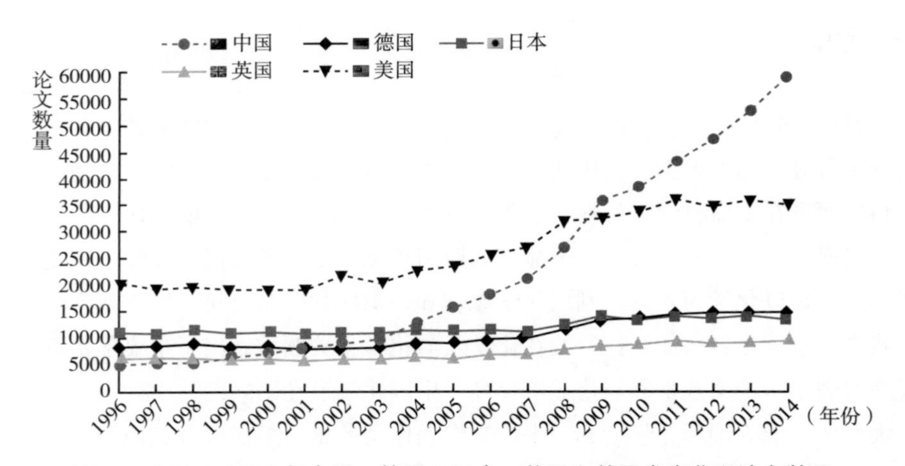

图 1　1996—2014 年中国、德国、日本、英国和美国发表化学论文数量

表 1　2010—2014 年中国发表化学类科技论文总数及所占比例

资源单位	2010 年	2011 年	2012 年	2013 年	2014 年	总计
世界	189028	204813	206644	217398	227275	1045158
中国	40452	45951	49739	55166	62177	253485
占世界份额（%）	21.4	22.4	24.1	25.4	27.4	24.3

（二）论文质量迅速提升

论文的学术质量是衡量一个国家科研水平的重要指标，在我们发表化学学术论文的数量已经位居世界第一的今天，发表论文的质量无疑成为大家关注的焦点。被引用次数是论

文质量的一个重要评判指标，一般来讲，论文被引用次数越多，受关注度和被认可程度越高。2010—2014年中国、德国、日本、英国和美国5个国家全球范围内化学类在全部文献被引次数前1%和前10%的文献（前1%和前10%高被引文献）发文量分别列于表2和表3，对比图见图2a和2b。从图2（a）和2（b）可以看出，中国化学发表的全球前1%和前10%高被引文献发文量自2010年起，均呈现快速增长状态。中国化学全球前10%和1%高被引文献发文量分别于2012年和2013年超过美国，成为全球前10%和1%高被引文献发文量最多的国家。2014年中国化学发表的全球前1%高被引文献发文量已达2315篇，几乎是2010年的3倍。综合近5年数据不难看出，前10%高被引文献发文量已经超过美国，前1%高被引文献发文量也与美国非常接近。这些数据明显地说明了中国化学类科研产出的质量正在迅速提升，中国化学在热点和前沿领域研究正处于国际领先水平。

表2 2010—2014年中、德、日、英和美5国的前1%和前10%高被引文献发文量

年份	2010		2011		2012		2013		2014		总计	
	1%	10%	1%	10%	1%	10%	1%	10%	1%	10%	1%	10%
中国	801	7612	1218	9668	1501	12054	1867	13542	2315	18698	7702	61574
德国	374	3483	457	3780	507	4293	562	4301	542	5132	2442	20989
日本	220	2543	315	2749	328	2964	353	3033	365	3626	1581	14915
英国	276	2529	357	2785	379	2818	385	2910	419	3549	1816	14591
美国	1403	10042	1570	10601	1702	11719	1792	11527	1745	13485	8212	57374

表3 2010—2014年中、德、日、英和美5国前1%和前10%高被引文献发文量比率

年份	2010		2011		2012		2013		2014		总计	
	1%	10%	1%	10%	1%	10%	1%	10%	1%	10%	1%	10%
中国	2.1	20	2.8	22.5	3.2	25.5	3.6	26	3.9	31.7	3.2	25.7
德国	2.8	25.9	3.2	26.5	3.5	29.7	3.9	29.6	3.7	34.8	3.4	29.4
日本	1.7	19.2	2.3	19.8	2.4	21.9	2.6	22.1	2.7	27	2.3	22
英国	3.2	29.2	3.8	29.9	4.2	31.6	4.2	32	4.5	38	4	32.2
美国	4.2	30.1	4.4	29.8	4.9	34	5	32.5	5	38.5	4.7	33

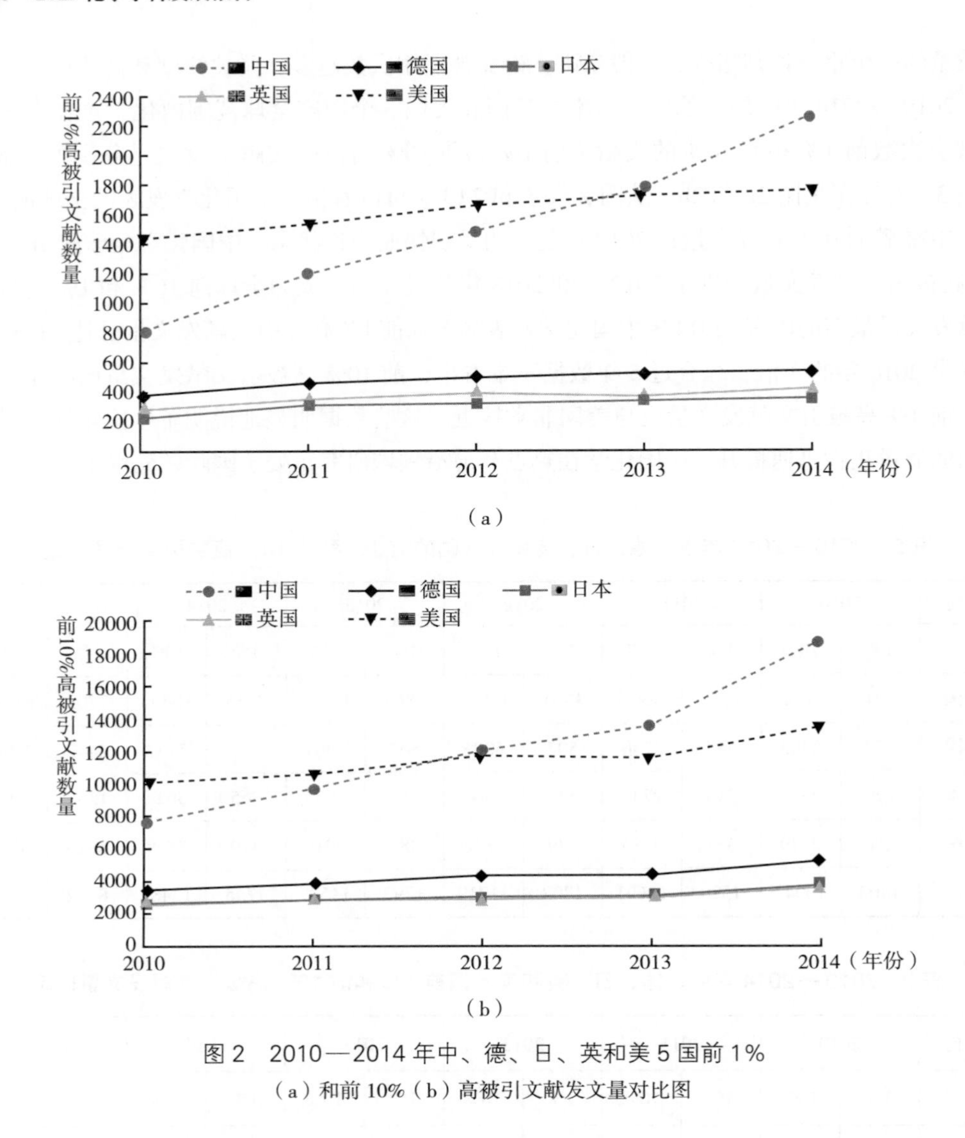

图 2　2010—2014 年中、德、日、英和美 5 国前 1%
（a）和前 10%（b）高被引文献发文量对比图

对比全球前 1% 和前 10% 高被引文献的比率（表 3 和图 3），即全球前 1% 和前 10% 高被引文献发文量与总发文量的比值，中国 2010—2014 年间全球前 1% 高被引文献的比率的平均值分别只有 3.2 和 25.7，还明显低于美国、英国和德国，说明中国化学科研的整体质量还有待提高。不过，自 2010 年，全球前 1% 和前 10% 高被引文献的比率增长势头还是比较喜人，2014 年全球前 1% 高被引文献的比率比 2010 年提高了 1.8%，增幅为 85.7%，并且于 2014 年超过了德国，全球前 10% 高被引文献的比率比 2010 年提高了 11.7%，增幅为 58.5%。对比中国、英国和美国全球前 10% 高被引文献的比率，2013 年到 2014 年的增幅分别为 21.9%、18.7%、18.5%，可以看到中国的增幅最大，不过领先幅度不大，说明中国化学科研水平还在继续提升，但要超过英国和美国，还有比较长的路要走。

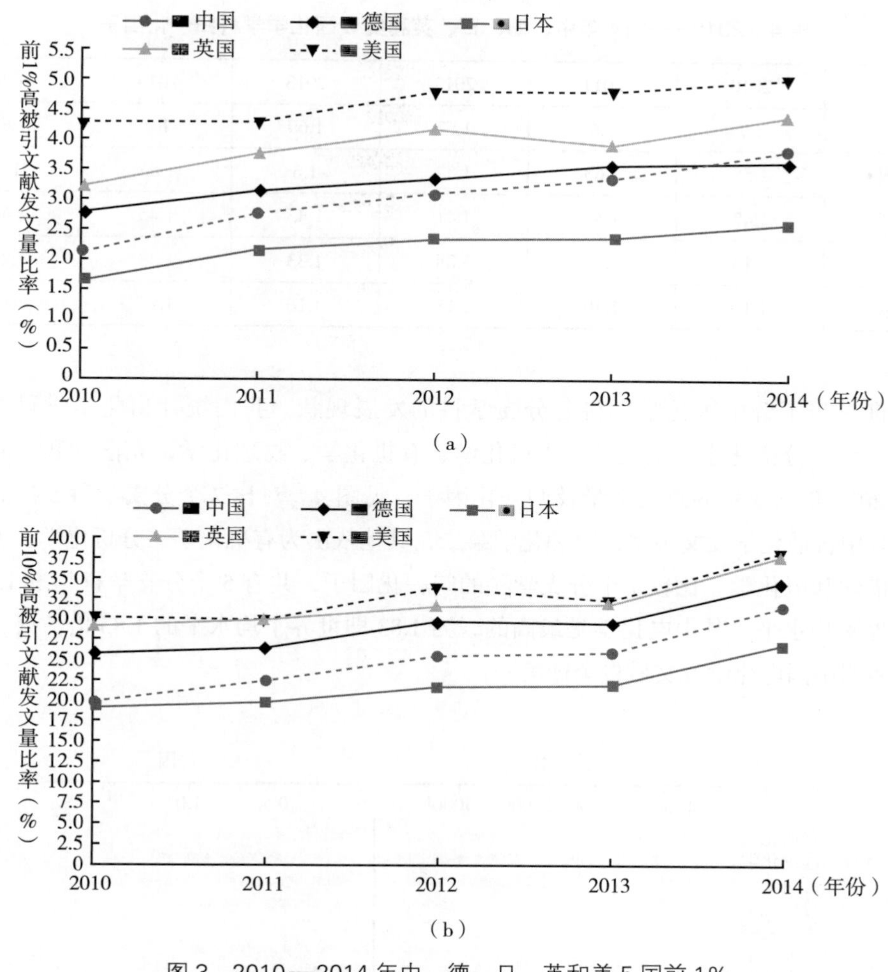

图 3　2010—2014 年中、德、日、英和美 5 国前 1%（a）和前 10%；（b）高被引文献发文量比率对比图

（三）科研影响力超过世界平均水平

考虑到不同时间发表的论文的被引用次数不能直接比较，我们特将文献在当年的相对影响力计算出来，通过对发表时间的归一化，即归一化影响因子（Field-weighted Citation Impact，FWCI）。通过归一化影响因子，我们可以直观地观察化学学科科研影响力的逐年发展趋势。2010—2014 年中、德、日、英和美 5 国化学学科归一化因子列于表 4，从表 4 中可以看出，中国化学 5 年的归一化因子均大于 1.0，表明中国化学发文质量近 5 年均高于世界平均水平。并且，中国化学归一化因子从 2010 年的 1.13 提高到 2014 年的 1.38，说明中国化学近 5 年取得长足的进步。

表 4　2010—2014 年中、德、日、英和美 5 国化学学科归一化因子

年份	2010	2011	2012	2013	2014	平均
美国	1.7	1.6	1.67	1.69	1.7	1.67
英国	1.58	1.63	1.52	1.6	1.65	1.6
德国	1.47	1.47	1.41	1.45	1.45	1.45
中国	1.13	1.22	1.28	1.33	1.38	1.28
日本	1.13	1.19	1.15	1.16	1.15	1.16

为进一步了解中国化学学科各分支学科的发展现状，我们统计出化学学科的 7 个分支学科包括分析化学、电化学、无机化学、有机化学、物理化学、光谱学和普通化学 2010—2014 年共 5 年的总发文量及归一化因子，见图 4。对比 7 个分支学科 5 年的总发文量，其中普通化学发文最多，物理化学第二，其他依次为有机化学、分析化学、无机化学、光谱学和电化学。比较 7 个分支学科的归一化因子，共有 5 个分支学科超过 1.0，即超过世界平均水平，其中电化学是最高的，为 1.83 即世界平均水平的 1.83 倍，处于世界第一，表明中国电化学发文质量全球第一。

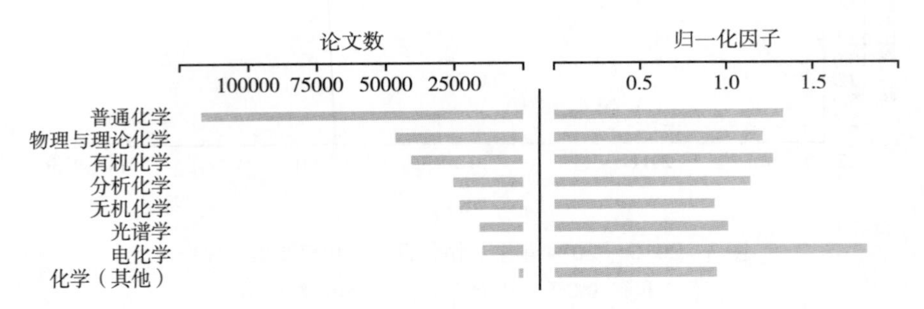

图 4　中国 2010—2014 年化学分支学科的发文数量和归一化因子

（四）国际合作有待进一步加强

一般情况下，国际合作发表论文会得到更多的关注和引用，影响力也更大，因此国际合作比率（即论文共同作者单位包含除本国别以外的其他国家的文章占总论文的比率）的高低也能侧面反映整体科研质量的高低。图 5 展示了 2010—2014 年中、德、日、英和美 5 国国际合作比率。从图 5 中不难看出，英国的国际合作比率是最高的，基本超过 50%，德国紧随其后，中国的国际合作比率保持在 16% 左右，在 5 个国家中是最低的。表明中国化学的国际合作比率跟其他国家相比，还有待进一步加强。

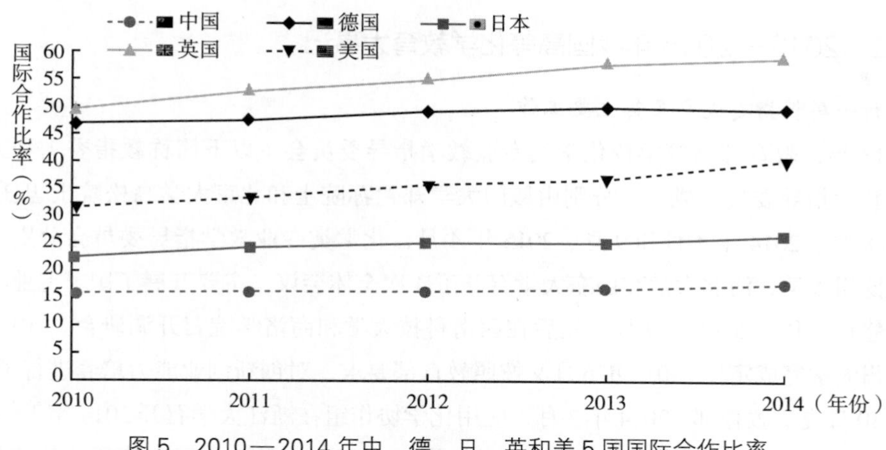

图 5　2010—2014 年中、德、日、英和美 5 国国际合作比率

三、高等化学教育的发展

（一）2013—2015 年我国高等化学教育基本概况

1. 化学类专业数量

截止至 2015 年 6 月，全国高校共开办化学类专业 791 个，其中化学专业 308 个，应用化学专业 461 个，化学生物学专业 20 个，分子科学与工程专业 2 个。

2. 化学拔尖人才培养概况

化学拔尖人才培养主要包括国家级“理科基础科学研究与教学人才培养基地”和国家“基础学科拔尖学生培养试验计划”。1992 年以来我国先后分 5 批设立了 20 个国家级“理科基础科学研究与教学人才培养基地”。参与国家“基础学科拔尖学生培养试验计划”试点高校中有 16 所高校举办化学拔尖学生培养试点。

3. 教学研究与建设概况

在 2014 年国家级教学成果奖评审过程中，北京大学、北京师范大学、北京化工大学、吉林大学、大连理工大学、厦门大学、武汉大学、湖南大学、陕西师范大学、西北大学等高校的 10 项化学类成果获得国家级教学成果奖二等奖。

2013—2015 年化学类专业教材和教学参考书出版情况，高等教育出版社共出版 54 种、化学工业出版社出版 62 种。

2014 年，共有 71 种化学类教材获评国家级十二五规划教材。化学类课程获评国家级资源共享课的达到 71 门，在各本科专业中仍然位居前列。

目前，我国大学化学教育研究发文期刊主要为《化学教育》和《大学化学》以及《高等理科教育》《中国大学教学》等。其中，《大学化学》于 2013—2014 年共发表各类论文 232 篇，主要集中在教学研究与改革、化学实验、师生笔谈和自学之友等栏目。2014 年 1 月起，《化学教育》变更刊期，由月刊变更为半月刊。

（二）2013—2015 年我国高等化学教育大事记

1. 新一届教指委成立及其主要工作

2013 年，教育部高等学校化学类专业教学指导委员会（以下简称教指委）和大学化学课程教学指导委员会成立。分别由厦门大学郑兰荪院士和北京大学高松院士担任主任。2013 年 8 月、2014 年 4 月和 9 月、2015 年 4 月，化学类专业教学指导委员会分别在南京大学、扬州大学、河北大学和山东大学召开了 4 次全体会议，主要开展了国家专业标准的拟定和修订工作。2014 年 9 月，先后在西南科技大学和商洛学院召开调研会。2014 年 10 月在郑州大学完成定稿。2015 年 6 月又按照教育部要求，对创新创业能力培养进行了完善，于 6 月 30 日提交教育部。2014 年 7 月，应用化学协作组在浙江大学召开 2014 年工作会议，重点研讨了应用化学专业建设经验与发展趋势。2014 年 7 月，全国高等师范院校化学专业工作协作组在东北师范大学召开了第 15 届全国高等师范院校化学课程结构与教学改革研讨会，就凸显师范特色、深化教育改革开展了研讨。2015 年 3 月，在武汉大学召开无机化学教材研讨会。2015 年 4 月，与高等教育出版社合作在山东青岛组织召开了物理化学教学内容研究交流研讨会。

2013 年 10 月，大学化学课程教指委在北京大学召开第一次全体会议，交流了化学课程建设与改革的经验。2015 年，与化学类专业教指委在山东大学召开联席会议，研讨了大学化学教学改革、大学与高中化学教学的衔接、高校化学类教材建设等内容。

2. 教师教学交流活动

（1）大学化学教学研讨会。2014 年 10 月，第十二届全国大学化学教学研讨会在西南大学召开，围绕本科教学质量工程实施以来化学类专业在特色专业、精品课程、教材、实验示范中心、教学团队和人才培养模式创新实验区等方面的建设成果和经验进行了充分的交流。共有来自全国 100 余所高校的 300 多位教师参加。

（2）大学化学化工课程报告论坛。2013 年 11 月，第八届报告论坛在扬州大学举行，交流了精品开放课程建设与共享方面的成果，有来自全国 160 多所高校的近 600 名代表参加会议。2014 年 11 月，第九届论坛在西北大学召开，围绕“传承与创新：信息化环境下的高校化学化工课程与课堂”开展了研讨，有 500 多位代表参加。2015 年 11 月，第十届论坛在湖南大学召开，就“实践、创新、发展：聚焦化学化工人才培养实践中教学内容与课程体系建设成果”进行了研讨，有 800 多位代表参加。

3. 大学生交流活动

（1）全国大学生化学实验邀请赛。2013 年 7 月，第三届全国高等师范院校大学生化学实验邀请赛暨化学实验教学与实验室建设研讨会在河南师范大学举行，有来自全国 36 所高校的 108 名选手参赛。2014 年 7 月，第九届全国大学生化学实验邀请赛在兰州大学举行，有来自全国 42 所高校的 126 名化学类专业学生参加。

（2）全国化学专业本科生科技活动交流会。2013 年 12 月，第三届化学专业本科生科技活动交流会在四川大学举行，有 22 所高校的 160 余名师生参加。

（3）基础学科拔尖学生培养试验计划交流活动。自 2009 年启动基础学科拔尖学生培养试验计划以来，实施化学学科拔尖学生培养试点计划的高校，先后在浙江大学、厦门大学、北京大学、南开大学、吉林大学等就培养模式、个性化和国际化培养等议题开展了交流。

（三）我国高等化学教育研究进展概述

1. 国内外化学教育比较研究

2013—2015 年，中国科学院院士局委托北京大学高松院士牵头开展了我国高等化学教育问题与对策研究。就化学专业设置、课程结构与课程体系、教学内容，教材建设，实验和实践教学，师资队伍状况和教学方法，与中学教育的对接、研究生培养模式、化学类人才培养规模和就业研究等 7 个子课题开展调研。自 2013 年上半年启动全面研究工作，2013 年 6 月和 2014 年 3 月分别在中科院学术会堂和北京香山饭店召开了研讨和交流会。相关调研成果先后在《大学化学》以论文形式发表。

2. 化学类专业国家质量标准制订

《化学类专业本科教学质量国家标准》（以下简称《标准》）经过化学类专业教指委近 3 年的努力终于制订完成。《标准》的功能有三：①专业设置的依据。即学校在增设化学类新专业时，应对照标准来评估师资队伍、教学条件等是否达到办学基本要求；②专业建设指导。学校应以《标准》为依据制订专业人才培养目标，设计培养方案，建立适宜的课程体系和教学内容；③专业评估参考。各专业须以《标准》为依据不断完善内部人才培养质量监督保障，形成持续改进机制。该《标准》的研制和实施，必将在我国化学专业的发展中发挥重要的指导和规范作用。

2013—2015 年是我国大学化学类专业开展广泛调研、深入思考、规范建设的重要阶段。《我国高等化学教育问题与对策》调研和《化学类专业本科教学质量国家标准》的制订，必将对我国高等化学专业的改革和发展奠定坚实基础。

四、我国化学学科国内最新重要进展

本综合报告主要包括无机化学、有机化学、物理化学、分析化学、核化学和放射化学、高分子化学及相关化学学科和专业近两年来的重要研究进展与展望。

（一）无机化学

清华大学李隽与山西大学李思殿、复旦大学刘智攀和美国布朗大学王来生等合作研究发现，化学元素周期表中与碳相邻的硼元素可以形成类似富勒烯的球型结构。他们命名这种 40 个硼原子组成的类富勒烯团簇为硼球烯（borospherene）。此次由中美两国 4 个研究组合作新发现的由 40 个硼原子组成的硼球烯具有类似于碳富勒烯团簇的笼状结构。但由于硼元素比碳少 1 个电子，硼球烯面上存在由上下 2 个六元环和中间 4 个七元环组成的 6 个空穴，并拥有高度离域的球型多中心化学键。硼球烯的发现为开发硼的新材料提供了重要线索。鉴于与碳材料的显著不同，硼球烯材料有可能在能源、环境、光电材料和药物化学等方面具有应用前景[1, 2]。

自石墨烯发现以来，含离域大 P 键的单层材料备受科学界关注，主要集中在具有层状结构相关材料体系。迄今为止，具有离域电子特性的单原子层的金属结构未见报道，主要原因在于金属键无方向性而易于形成三维的紧密堆积结构。李亚栋等利用弱配体聚乙烯吡咯烷酮（PVP）稳定的甲醛还原金属铑，成功制备出第一例单原子层厚度的纳米金属铑片，球差电镜和同步辐射研究均证实了这一新颖的单原子层金属结构。李亚栋与李隽等合作从理论上发现，单层铑片中存在着一种新型的离域大 D 化学键，有助于稳定其单层金属结构。该项研究进展为进一步推动金属纳米与团簇、丰富发展重金属元素的化学成键理论研究具有重要意义，为探索金属原子单层结构与性能研究提供了重要启示[3]。

氮杂二吡咯亚甲基氟硼化合物（aza-BODIPY）具有摩尔吸光系数高、荧光量子产率高、吸收波长在可见光或近红外区域、荧光寿命长和光稳定性好等特点，是一类应用非常广泛的荧光染料。但是目前还没有关于不对称苯并 aza-BODIPY 化合物的报道。游效曾等通过一个全新的 C-H 活化的过程，利用叔丁醇钾的 DMF 溶液成功地将邻苯二腈 3 号位的质子脱去，从而引发了一系列的亲核反应，得到了首例不对称的氮杂二异吲哚亚甲基化合物与不对称的 D-π-A 型苯并 aza-BODIPY 化合物。这类化合物展现出独特的变色性质，即在三氟乙酸的存在下呈现出褪色行为，并在一些含有 N 或者 O 的物质存在下恢复颜色[4]。

分子自旋电子学是一个新兴的研究领域，传统的自旋电子学研究主要集中于过渡金属和无机半导体，而有机分子的优势是其电子和磁性能比较容易通过特殊的外界条件控制加以改变，从而实现对自旋的有效调控。近藤效应是由顺磁性分子的未成对自旋电子和金属基底的导带电子的交换偶合作用而产生的。利用扫描隧道显微镜测试分子的近藤效应可以有效地对分子的自旋进行表征和调控。沈珍等设计合成了一种抗磁性质的二环［2.2.2］-辛二烯取代铜卟咯分子，有趣的是该分子在真空加热升华至金的表面时，通过逆 Diels-Alder 反应失去乙烯分子，直接定量转变为具有顺磁性的苯并铜卟咯。通过扫描隧道谱首次观测到了基于苯并卟咯配体上未成对自旋的近藤响应。结合分子的晶体结构和理论计算，发现扩展大环配体的 π 共轭体系，可以调控中心金属的 d 轨道和大环配体的 π 轨道的相互作用，使配合物的基态由单重态变为三重态，实现分子自旋的“关”和“开”。而且其中位取代的苯环基团的旋转可以改变自旋的分布，在自旋电子调控方面有着广泛的应用前景[5]。

由于能源与环境等领域对新材料的迫切需求，功能材料的研发一直是全世界科学家共同致力的目标。在功能晶体材料的定向设计与合成研究方面，于吉红等提出基于生物基因组学思想高通量预测和筛选晶体材料的新方法。这种方法利用计算机技术将三维晶体结构表达为一维的“基因”编码，晶体材料的结构特征就储存在这些基因编码中，决定着晶体材料的性能。这种 晶体“基因”途径不仅可以用来预测和筛选分子筛材料，还可以用于其他任何由简单结构基元构成的复杂晶体结构。这项研究成果为功能导向新型晶体材料的研发提供了一种重要的研究思路[6]。

利用光致变色物质的反应可逆、变色前后电子或分子结构差异显著等特征，设计合成可高效切换光学、电学、磁学等性能的光响应分子开关。郭国聪等利用二芳烯光诱导开 环和闭环过程中结构膨胀和收缩的特点，设计合成了首例光敏二芳烯基光致变色 MOF，实现了可见光触发下高达 75% 的静态 CO_2 释放效率，创造了最高纪录，发展出一种高效、环保的 CO_2 释放新技术。提出利用光致变色物质的光诱导电子转移来调控分子极性的方法，设计合成了一种含推拉电子结构的类紫精内盐配体的非心化合物，发现其光致变色前后的二阶非线性光学强度相差约 3 倍，是当前晶体材料的最高记录，成功实现了晶体二阶非线性光学效应的高效可逆光切换。利用稀土冠醚阳离子和铁氰酸根离子合成了首例光致变色 3d–4f 多氰基配位化合物，首次使 3d－4f 多氰基配位化合物展现出了室温光磁效应，发展出新的一类光诱导价态互变室温光磁化合物[7-9]。

白光 LED 由于其节能、环保以及长寿命等特点成为下一代绿色照明器件。陈学元等利用高效离子交换方法，成功制备出 Mn^{4+} 掺杂一系列氟化物红光荧光粉。所开发的离子交换制备方法工艺简单，在室温和常压下即可制备，且原材料价格便宜，因此具有很好的市场应用前景[10]。

严纯华等在稀土纳米材料的控制合成以及稀土离子激发态调控方面开展了系列研究工作。通过 Nd^{3+}@Yb^{3+} 的能量传递实现了上转换激发光谱范围的扩展，获得了新型稀土上转换发光材料；对于多光子上转换发光过程实现了激发光功率密度对跃迁选择性的调控。上述研究拓展了稀土发光材料体系及其应用领域[11, 12]。

金属有机框架材料（MOFs）因其结构上的多样性、多孔性、可剪裁性以及超高比表面积等优异特性，近年来 MOFs 在诸多研究领域呈现出潜在的应用前景，深度研发其功能应用已成为当今的研究热点。邓鹤翔等采用小角 X 射线衍射原位观察孔材料中的气体吸附行为，揭示了小分子在限域空间中的有序自发聚集行为。研究表明，不同孔道中的分子能够通过与具有原子厚度的 MOF 孔壁相互作用，与周围孔道中的分子进行“沟通”，从而形成跨孔道的不均匀分布，这种不均匀分布导致了额外气体吸附区域的产生以及气体分子的超晶格有序排列。这种小分子高层次排列的发现证明了分子间的长程相互作用的存在，加深了人们对于聚集态分子行为的理解，并且揭示了气体分子与孔材料的协同作用机制，为气体分子的分离、富集、转化等应用提供了新的研究思路[13]。

张杰鹏等人利用一价铜离子和三氮唑配体合成了一例具有类金属铜蛋白配位结构的金属多氮唑框架 MAF–42。利用一价铜离子对氧气的活化，实现了室温条件下空气对多孔晶体的绿色氧化并阐明了相关反应机理。而且，可以按需调控材料的孔表面亲疏水性和框架的柔性，使得其气体吸附选择性在高达 4 个数量级的范围内可以被连续、高效地调控甚至反转[14]。他们还利用疏水性侧基和笼状超分子构筑单元在 MAF-6、MAF-X10 等材料中实现了疏水性孔道或晶体表面，并成功用于水和各种有机物质的有效分离以及氟利昂气体的吸附[15]。

江海龙等与李朝晖等合作，采用广谱吸光 MOFs 在其有效富集 CO_2 的同时将 CO_2 光催化还原为有用化学品的策略。选择由卟啉四羧酸配体与锆离子构筑的 MOF（PCN-222），通过有效整合 CO_2 捕获与可见光光催化双功能于一体，实现了从 CO_2 到甲酸根离子的高效/高选择性转化。这项研究工作不仅有助于加深对 MOFs 光催化过程中光生载流子作用机制的理解，也为后继研发更为高效的 MOFs 光催化剂开拓了新的视野[16]。

俞书宏等在该实验室近年来发展的多重模板法制备系列无机纳米线的工作基础上，以超细碲纳米线为模板，成功地指引了 ZIF-8 的生长，首次宏量制备了高长径比以及直径可控的金属有机框架纳米纤维，并进一步将其转化为多孔氮掺杂碳纳米纤维。阴极电催化氧化还原反应测试研究表明，这种多孔碳纳米纤维的电催化活性远高于直接碳化 ZIF-8 纳米晶制备的微孔碳材料。通过磷元素掺杂，发现共掺杂的碳纳米纤维具有优异的氧还原催化活性，甚至高于商业铂碳催化剂的活性。该研究工作为制备新颖的金属有机框架组装结构及其衍生的多孔碳材料或金属氧化物纳米材料提供了一种有效的合成路径[17]。

谢毅等在石墨烯基超晶格材料的合成及应用领域取得重要进展。通过利用空间限域生长的策略，首次在溶液中合成出钒氧骨架 - 石墨烯超晶格材料并显示出大幅度增强的磁热效应。这种柔性的超晶格纳米片材料是用低成本的溶液法制得，避免了传统超晶格材料制备中复杂的转移过程，因此适应于各种功能器件的组装，有望加速超晶格材料的实际应用[18]。

分子磁性材料一直是人们关注和研究的热点领域。高松等在甲酸配合物的构筑、磁性、电性等性能研究方面开展了深入系统的研究工作。将铵阳离子从单铵拓展到二铵、三铵、四铵等，获得丰富的结构类型、结构相变、介电性质等方面的结果。如，含水的 1，3- 丙二铵 Mg 化合物具有与反铁电相变伴随着的极罕见 36 重晶胞倍数化和强介电各向异性，源于骨架孔穴中水和 1，3- 丙二铵运动的在降温时的分步冻结[19]。应用固溶体策略制备和研究了 A- 位混合质子化甲铵 / 肼的金属 - 甲酸 - 铵钙钛矿磁 - 电功能材料，随着 A- 位混合铵中甲铵组分的增加，钙钛矿低温极化相的金属 - 甲酸骨架变形和极化都减小，相变温度从 355 K 降低到室温，实现对材料电极化性质的调控[20]。

自旋交叉等双稳态磁性材料是一类重要的功能材料，在量子计算、显示、信息存储、化学传感等方面有潜在的应用前景。陶军、陈学元等共同合作在双稳态磁性与荧光耦合方面取得重要进展。通过后合成（post-synthesis）方法，在经典的一维自旋交叉化合物上接枝了荧光分子芘甲醛和罗丹明 B，发现金属离子的自旋态转变可有效地改变荧光基团的发光强度和淬灭趋势，在自旋交叉性质和荧光之间建立了耦合关系，通过发光性质就可以定性和定量地获得金属离子的电子自旋态信息。双稳态分子的磁性与荧光性质的耦合不仅提供了其功能化发展方向，也为其电子自旋态探测和未来应用提供了借鉴作用[21]。

赵斌与李隽等合作报道了系列具有立方芳香性和多中心金属 - 金属键的八核金属 M（Ⅰ）立方簇合物（M=Zn，Mn，Co，Fe），金属为罕见的 +1 氧化态，提出了“立方芳香性”概念和新的 $6n^{+2}$ 电子计数规则；拓展了从低氧化态双金属到多金属中心的金属 - 金属键的研究范畴；实现了低氧化态金属 - 金属键合的簇功能单元嫁接到微孔配位聚合物材料中，为构造独特功能的新材料打开一个全新的空间；立方芳香性的发现将极大地扩展现有的芳香性理论。而在［Mn8］化合物中，8 个金属离子都占据立方体的顶点，构成一个完美的立方体，拥有高的 Oh 对称性，立方体再通过正二价氧化态的 Mn 离子桥联形成笼状结构的微孔 MOFs 材料。Mn8 化合物是反铁磁体，相变温度约为 2.2K[22, 23]。

贵金属催化剂广泛应用于能源、环保、食品加工等重要化工领域。如何提升贵金属利用率，同时维持高的催化剂活性、选择性和长的使用寿命一直是贵金属催化剂研制的核心问题。郑南峰等在铂纳米复合催化剂的制备、表征及催化反应的过程机理方面的研究取得了重要进展。首先在尺寸小而均一的铂纳米晶体表面沉积了亚单层氢氧化铁（Ⅲ），在所制备的 $Pt/Fe(OH)_X$ 核壳型复合纳米颗粒表面成功地构筑了 Fe^{3+}–OH–Pt 界面，结合亚埃级球差校正高分辨透射电子显微镜、同步辐射 X- 射线吸收光谱、高灵敏低能离子散射谱等先进表征手段解析了所构建 Fe^{3+}–OH–Pt 界面的精细结构。与传统 Pt 纳米颗粒催化剂相比，$Pt/Fe(OH)_X$ 复合纳米颗粒催化剂在催化 CO 氧化的活性得到显著提高[24]。此外，通过引入不同种类有机配体合成了多个系列的金属纳米团簇，取得了系列进展，所获取团簇表面配位结构为纳米颗粒的表面改性提供了很好的分子模型[25]。

有机光电材料在多个领域有着重要的应用。通过合理的分子设计，在有机分子中引入金属离子后，可以有效调控材料的前线轨道能级、能隙和光电性质，并有机会实现单纯有机材料无法实现的新功能。在过去几年中，中国科学院化学所光化学院重点实验室研究人员围绕多稳态金属有机材料的设计合成、电子转移、薄膜制备与性能、近红外电致变色、信息存储等方面开展工作。合成了一系列具有良好氧化还原活性的桥联环金属钌配合物及三芳胺化合物。以羧基为锚定基团，可以在 ITO 电极表面制备相应配合物的自组装单层膜，成功实现分子层次的近红外电致变色及触发器（flip–flop）存储功能。另外，还设计合成了新型三芳胺桥联的双钌金属配合物，此类化合物在较低电位处具有 3 步单电子可逆氧化还原过程，即具有 4 个稳定可逆氧化还原状态。在端基配体上连接乙烯基后，通过电化学还原聚合在 ITO 电极表面制备得到相应配合物的聚合物薄膜。实现薄膜状态的 flip–flap–flop 多态信息存储[26, 27]。

铂类抗肿瘤药物在临床医学上应用广泛。对铂类抗肿瘤药物在治疗过程中进行实时监测，了解药物在体内的分布情况以及治疗效果等是非常重要的。磁共振成像（MRI）具有对组织无损伤、高分辨以及三维成像等特点成为临床应用广泛的诊断手段。Gd–DTPA 是商业化的对比增强剂，用于增加 MRI 造影的对比效果。郭子建等将 MRI 造影剂与顺铂偶联，获得了具有诊断和治疗功能的 Pt–Gd 单分子双功能配合物。小鼠体内 MRI 成像结果表明，该类配合物在肾脏部位进行较长时间的造影，有助于无损伤地诊断急性肾衰竭及实时监测由于服用顺铂后所产生的肾毒性等副作用的机理研究[28]。

自噬是细胞对胞内物质进行周转的重要过程，在多种疾病，如癌症中发挥作用。在寻求替代金属铂类抗癌药物的过程中，铱配合物由于其高的抗肿瘤活性、新颖的抗肿瘤机制以及优异的光物理性质，最近获得了越来越多的关注。毛宗万等设计并合成系列的能够诱导自噬细胞死亡的金属铱配合物。与顺铂相比，这些配合物对多种癌细胞都有很高的抗癌活性。铱配合物能够诱导自噬性细胞死亡，而且不会引起凋亡，因此它们有可能用于治疗抗顺铂或凋亡缺陷的肿瘤[29]。

（二）有机化学

有机化学进展涵盖有机反应和合成方法学、有机合成化学、元素有机化学和天然产物化学等有机化学分支专业的研究进展。

1. 有机反应与合成方法学

我国从事有机反应和合成方法学研究人员是有机化学发表高水平研究论文的主力军，从不完全论文统计数据看，我国在《美国化学会会志》和《德国应用化学》上发表论文90%以上为有机反应和合成方法学研究结果。我国学者如王剑波、雷爱文、游书力、周其林、冯小明、麻生明等化学家3年来有着持续、稳定的论文发表，他们的研究团队在此期间在《美国化学会会志》和《德国应用化学》等杂志上发表文章达10篇以上。

碳氢官能团化是近年来有机化学的热点研究领域之一。在汤森路透与中国科学院文献情报中心联合发布的《年度研究前沿》报告中，金属催化的碳氢键活化反应先后两次被作为化学与材料科学领域排名前十的热点研究前沿，与碳氢键活化反应相关的文章超过本次所统计文章数的五分之一。

余金权、戴辉雄等以N–甲氧基甲酰胺为导向基团，采用零价钯与空气反应原地生成具有催化活性的二价钯物种的方式，巧妙地避免了杂环中强配位原子对碳–氢键活化的导向作用，抑制了杂环邻位的碳–氢官能团化，使得碳–氢键活化和官能团化能够高选择性地发生在其他位置，实现了杂环化合物碳–氢键官能团化新突破，打破了碳–氢键活化中传统的选择性规律。该工作以《突破杂环导向碳–氢官能团化的局限性》为题在《自然》杂志上发表[30]。这是我国大陆地区有机化学学科在《自然》和《科学》学术期刊上发表的首篇论文。

惰性键活化所必需的定位基团往往不可避免地被带入目标分子，很难去除或转化成药效结构的一部分，是该研究中的一个瓶颈问题。黄湧等以让导向基团参与到后续反应中的方式来实现“无痕定向”，目前成功的导向基团有三氮烯和乙酰氨基氧[31, 32]。

在不对称合成反应，我国化学家在新型手性配体、新反应、新方法等研究方面继续取得新成绩。在手性配体的研究方面，周其林等以螺二氢茚为配体骨架设计的手性双噁唑啉和手性氮膦配体，以及冯小明等发展的手性氮氧配体，与不同金属络合后催化不对称反应在多种化学转化上实现了优异的立体选择性控制[33–42]。汤文军等采用设计的深手性口袋膦配体的新思路，发展了有显著结构特征的P–手性膦配体，在大位阻偶联以及不对称偶联/环化/氢化中表现出优异的效率[43–45]。

过渡金属催化在新反应发现方面具有得天独厚的优势。在众多过渡金属催化的反应中，王剑波等较为系统地进行了重氮化合物和金属卡宾的方法学研究[46–52]；雷爱文等发展了新型的包含小分子活化过程的氧化偶联反应方法学和机理研究[53–58]；施章杰等致力于惰性化学键和小分子的活化反应研究[59–62]；刘国生等致力于高选择性反应开发及机理研究[63–67]；麻生明等专注联烯反应相关方法学研究[68–71]；他们的研究工作均给出特别有趣的研究结果。如银催化末端炔与异腈的环加成反应合成多取代吡咯[72]、铑催化下重氮酯进行形式上插入苯并环丁醇碳碳键形成茚醇化合物[73]、利用银盐作为催化剂首次实现了分子内一级碳的碳氢键的直接氨化[74]、铜催化下烯烃的分子间三氟甲基芳基化反应[65]、碘化镉介导的末端炔烃与酮反应合成三取代联烯[75]等。游书力等将一系列过渡金属催化的不对称去芳构反应串联以烯/炔丙基化、碳氢官能团化/环化等过程，发展出的反应立体化学控制优异[76–83]。林国强等发展了几种金属催化下含有环己二烯酮结构的1，6–二烯炔化合物的不对称转化，可合成不同类型的顺式稠合氢化苯并呋喃衍生物[84, 85]。

有机合成中的光致氧化还原催化是近年来一个新兴、有前景的研究领域，在催化剂的存在下越来越多的转化可以在可见光的激发下进行，具有绿色环保的特征。肖文精[86–88]、李金恒[89]、俞寿云[90, 91]、陈以昀[92]等在这一研究领域做出了有益的探索，报道了如光催化异腈插入反应、β，γ–不饱和腙在光催化下的分子内氢胺化反应、光催化下芳基磺酰氯与1，6–烯炔发生串联环化反应、光催化下的有机三氟硼酸钾化合物与不饱和酸的脱硼/脱羧偶联反应等过程。

在不对称有机催化方面也是硕果累累。黄湧等实现了首例利用氮杂卡宾的弱氢键作用来进行不对称催化[93]，叶松等利用氮杂环卡宾催化[94–97]，陈应春团队使用手性胺催化[98–100]，王锐、赵刚等利用手性硫脲体系催化[101–105]，田仕凯等利用手性质子酸催化[106]，发展了一系列高效独特的不对称催化反应。

2014年，田伟生等发展的洁净氧化降解甾体皂甙元新反应作为合成甾体药物关键中间体的新技术在生产企业落地。在解决甾体药物工业生产中这个长达半个世纪的重大环境污染问题的同时，还充分利用其工业废弃物为研究提供了合成一系列价格昂贵的手性试剂和手性原料的新技术，此项研究为手性试剂和原料的合成提供了新思路。为了提高资源型化合物的利用效率，借鉴生物共生事实，他们提出的“共生反应”的新概念以及有关研究实践不仅为解决资源浪费和环境污染提供了机遇，也为有机合成提出挑战性新课题[107]。

2. 有机合成化学

有机合成化学是有机化学的中心研究领域。有机合成化学对效率和实用性要求空前提高，其目的不再是仅仅为了展示人类挑战自然的能力，而且要求通过有机合成化学更好解决化合物资源的合理利用和人类社会所需有机分子的供给。化学家更加关注对目标分子结构的理解，提炼合成某一类型化合物的通用模式，所设计的合成路线更加灵活和高效。在

2013—2015 年期间，我国化学家发表与天然产物合成相关的高影响因子文章 49 篇，与之前相比有极大的提升。

李昂等发展了环化 / 芳构化的合成策略，通过自主合成芳环的方式，解决了在多环天然产物中多取代芳环构建的难题，完成含多取代芳环的三萜生物碱 daphenylline、xiamycin 家族、clostrubin、mycoleptodiscin A 以及五味子三萜 rubriflordilactone A 的全合成[108–110]。

俞飚等利用分子内缩醛环化反应和原创的三氟亚胺酯糖苷化和金催化糖苷化反应为核心，完成了极具挑战性的杠柳苷 periploside A 的首次全合成[111]。马大为等延续了在具有重要生理活性的复杂天然产物的全合成研究领域的优异表现，先后完成多种生物碱和 3 种抗疟药物的全合成[112, 113]。

涂永强等以异色满衍生的烯丙基硅醚发生串联碳氢氧化 / 环合 / 重排过程高效地构筑三环苯并氧［3.2.1］庚烷化合物为关键，完成了天然产物 brussonol 和 przewalskine E 的不对称合成[114]；还以发散式策略完成了 3 个 fawcettimine 类生物碱和 lycojaponicumin C 的高效合成[115]。

杨震等在充分理解天然产物结构的基础上，巧妙设计了一条既简洁高效，又能实现多样性合成的合成路线，完成 Flueggine A 和 Virosaine B 的全合成[116]；还发展了过渡金属铑催化的［3+2］环加成反应将简单的单环化合物一步转化为较难合成的并环化合物，完成天然产物林芝醇的首次不对称合成[117]。

雷晓光等采用多样性合成中常见的 build/couple/pair 策略，分析石松碱类天然产物结构中隐藏的配对模式，高效地平行合成了 4 个天然产物和 6 个同等复杂的非天然产物，该策略可用于合成其他具有类似官能团配对模式和结构多样性的复杂天然产物[118, 119]。

樊春安等利用对位取代环己二烯酮发生分子内氮杂 Michael 加成反应建立螺环的概念，巧妙地设计了两组串联反应过程用于生物碱的合成实现 5 种 *Amaryllidaceae* 生物碱[120]和 2 种 *Apocynaceae* 生物碱[121]的全合成。邱发洋、翟宏斌等首次利用有机催化的不对称环加成、分子内跨环羟醛缩合、氧化吲哚的加成偶联及分子内亲核取代等 12 步反应完成勾吻素的对映选择性全合成，是迄今最有效的全合成[122]。丁寒锋等基于串联反应的复杂分子骨架高效构建新方法及新策略设计，完成二萜 steenkrotin A 以及吲哚生物碱 alsmaphorazine D 等多个具有重要生物活性天然产物的全合成[123, 124]。

刘波等基于修正的生源合成假说，成功实现了具有独特的含 9 个手性中心的七环骨架结构及其潜在的生物活性二倍半萜 bolivianine 和 isobolivianine 首次立体选择性全合成[125]；通过对二萜生物碱 leucosceptroid B 的不对称合成，刘波等证实该化合物虽然作为天然产物被大量分离，但其结构在热力学上确实是不稳定的，是体现生物合成区别于化学合成的一个优秀实例[126]。汤平平等从易得的商品化原料出发，以自由基环化、自由基加成以及后期碳氢键碘代等为关键反应，高度汇聚式地完成了 Schilancitrilactones B 和 C 的首次全合成，为类似的萜类天然产物的合成提供了一种新的思路[127]。

多个致力于合成方法学研究的课题组将其发展的方法学成功应用于天然产物的合成。

顾振华等将钯催化的 Catellani 反应首次成功用于 2- 碘代吡咯衍生物，高效地完成了肿瘤抑制剂 Rhazinal 的全合成[128]。汤文军等应用不对称 Suzuki 偶联催化体系和不对称氢化技术，首次成功地完成手性联芳基类天然产物科鲁普钩枝藤碱 A 和 B 以及马歇尔碱 B 的合成[45]。王锐等以 3- 溴吲哚酮与 3- 取代吲哚的催化不对称烷基化反应为关键，完成 perophoramidine 的全合成[104]。贾彦兴等以分子内 Larock 型反应为核心高效合成 3，4- 并环的三环吲哚和二氢苯并呋喃化合物，实现生物碱 fargesine、galanthamine 和 lycoramine 的全合成[129, 130]。

3. 元素有机化学

国际上，许多有机化学领域的开创性工作均与元素有机化合物有关，向有机分子中直接引入氟原子和含氟基团越来越受到关注，并发展成为国际与化学相关的研究热点之一。在中国科学院上海有机所有机氟化学实验室的引领下，国内有机氟化学研究持续迅速发展，不但发展了一些含氟有机化合物合成方法，而且开发了一系列有用的新试剂，为解决国家攻关计划、国家重点国防项目、中国科学院创新方向性项目和企业合作项目等实际需求奠定了基础。

胡金波等基于“含氟碳负离子的化学反应性与热力学稳定性不一致”这一问题，提出了亲核氟烷基化反应中的“负氟效应”，并以此为切入点，系统研究 α - 含氟碳负离子的反应特征，发展了一系列具有应用价值的氟化学新试剂和新反应[131]。利用二氟甲基亚砜亚胺中可以灵活变化的取代基的调控作用，实现了对环氧烷类化合物的亲核二氟甲基化，弥补了由于“负氟效应”的影响，二氟甲基苯基砜难以实现对环氧烷高效二氟甲基化这一不足[132]。沈其龙等合成了一个全新的高效亲电三氟甲硫基试剂[133]，已申请 4 项中国专利，并实现商品化。

近年来，芳烃的氟化和氟烷基化反应在过去的几年中取得了突破性进展，卿凤翎等所发展的氧化三氟甲基化这一概念，得到国内外同行的公认，并且被广泛引证[53]。张新刚等发展了钯、铜、镍催化的系列“Ar–CF_2R”键的高效构筑，实现了芳基硼酸的二氟烯丙基化、二氟炔丙基化、二氟杂芳基化以及二氟烷基化[134, 135]，可以高效完成一些生物活性分子的后期氟修饰。沈其龙等发展了一个钯 / 银协同催化溴代或碘代芳烃的直接二氟甲基化的新方法，首次实现溴代芳烃的二氟甲基化[136]。作为对芳基直接二氟甲基化的补充，汤平平等发展了银催化苄位碳氢键的两次氟化反应来制备芳基二氟甲基化合物的方法[137]。梁永民等首次利用铜催化一步实现了高炔丙醇的三氟甲基化、1，4- 芳基迁移和酰基构建，在温和条件下合成了三氟甲基取代的醛酮化合物[138]。

研究碳 – 氟键的断裂、形成与重组对理解含氟有机化合物的性质、设计新的氟化学反应以及含氟有机材料具有重要意义。胡金波等利用偏二氟烯烃和氟代环氧丙烷等含氟化合物研究了碳 – 氟键的形成与重组，加深了对有机化学中的独特氟原子取代效应（氟效应）的理解[139]。李超忠等在银催化的脱羧氟化反应基础上，发展了烷基硼酸的直接氟化[140]。孙建伟以及汪舰等同时利用手性氮杂卡宾作为有机小分子催化剂，以 NFSI 作为氧化剂和亲电氟化试剂，实现了对脂肪醛的不对称氟化反应[141]。

4. 天然产物化学

在近两年来，我国天然产物化学的研究经历了一个快速和稳步的发展过程，从高等药用植物和微生物资源中发现了大量的新颖结构（包括新骨架化合物），以及重要活性物质。我国化学家在天然产物研究核心刊物 *J. Nat. Prod.* 上发表的文章，占该刊物年发表总量的近 1/3，入选热点研究（Hot Off the Press）的数量则接近 1/2（2013，全球入选 169，中国占 75；2014，全球入选 184，中国占 78）。诺贝尔奖励委员会将 2015 年度诺贝尔生理学或医学奖颁发给我国青蒿素研究群体代表屠呦呦是对我国天然有机化学家群体的最高奖赏，也说明我国天然产物化学研究领域已处于当今国际先进行列，部分工作具有国际领先水平。近两年来最具有显著代表性的天然产物化学成果列举如下。岳建民等在系统研究虎皮楠生物碱的基础上，从长序虎皮楠中发现了国际上首个新骨架虎皮楠生物碱二聚体，该生物碱具有罕见 3 个共轭的螺环体系、独特的生源合成途径和良好的抗艾滋病活性[142]。他们还对我国的 30 种大戟科植物进行了研究，取得了创新、系统和具有国际影响的研究结果，发现新化合物 300 多个，新骨架化合物超过 20 个，多个化合物显示重要生物活性，例如，从该科叶下珠属海南叶下珠中发现了系列具有超强免疫抑制活性的结构修饰的新骨架三萜类化合物，具有罕见的双螺环片段，其活性最强者对 T- 淋巴细胞和 B- 淋巴细胞的 IC50 分别是环孢甲素的 7 倍和 221 倍，属全新类型免疫抑制剂[143]。叶文才等从大戟科植物一叶秋中发现一对双键顺反异构的新生物碱，其中一个化合物的神经细胞显示良好的生物活性[144]。郝小江等从苦木科牛筋果中发现了两个新型 C25 苦木素，对苜蓿蚜显示非常优异的杀虫活性[145]。

（三）物理化学

物理化学进展涵盖化学动力学、电化学、催化、光化学以及生物物理化学等物理化学分支专业的研究进展。

1. 化学动力学

我国学者在化学反应过渡态的结构和动力学机制方面的研究一直走在国际前列。近年来，随着对 F + H_2/HD 基态反应中的共振态研究不断深入，他们进而研究反应物振动激发对共振态的影响，并在上述反应之外的化学反应中寻找共振态。2013 年，杨学明等在利用 Stark-induced Adiabatic Raman Passage（SARP）技术高效制备振动激发态分子方面取得了重大进展，对 D_2 分子从（v=0，j=0）到（v=1，j=0）的激发取得了高于 90% 的效率，并掌握了利用 Raman 激发在分子束中高效制备振动激发态 H_2/HD 的技术[146]。利用该技术，他们在对 F + HD（v = 1）反应中首次观测到化学反应中只有通过反应物分子振动激发才能进入的共振态[147]，从而证明振动激发可以开启新的反应通道，拓展了我们对化学反应本质机理的认识。他们在 Cl + HD（v = 1）→DCl + H 反应中首次发现因化学键“软化”而形成的反应共振态[148]。由于在反应过渡态附近因非谐性而导致的化学键“软化”现象很普遍，所以反应共振态在反应物振动激发态反应中很可能是一个普遍现象。

在表面化学反应机制方面，杨学明等阐述了甲醇在二氧化钛表面光化学解离后产氢的机制是热化学反应[149]，并发现了甲醇在 TiO_2（110）表面光催化解离速率与激发光波长的强烈相关性[150]，该结果对广为接受的光催化反应速率主要取决于光照产生的有效电子－空穴对数目的模型提出了挑战。唐紫超和樊红军等与催化领域专家合作，从理论和实验上验证了甲烷在硅化物晶格限域的单铁中心催化剂上活化脱氢偶联反应的“自由基机理”[151]。

周鸣飞等采用脉冲激光溅射－超声分子束载带技术在气相条件下制备四氧化铱正离子，并利用串级飞行时间质谱－红外光解离光谱装置成功测得气相四氧化依离子［IrO_4］$^+$的红外振动光谱，结合量化计算证实四氧化铱离子中的铱处于 +9 价态，从而首次在实验上确定了元素 +9 价态的存在[152]。*Chem & Eng News* 称该项成果为“2014 年度十大化学研究”。

2. 电化学

电化学原理和方法是电化学研究的基础。万立骏等发展了一种在分子水平直接研究电子给体－受体之间电子转移的原位电化学 STM 方法[153]。毛秉伟等在 STM 仪器上构建磁场调控装置来研究自旋分子电子学，演示了磁场对自旋 Fe– 苯二乙酸 –Fe 分子结的影响，发现纵向磁场使分子结电导下降约 27%，而横向磁场对分子结电导无影响[154]。陈立桅等综述了 AFM 成像与力谱原位研究锂电池电极表面 SEI 膜[155]，并利用扫描开尔文探针显微术对有机光伏器件横截面成像，获得器件工况下的真空能级排布，用偏压补偿法抵消针尖卷积效应，定量测定实际器件工作状态下的内建电势及电极功函差，揭示了界面效应对薄膜光伏器件性能的影响规律[156]。陈胜利等发展了利用纳米、微米电极研究单片石墨烯等二维纳米材料电化学的方法[157]，并撰写综述[158]。

化学电源作为一种重要的能源转化系统受到广泛关注。孙世刚等以富氮的间苯二胺为前驱体，研制了对氧还原具有高活性的热解 Fe/N/C 非铂电催化剂，并用于质子交换膜燃料电池，电池功率密度首次突破了 1.0 W/cm^2[159]。郭玉国等系统开展了空间限域链状硫分子的电化学机理研究，揭示了其循环稳定的内在机制，获得了指导实用型硫碳复合正极材料设计的关键参数[160]。他们提出利用三维纳米集流体来引导金属锂在三维电极内部的均匀沉积与溶解的思想，成功实现了金属锂枝晶的控制[161]。陈军等提出“还原－转晶”新策略，将氧化沉淀－嵌入晶化引入了尖晶石金属氧化物的可控制备，阐明了尖晶石和钙钛矿型金属氧化物晶体对称性、金属价态、氧缺陷与氧还原 / 氧析出电催化反应的构效关系，调控表界面反应和荷电输运，为开发金属空气电池和氢氧燃料电池的非贵金属阴极催化剂提供了新途径[162]。

在实际应用方面，北大先行、杉杉和厦门钨业等正极材料生产商突破钴酸锂高电压相变问题，目前已稳定生产 4.35 V 和 4.4 V 产品，4.45 V 产品也在测试阶段，全电池容量可达到 180mAh/g，而高电压三元素系列也成为新的增长点，通过容量和电压的双重提升，特别是当电压高于 4.45 V 时，有望取代部分钴酸锂产品。电池生产商 ATL、力神、比亚迪等已有部分产品在北汽和比亚迪等装车销售。

光电化学主要集中在太阳能电池和光解水研究。王鹏等构建了具有电子骨架完全共平面的多环芳烃类电子给体（茚并菲并咔唑及噻吩并茚并咔唑），结合苯并噻二唑 - 苯甲酸及乙炔 - 苯并噻二唑 - 苯甲酸电子受体，制备出系列新型“强分子内电荷转移型”苝基给受体有机染料，基于这类染料初步制作的器件在 AM1.5G 条件下效率已经高达 12.5%[163]。林昌健等构筑了 TiO_2 纳米管复杂的分级结构，在锐钛矿 TiO_2 纳米管表面高度粗糙化，并在管壁生长约 50nm 尺度金红石晶粒，同时在纳米管顶部修饰花状金红石团簇，形成 p-n 结异质异构多级结构纳米 TiO_2，显著著提高了染料敏化太阳能电池的效率[164]。

分析电化学在发展新方法、新原理和新仪器方面取得重要进展。吉林大学蒋青等研制了基于纳米多孔金支撑的氧化钴电极，该电极在电位只有 0.26 V 即可实现葡萄糖的无酶高灵敏检测，检测限为 5 nm[165]。陶农建等建立了单个纳米粒子电化学氧化等离子光谱成像的新方法[166]。汪尔康等发展了基于双极电化学和 LED 的便携式可视化电化学传感器和系列双极电化学发光新方法[167]。

工业和有机电化学领域的致力于电化学技术和产品的开发和产业化，曾程初等发展了一类全新结构的基于三芳基咪唑骨架的有机电催化剂，该类催化剂具有易于合成和衍生化、一定的化学稳定性、溶解度和氧化电位可调以及氧化电位可预测等优点[168]。马淳安等研究开发的丁二酸无隔膜绿色电解合成技术，在山西金晖能源集团有限公司建设了 10000 t/a 的生产装置，已经试车成功。

3. 催化

催化是为能源转换、材料和化学品生产、环境保护以及药物合成等从多应用领域提供核心关键技术的学科，近年来我国学者在基础与应用两个方面不断取得重要成果。在多相催化基础方面，包信和等在他们早期提出的碳纳米管与活性纳米粒子“协同限域催化”概念的基础上，通过理论与实验相结合，研究了碳纳米管的限域效应对一系列过渡金属（Fe、FeCo、RhMn、Ru 等）电子结构及其催化性能调变作用的规律和本质，进一步提出了“限域能”概念，用于预测限域对催化反应性能的调变作用。理论计算结果表明，具有独特电子结构的纳米空间形成了一种限域微环境，导致金属 d 带中心往下移，减弱了 CO、N_2 和 O_2 等分子的解离吸附，致使催化反应的火山型曲线向高结合能的方向偏移。这些结果与在不同的反应中所观察到的碳纳米管对过渡金属纳米粒子催化剂有不同的限域效应的实验观测相一致，对纳米催化剂的理性设计有重要意义[169]。包信和等的另一项重要成果是发现了“甲烷直接高效转化制乙烯”新催化过程，该成果以他们提出的“纳米限域催化”概念为基础，通过创建硅化物晶格限域的单中心铁催化剂，实现了无氧条件下甲烷的高效选择活化直接生产乙烯、芳烃和氢气等高值化学品。与天然气（间接）转化的传统路线相比，这项新发现无需经历高耗能的合成气制备（造气）过程，而且反应过程本身没有碳和氢的损失、碳原子利用效率达到 100%。所提出的限域单中心铁活性位的结构模型可望激励人们去探索和发现挑战更新更好的催化剂。这项成果于 2014 年 5 月在 *Science* 发表[151]，引起了全世界关注，被评选为“2014 年中国十大科技进展”之一。

表面高度孤立的单原子（或离子）活性位的催化作用是近年来兴起的多相催化研究新方向，张涛等将这类催化作用称为“单原子催化”[170]。研究和发展隔离分散在载体表面的单原子（或离子）催化剂有望在一些催化体系极大地提高贵金属组分的催化利用效率，理解单原子催化机理也可能成为关联多相催化（表面催化剂）与匀相催化的新媒介。最近，张涛等相继报道了催化水汽变换反应的单原子催化剂 Ir/FeO_x[171]，以及催化芳香硝基化合物选择加氢反应的单原子及准单原子催化剂 Pt/FeO_x。比如，在 40℃，氢压为 0.3MPa 的温和条件下，Pt/FeO_x 催化硝基苯乙烯选择加氢反应的 TOF 值达到 1500 h^{-1}，生成氨基苯乙烯的选择性接近 99%，为目前已知 Pt 基催化剂中的最高值，并具有好的底物普适性。此外，载体 FeO_x 所拥有的磁性，使得催化剂在反应后可磁性分离，表现出良好的循环稳定性。他们认为表面孤立的带正电的 Pt 活性位，有利于硝基的优先吸附[172]。

H_2、CO、H_2 以及甲酸等小分子的催化活化是实现资源高效和绿色转化的科学基础。曹勇等近 10 年来的研究以小分子活化为主线，重点研究了负载型纳米 Au 催化剂在以低温小分子活化有关的一些反应中的催化特性。他们发现纳米 Au 具备在温和条件下对多种小分子进行弱吸附“协同活化”的特性，并依据这类特性实现了纳米 Au 对相关制氢 / 储氢、选择还原、选择氧化以及选择水合等反应的选择催化作用。这些工作表明，即使对于 Au 这样的非活泼金属，通过将其纳米尺寸效应与选择合适载体以及引入“小分子共活化”策略相结合，也可以实现一些以甲酸、H_2、CO 及 H_2O 等重要小分子的有效活化为基础的催化活化与定向转化过程[173, 174]。

4. 光化学

作为近来的一个重要研究领域，光催化反应的机理和应用基础研究在我国得到了较为深入的开展，研究成果得到了国际同行的广泛认可。例如，陈春城、马万红、赵进才等利用现代分析手段从分子水平深入研究了 TiO_2 光催化污染物降解的多个宏观及微观过程，提出了 TiO_2 光催化活化 O_2 过程的多电子转移反应机理以及光催化还原降解卤代污染物过程中的质子耦合电子转移机理[175–177]。杨学明等利用自行研制的基于高灵敏度质谱的表面光化学装置，系统研究了单分子层甲醇覆盖的不同 TiO_2 表面在紫外光照射后的反应动力学过程，深入理解了甲醇在不同表面的产氢机理，阐述了 anatase–TiO_2（110）表面的光催化产氢效率高于 rutile–TiO_2（110）表面的原因[178, 179]。

近年来利用可见光活化惰性化学键为有机光化学的发展提供了新的机遇和挑战，国内许多课题组与国际同步发展，利用半导体、金属配合物或有机染料与底物间的电子转移、能量传递等实现了可见光促进的多类惰性化学键的活化与官能团化，取得许多重要进展。例如，吴骊珠、佟振合等首次提出了一类高效、原子经济性和环境友好的新型光反应—“交叉偶联放氢反应”，在没有牺牲氧化剂存在下直接光敏活化两种不同 C–H 键生成交叉偶联的新 C–C 键，并将脱除的质子直接转化为 H_2 放出[180]；肖文精[181]、张艳、俞寿云[182]等研究了许多不同结构类型的烯烃、杂环、芳烃、亚胺等类化合物的可见光催化氧化还原反应，为吲哚、吡唑、吡啶、喹啉、菲啶等杂环芳烃衍生物的高效构建提供了一系列崭新的方法。

借鉴光合生物光能吸收、传递、转换的高效机理，设计合成稳定、高效的人工模拟系统，实现太阳能的高效转换和利用是人类利用太阳能的重要目标。我国学者在这方面的研究继续保持快速发展，并一直处于世界前沿，在各方面与国际同步发展[183]。例如，张纯喜和董红星等人首次成功合成了不对称新型 Mn_4Ca 簇合物，这是迄今为止所有人工模拟物中与生物水裂解催化中心结构最为接近的模拟物，它对研究自然界光系统 II 水裂解中心的结构和水裂解机理有重要的参考价值[184]；吴骊珠、佟振合等利用自组装构筑了多个基于量子点与铁氢化酶模拟化合物或廉价金属盐的人工光合成制氢体系，实现了价廉、高效、稳定的光催化制氢[185, 186]。李斐、孙立成等精心设计光敏剂分子和催化剂分子，通过主–客体非共价联接的手段构建了产氧超分子组装体，在可见光驱动水氧化中创纪录的取得了 84%（@450nm）的光量子效率[187]；陈均、李灿等人首次将自然光合作用酶 PSII 和人工半导体纳米光催化剂自组装构建了太阳能光催化全分解水杂化体系，实现了太阳光下的全分解水反应[188]。这些研究都为进一步理性设计廉价、高效的人工全分解水体系有重要的科学意义和应用价值。

发光材料的制备及其在荧光传感、光动力治疗等方面的应用研究是光化学中十分重要的研究内容之一，我国学者继续保持快速发展，设计制备了一系列具有重要应用前景的发光材料，取得了许多突破性的进展。例如：在对细胞内源性活性小分子的选择性检测研究方面，樊江莉、彭孝军等设计合成了基于“增强型 PET”的超灵敏次氯酸荧光探针（检测限可达 0.56nmol），该探针首次被用于检测癌细胞内基底次氯酸的含量[189]；唐波等发展了选择性检测超氧阴离子的新型荧光探针，实现了肝癌细胞内超氧阴离子的动态可逆荧光成像[190]；赵春常、朱为宏、田禾等通过自组装构建了基于能量转移机制的比值法硫化氢探针，突破性地实现了活细胞内实时在线检测内源性硫化氢的产生[191]。杨国强等利用 ATP 诱导水溶性芳基硼化物聚集发光增强，成功地实现了活细胞内 ATP 的分布与浓度检测[192]。汪鹏飞等以共轭聚合物为前驱物结合高温碳化技术制备了红光石墨烯量子点，在可见光照射下可高效产生单线态氧自由基，量子效率高达 1.3，可以用于光动力治疗肿瘤、杀灭细菌[193]。

5. 生物物理化学

北京大学生物动态光学成像中心继续引领国内的相关研究。葛颢与谢晓亮等结合随机数学模型和单分子酶动力学实验技术，成功揭示了细菌内转录随机爆发现象的分子机制，提出了单细胞表型间的跃迁速率新理论，定量刻画了基因的活跃程度对单细胞不同表型间跃迁速率的影响[194, 195]。为了突破制约拉曼散射成像技术应用中灵敏度和特异性的两大瓶颈，黄岩谊等[196]几乎与哥伦比亚大学的闵玮[197]同时发明了基于炔基的分子标签技术。孙育杰等发展了基于特异蛋白相互作用互补形成的光转换荧光成像技术，第一次实现在亚衍射极限内观察高密度的蛋白–蛋白相互作用，为研究细胞内蛋白–蛋白相互作用提供了重要的研究工具[198]。赵新生与高毅勤等一起实验和理论结合得到双链 DNA 中错配碱基自发翻转的速率和机理，修正了长期以来文献中的错误观念[199]。高毅勤等发展了针对各种场合的基于温度积分增强抽样方法和QM/MM模拟程序，极大地提升了利用理论和模拟方法获得生物体系的结构、热力学和动力学信息的能力[200-203]。

生物体系的结构、动力学、蛋白质设计和蛋白质标记。王宏达等利用多种原位单分子技术对有核组织细胞膜进行详细解析，提出哺乳动物有核细胞膜的整体结构模型[204, 205]；他们还创新发展"力示踪"技术，在微秒量级记录了单分子/单颗粒物质跨膜的动态转运过程[206]。来鲁华等发展了功能蛋白质设计的关键残基嫁接方法和从头设计方法，获得了与金属铀酰离子具有超强结合活性的设计蛋白质[207]及与肿瘤坏死因子蛋白质结合的抑制多肽[208]。她还筛选并发现了大肠杆菌趋化受体Tar的全新受体因子引诱剂和拮抗剂，提出了受体因子激发趋化信号的分子机制[209]。王江云等发展了一系列活体蛋白质和RNA的标记新方法，例如通过修饰酶将点击化学反应基团共价连接到RNA的特定位点，实现了体外和体内的RNA的特异性标记[210]，发展了利用19F核磁共振检测蛋白质酪氨酸磷酸化的新方法[211]，发展了金属酶设计的新方法，构建了光系统Ⅱ[212]、半乳糖氧化酶[213]等模型酶。徐平勇、席鹏、孙育杰和彭建新等合作发展了新型超分辨荧光探针，展示了优异的超分辨荧光成像特性[214]。

生物分子的组装、热力学和药物研究。刘冬生等制备了DNA水凝胶材料并成功地应用于活细胞的3D打印[215]。郝京诚等研究了表面活性剂自组装（凝胶）结构作为运输工具对DNA的负载和释放[216, 217]。李峻柏等探究了二肽在溶液中的聚集结构及组装规律[218, 219]。刘义等建立了药物小分子与生物大分子相互作用的热力学方法，有效获取相互作用的热力学和动力学信息[220, 221]。刘扬中等研究了各种铂配合物和As_2O_3的抗癌活性和机理，发现Atox1、Cox17等蛋白质在药物转运中发挥作用，为理解金属药物的作用机理提供了依据[222-224]。

生物体系的理论计算、模拟与信息学。张增辉等发展了基于电子局域性质的蛋白质分块量子计算方法以及可极化力场，并在应用领域取得了一些创新性的成果[225-227]。赵一雷等针对DNA硫修饰的结构特性，对修饰位点前后碱基与磷硫酰化的相互作用进行了系统研究[228, 229]。朱维良等通过统计分析并结合量子化学计算，认为卤键是配体靶标结合中一种比较常见的作用形式，不仅可以提高化合物的活性，而且可以调节化合物的成药性[230, 231]。王任小等创建并不断发展了PDBbind-CN数据库，系统地搜集Protein Data Bank中各类复合物的亲合性实验数据，为针对蛋白-配体相互作用的分子模拟研究提供了必需的知识基础[232]。李国辉等提出了高精度粗粒化分子模型，实现了对巨大复杂生物体系的快速细致模拟[233, 234]。

（四）分析化学

1. 近两年我国分析化学发展概况

基于生物活性分子尤其是功能性核酸的分析方法是近年来的研究热点，我国的研究者在该领域的研究近年来取得了重要的进展。杨秀荣等近年来开展了核酸适配体分子构象变化的研究，实时测量其与靶分子相互作用中的构象变化以及动力学参数，开发出检测包括凝血酶[27]、银离子和半胱氨酸[235]的 DPI 生物传感分析方法。谭蔚泓基于 DNA 酶的拓扑效应和小分子连接 DNA 的末端保护作用，开发了基于分子信标放大检测不同生物靶分子的超高的灵敏度多功能通用传感平台[236]。活细胞中特定 mRNA 分子的时空动态测试很难成像和测定，他们发展了靶向的、自传输、光控的基于适配子的分子信标，可以精确地、时空可控地监测活细胞内的 mRNA[237]。此外，他们还将 MnO_2 纳米片－适配体纳米探针用于细胞的成像分析[238]，将适配体导向的 G 四链体纳米传感平台用于癌细胞的特异性靶向成像分析等研究[239-243]。

在临床疾病诊疗方面，体内成像一直是疾病的诊断、治疗以及药物的疗效评价等的重要方法，我国的分析化学工作者在成像探针研制以及成像方法的开发方面进行了卓有成效的工作，取得了一批很有价值的成果。聂宗秀等长期致力于动物组织质谱成像技术的研究，先后对半脑缺血[244]、肿瘤转移等生物模型小鼠[245]的脑、肾、脾等组织进行了分子组织学质谱成像研究。最近，他们发展了一种通用、免标记的直接质谱成像方法，发现并利用碳纳米材料在紫外激光解吸电离过程中产生的固有碳负离子簇（C2–C10）指纹信号，该质谱信号几乎不受任何生物分子的背景信号干扰，克服了传统质谱方法无法直接检测纳米材料的难题，避免了标记基团在活体循环过程中可能产生的解离、衰变或者失活，与免标记的光谱方法相比还具有高信噪比、低背景干扰以及准确可靠的优点。他们利用该方法快速检测并对小鼠体内的碳纳米管、石墨烯和碳量子点等碳纳米材料进行定量成像研究[246]。*Nature Nanotechnology* 杂志专门邀请国际知名质谱学专家 Richard W. Vachet 撰文在同期的“新闻视角”专栏评论:“这种成像技术提供了一种强大的活体定量纳米材料的方法，一个特别让人激动的优势是该方法可拓展同时检测纳米材料及其附近的蛋白质或其他生物分子，将深层次揭示生物分子和材料的相互作用。无论如何，活体纳米材料的质谱成像研究将有一个光明的未来”[247]。

活体分析由于能够提供生命活动过程中的重要信息，备受分析化学和生命科学界的广泛关注。我国的学者在活体分析方面取得了重要进展，引起了国际同行的极大关注。毛兰群等近年来一直致力于基于界面化学的活体分析新原理和新方法的研究，并取得了系列创新性的研究成果[248-255]。开发了基于微流控芯片的在线电化学检测体系，与活体微透析系统联用，实现了对脑缺血活体小鼠脑中葡萄糖、乳酸和抗坏血酸的连续监测，具有优良的选择性和稳定性[248]。首次将沸石咪唑酯骨架材料（ZIFs）用于构建葡萄糖生物电化学传感器[249]；引入三维导电网络的概念，制备基于 ICP/ SWNT 的传感器[250]，用于高灵敏在线检测活体鼠脑内葡萄糖。

目前，蛋白质组的技术体系和方法，尚不能将特定的蛋白质组中的所有蛋白提取出来，对于不同样本间的比较也亟须新的技术。邹汉法、叶明亮等多年来致力于高通量蛋白质组学的分析方法的研究，进行了大量的卓有成效的工作，取得了非常显著的成果[256-270]。他们首次利用定量蛋白质组技术研究复杂体系中酶促动力学，通过定量比较胰蛋白质酶酶解的两个时间点产生的肽段，获得了酶解的动态数据[256]，对完善米氏方程为基础的酶促动力学理论研究具有促进作用。他们还利用胰蛋白酶的连接活性，发展了特异性N端稳定同位素标记肽段的新方法，用于定量蛋白质组学分析[257]；发展了一级质谱（MS1）谱图中6种不同蛋白质样品同时规模化定量分析的同位素标记方法，应用于细胞蛋白质合成-降解周转更新分析，分析通量是常规同位素标记方法的3倍，该工作中使用了由该所自主开发、国际上首个可以同时定量6个不同蛋白质样品的软件系统[258]；建立了新一代固定化金属离子亲和色谱（IMAC）技术特异性富集磷酸肽，比传统的IMAC的富集能力提高3～10倍，有效避免酸性肽段的非特异性吸附，大大提高了蛋白质磷酸化分析的检测灵敏度和鉴定覆盖率[259]。

交叉学科联用的分析方法，是分析化学发展的重要方向，而纳米技术在分析化学中的应用是近年来的研究热点，我国的分析化学家在该领域做出了很多有创造性的工作。汪尔康等多年来从事纳米生物分析的研究，他们根据生物分子的独特结构合成具有特定性质的纳米材料，发展了新型的分析和传感方法。首次报道了DNA保护的荧光银纳米簇和G-quadruplex/血红素之间产生的光诱导电子传递，发展了多功能检测方法，实现对DNA单碱基错配和ATP的检测[271]；首次成功实现了利用DNA链置换反应调控银纳米簇信标的荧光用于生物分析[272]；首次发展了利用DNA单体dC作为保护剂合成银纳米簇的方法[273]，并利用密度泛函理论成功预测了银纳米簇的荧光性质，对DNA保护的荧光银纳米簇的分析应用以及理论研究具有指导意义。

我国分析化学家在微量样品分析尤其是微流控分析方面的研究始终处于国际上的先进水平。方群等长期从事超微量、高通量多相微流控液滴分析和筛选系统的研究，他们开发的顺序操作的液滴阵列（SODA）系统即全自动的基于液滴的微流控体系，可以在皮升水平上完成液滴的组装、生成、分裂、转移、融合和混合等操作，具有超低的样品和试剂消耗，自动、灵活、可进行复杂操控、通用性好等特点，在分析和筛选多种不同的分析物时具有非常大的灵活性[274]。通过从组合化学物库中筛选capases-1的抑制剂、测定抑制剂的IC_{50}值和多种抑制剂的协同效应等，样品和试剂消耗量为60～180皮升，比其他基于液滴的微流控芯片系统低1～2个数量级。采用SODA系统，进行了基于细胞组合的药物筛选[274]、单细胞内microRNA测定[275]、蛋白质结晶条件的筛选[276]以及与ESI-MS联用的分析鉴定[277, 278]，充分显示该技术的普适性。

质谱技术以其灵敏度高和准确的特点成为目前分析测试的主要方法之一，而原位、无损、实时、在线和高通量的方法是质谱分析技术发展的重要方向。近年来，我国的质谱学研究者在原位直接离子化以及复杂体系检测方面取得了许多重要进展。张新荣等开发了一种探针电喷雾质谱（PESI-MS）方法用于单细胞的分析[279]。采用尖端直径为1μm的钨探针，直接插入活细胞内富集代谢物，直接脱附、离子化，检测单个Allium cepa细胞中多种代谢物，比洗脱后再离子化的方法灵敏度提高了30倍。陈焕文等在国内较早地开展了复杂基质样品直接电离技术的研究，建立了生物组织深层的内部萃取电喷雾电离质谱检测技术（iEESI-MS），其萃取过程发生在样品的内部，电离整体样品中的代谢物，信息量大，比表面分析灵敏度高，可以直接跟踪植物活体组织内部的酶催化反应[280-282]；用于临床手术中快速检测和界定癌变组织[283, 284]，样品消耗少，准确率超过95%，检测时间不到1min，因此大大缩短手术时间。

2. 色谱学

样品前处理是色谱分析的关键环节。因此发展快速、高效、高选择性、高通量、环境友好以及自动化的样品前处理新技术是该领域的研究热点之一。近年来，我国研究者主要致力于发展新型前处理分离介质、场辅助样品前处理新方法以及在线样品前处理－色谱联用等技术。张丽华等发展了多种蛋白质印迹材料，实现了人血浆中高丰度蛋白质的去除，其去除效率较商品化天然抗体提高了160%[285-287]，为蛋白质组学研究中低丰度蛋白质的鉴定提供了新的思路。严秀平等发展了基于金属有机骨架材料的固相微萃取技术，并用于水中和土壤等环境样品中多氯联苯类的富集和色谱检测，检测限可降至0.45ng/L，回收率可以达到79.7% ~ 103.2%[288]。李攻科等基于微波辅助萃取技术，并结合动态pH连接的高速逆流色谱法，实现了中药中生物碱的在线快速高纯度提取[289]。此外，他们还基于硼酸整体柱的微萃取技术与色谱仪在线联用，实现了代谢组学样品中单胺类神经递质标志物的在线富集与分析检测，检测限可低至0.06pg/L[290]。

色谱柱被誉为色谱仪的心脏，因此新型固定相的研发始终伴随着色谱学科的不断发展。梁鑫淼等基于“叠氮－炔基”和“硫醇－烯基”点击化学方法，实现了硅球表面官能团的高效键合，研制了系列分离材料，显著提高了色谱对复杂样品的分离能力[291, 292]。亚二微米色谱填料由于具有柱效高、分离速度快等特点，近年来已成为国际上关注的热点。张丽华等采用“三步法”合成了亚二微米核壳结构反相色谱填料，不仅柱效高达21万理论塔板数/米[293]，而且非常适合生物大分子的分离。邱洪灯等在离子液体改性硅球方面取得系列进展，扩展了多重作用机制分离材料的种类和应用范围[294]。以排列规整的光子晶体做色谱分离介质可以有效降低塔板高度，提高分离效率。陈义等采用热加速蒸发自组装结合尾端热固定的方法在微通道中组装了光子晶体柱，实现了肽段和氨基酸的快速分离，由异硫氰酸荧光素测得的塔板高度是300nm[295]。此外，整体材料具有传质速度快、反压小等优点，被誉为第四代色谱固定相[296]。邹汉法等发展了基于POSS的制备有机－无机杂化整体柱等方法[297, 298]，其柱效最高可达13万理论塔板数/米，使我国在该领域的研究处于国际领先水平。

对于复杂样品分析，发展集成化、通量化和自动化的多维分离分析系统已成为目前研究的热点和趋势。刘虎威等利用真空蒸发接口，建立了一种非停留模式下的二维正相色谱－反相色谱－质谱联用系统，为人血浆中脂类物质的高分辨分离和高灵敏度检测提供一种新方法[299]。冯钰锜等通过将固相微萃取整体柱与液相色谱－质谱系统在线联用，实现了拟南芥中油菜素甾醇的高灵敏和高通量分析[300]。邹汉法等将蛋白酶Glu-C与胰蛋白酶联合使用，发展了一种全新的多维色谱分离方法，在最佳流动相pH下实现了二维反相色谱分离，从人肝脏组织中鉴定到了迄今为止规模最大的单个组织磷酸化位点数据集[265]。此外，张丽华等通过 N_2 辅助接口，实现了反相色谱与亲水作用色谱的在线联用，并通过与去糖基化固定化酶反应器和二甲基化固相标记在线联用，建立了一种高灵敏、高准确度和高通量的集成化糖蛋白质组定量分析方法[301]。最近，张祥民等发展了一种集成化蛋白质组分析装置，提高了样品的检测灵敏度，实现了 100 个活细胞的蛋白质组分析[302]。

色谱仪的微型化对于实现现场快速分析至关重要。在减小仪器体积、降低能耗物耗的同时，还需提高分析速度，并达到足够高的检测灵敏度。色谱仪的微型化离不开关键部件，如检测器等的创新设计和集成。关亚风等以 LED 为激发光源，研制出液相色谱用黄曲霉毒素荧光检测器。检测下限达到 0.003ppb；整机功耗 2W，5V 电压即可启动；LED 寿命比脉冲氙灯长 5 倍以上；对环境条件要求低，无需预热瞬间稳定（ms）。此外，他们还研制出高灵敏光学检测核心部件——光电放大器模块 AccuOpt 2000，使得采用国产元器件组装的荧光检测器的灵敏度与进口光电倍增管相当[303, 304]。

随着生命科学研究的不断深入，组学分析受到了越来越多的关注。色谱技术在面临巨大挑战的同时，也得到了不断发展。邹汉法等根据磷酸酯基团与钛离子所形成的独特配位结构，合成了新型固定化金属亲和色谱材料，在磷酸肽的高效特异性富集方面具有显著优势，得到了国内外学者的认可与广泛应用[305]。他们还利用糖蛋白质的原位富集、酶解和差异氧化，建立了测定糖蛋白质唾液酸化糖链占有率的新方法，为疾病相关蛋白的筛选提供了一种新思路[261]。钱小红等将酰肼化学和两性离子 – 亲水相互作用色谱富集方法相结合，实现了转移能力不同的两株人肝癌细胞系的分泌蛋白质中 N– 糖基化蛋白质的差异分析，为肝癌生物标志物的发现提供了重要技术支撑[306]。此外，邹汉法等开创了利用定量蛋白质组技术研究复杂体系中酶促动力学的先河，对完善以米氏方程为基础的酶促动力学理论研究起到促进作用[256]。

在代谢组学研究领域，许国旺等提出了一种基于源内诱导裂解的非靶向大规模检测生物体内修饰代谢物的方法；在实际尿样样品中可检测到 1000 个以上的修饰代谢物特征离子，为研究代谢组和代谢通路提供了一种新视角[307]。还建立了基于超高效液相色谱 / 串联四极杆 – 线性离子阱质谱（UPLC/Q–Trap MS）的大规模尿样拟靶标分析方法，在差异化合物的筛选中显现出明显的优势[308]。他们将上述方法成功用于疾病代谢组、植物代谢组和昆虫代谢组等领域的研究中。

在中药分析领域，梁鑫淼等针对生物碱分离困难的问题，基于新型色谱固定相，发展了多种高载样量的生物碱纯化方法[309]，并成功从传统镇痛中药延胡索中分离获得新的止痛有效成分——去氢紫堇球碱，其在治疗持续性的慢性疼痛面可能具有较好的前景[310]。此外，果德安等将高效液相色谱 – 质谱联用技术应用到中药质量控制中，提出了中药的整体质量控制的新策略[311]。

3. 质谱分析

在质谱的离子化方法方面，我国学者研究水平稳步提高。段忆翔等相继提出了微波诱导等离子体解吸离子源[312]、辉光放电微等离子体解吸离子源[313]等新型常压质谱离子源，研究了定性和半定量分析性能。其中，辉光放电微等离子体是软电离源具有体积小、低温、质谱图简单等特点，可以对药品、食品等实际样品进行直接分析。杭纬等设计了高功率密度激光电离飞行时间质谱仪（fs–LI–O–TOFMS）实现了实时快速地确定单细胞的元素组成。一些难以被 ICPMS 检测的非金属元素，如 P、S、Cl，可以被 fs–LI–O–TOFMS 容易地检测[314]。采用直接进样，将 fs–LI–O–TOFMS 用于无机固体的分析，得到元素含量的信息并且使基质效应降低 50%[315]。利用激光热扩散解吸离子源来实现对有机化合物的快速、直接、定性综合分析解决了该类质谱仪的瓶颈问题[316]。张新荣等将毛细管电泳技术集成到纳喷雾针，开发出了能够快速分离待测样品中基质的新型实用电离源。该电离源是在纳喷雾针头施加 5.2kV 的脉冲电压，待测样品在针尖端发生电泳迁移，呈电中性的待测蛋白处于中间条带。后施加 2.4kV 进行喷雾离子分析。该装置能够实现快速分析小体积待测样品中的基质，大大提高了检测信噪比[317]。

在质谱成像领域，我国学者取得了长足的发展。质谱成像技术（MSI）作为质谱领域的研究前沿和热点，受到了高度的关注和迅速的发展。陈焕文等采用常压解析化学电离（DAPCI）成像方法对文档中的字迹进行了成像分析，通过甲醇挥发气体的辅助来进行解析，也可在无辅助喷雾气、无喷雾溶剂的无损条件下对样品进行分析。该技术对笔迹的可靠分析将在法医鉴定领域具有广泛的应用前景[318]。再帕尔等研制出了新型常压敞开式空气动力辅助离子化技术（AFAI），提高了远距离敞开式离子化的灵敏度和稳定性，延拓了待测样品的空间和活性。该技术可应用代谢组学的研究，可以高效地获得药物及其代谢物在整个动物体内的分布动态变化[319]。聂宗秀等通过质谱成像（MSI）来实现对小鼠体内的碳纳米材料（CNMs）的分形分布检测，克服了以往荧光标记成像的短时间猝灭和拉曼光谱法的检测信号低、速度慢的不足。为了解决碳纳米材料分子质量超出质谱中检测范围的问题，他们提出了通过检测碳纳米材料的质谱指纹图谱来实现定性、定量的 CNMs 质谱检测[320]。

在质谱与其他技术的接口方面，我国学者不断取得进展。林金明等在建立自动化、在线的多通道微流控芯片 – 质谱分析平台方面取得了重要进展，研究项目获得国家自然科学基金委仪器专项的资助。他们利用纸喷雾离子化技术，结合连续微液滴的产生，构建了质谱传感器[321]。在此基础之上，结合微透析技术，实现了细胞培养微环境的化学监控[322]。进而整合微流控芯片技术，建立了在线多通道微流控芯片 – 质谱分析平台，可用于细胞的代谢机制以及药物评价的研究中[323]。另外，他们还发展了可直接进行细胞培养以及后续质谱分析的纸基芯片，进行了多种模式的细胞药物代谢与信号传导研究。所构建的微流控芯片集成了细胞培养、药物运输、样品富集等功能单元[324]，最后通过电喷雾离子化实现质谱分析，高分辨质谱的引入对于信号分子的定性和定量检测提供了强有力的手段[325, 326]。刘虎威等建立了毛细管电泳[327]、固相微萃取[328]、表面等离子体共振[329]等分离分析技术分别与实时直接分析质谱的在线偶联方法，从而为实时直接分析质谱的更广泛应用奠定了基础。

在质谱的新应用方面，我国学者也有所建树。例如，谢素原等通过对苯并噻唑和羧酸的大量固态复合物的研究，证明解吸电喷雾离子化质谱可以用于探究氢键强度[330]。利用碰撞诱导解离技术测定的复合物碎片化效率与苯并噻唑和羧酸之间 O－H…N 和 N－H…O 氢键能量相对应，从而为氢键能量的研究提供了一种新工具。

生命分析是当前质谱研究的热点，我国学者在许多不同的分支领域都取得了不少进展。在蛋白质组学领域，邹汉法等在酶促动力学研究[256]、磷酸化蛋白质组分析[259]以及定量蛋白质组学[257]等方面均取得了重要的科研成果。他们利用定量蛋白质组学技术，研究了蛋白质的酶解速度与其丰度的关系。研究结果表明具有不同酶解速率的酶切位点与其周围的氨基酸残基有关，而肽段的酶解速率与蛋白质的丰度没有明显的相关性。该工作开创了利用定量蛋白质组技术研究复杂体系中酶促动力学的先河，将对完善米氏方程为基础的酶促动力学理论研究起到推动作用。在磷酸化蛋白质组学的研究中，他们利用磷酸酯锆或钛表面与磷酸肽之间的高特异性相互作用，建立了以磷酸基团为螯合配体的新一代固定化金属离子亲和色谱技术，大大提高了蛋白质磷酸化分析的检测灵敏度和鉴定覆盖率，并为人类肝脏蛋白质磷酸化数据集的建立提供了强有力的技术支持。在定量蛋白组学方面，他们利用胰蛋白酶的连接活性，发展了特异性 N 端稳定同位素标记肽段的新方法，该方法条件温和，具有高度标记区域的专一性，为蛋白质组学定量分析提供了一个全新的方法和技术平台。董梦秋等在蛋白二硫键鉴定方面取得了重要进展[331]。她们开发了可以从复杂样品中精确解析蛋白质二硫键结构的高通量质谱方法以及配套的二硫键鉴定软件 pLink-SS，实现了多种复杂蛋白样本的二硫键鉴定，并从中发现了许多具有调节催化活性及金属结合的半胱氨酸残基等功能的蛋白质二硫键。该工作是目前最大规模的蛋白质二硫键组学研究，对于研究二硫键的结构和功能以及相关药物的研发、质控具有重要价值。钟鸿英等利用 $NiZnFe_2O_4$ 磁性纳米颗粒实现了对单磷酸肽和多磷酸肽的选择性分离和质谱分析[332]，该方法可进一步应用于斑马鱼卵子的磷酸化蛋白组学的研究中，为磷酸化蛋白组学的发展提供了新的方法和技术支持。

在代谢组学领域，许国旺等在肝癌组织的非靶标代谢组学研究中取得了重要进展[333]。他们基于超高效液相色谱－高分辨质谱分析平台，对 50 例肝癌患者的癌组织、癌旁近端组织和远端组织进行了非靶标代谢谱分析，结合多变量数据处理方法和生物信息学技术，从整体层面阐明了肝癌微环境的代谢紊乱状况。并将组织中发现的差异代谢物在 298 例慢性肝炎、肝硬化和肝癌病人血清样本中检测，发现甜菜碱和丙酰肉碱联合对原发性肝癌有良好的诊断能力。最近，他们应用代谢组和转录组研究了糖尿病患者对运动的应答[334]，提供了改善 II 型糖尿病患者血糖和氨基酸代谢新机制的证据。

在细胞研究领域，林金明等以微流控芯片为平台，结合质谱分析与荧光成像，运用微流控芯片上流体控制和微结构设计，实现了体外模拟共培养和细胞代谢物的检测，探索了不同药物对细胞的作用机制，为新药开发、疾病的机理研究提供一种新的研究手段[335, 336]。

张新荣等提出稀土稳定同位素探针[337]和纳米颗粒探针[338]替代荧光探针，利用电感耦合等离子体质谱实现了多种 DNA 的同时定量分析。此外，他们还开展了单细胞质谱分析方面的研究，开发了一种基于探针电喷雾质谱技术的单细胞检测方法，成功实现了在细胞和亚细胞水平的代谢物检测[279]。利用钨探针插入活细胞富集的代谢物可以被直接解吸附/离子化，其灵敏度较之其他需要预先洗脱被富集分析物的方法高出约 30 倍。

（五）高分子化学

1. 高分子合成化学

吕小兵等首创的手性优势双核钴催化剂，具有高活性与高对映选择性特点，在此催化剂作用下，实现了二氧化碳与多种内消旋环氧烷烃的不对称交替共聚合反应，聚合产物的对映选择性高达 99%，获得了多种结晶性的二氧化碳共聚物[339]。他们发现，结构相同但构型不同的聚碳酸酯经复合都可得到高度结晶性的立构复合物，其熔融温度大幅度提高，是提高聚碳酸酯耐热性能的简单有效方法[340, 341]。

吴宗铨等合成了结构简单、制备容易、空气稳定性高的钯配合物，能高效引发异腈活性聚合，得到分子量可控、分子量分布窄的高立构规整度聚苯基异腈及其嵌段共聚物[342]。最近他们又结合 ROMP 及钯配合物引发的苯基异腈的活性聚合，一步合成得到侧基为立构规整螺旋聚异腈的刷状聚降冰片烯[343]。

陈昶乐等提出了“慢链行走”（slow chain walking）的概念[344]。他们通过配体调控，实现了二亚胺钯催化剂制备的聚烯烃以及乙烯 - 丙烯酸甲酯共聚物的支化度 20/1000C，而普通的二亚胺钯催化剂通常要大于 100/1000C。并且该催化剂的活性要高 10 多倍，所制备的共聚物的分子量要高 10 多倍。聚合物、共聚物是半结晶的固体，熔点接近 100℃，这是之前所有二亚胺钯催化剂所无法实现的。这项研究成果拓宽了二亚胺钯催化剂体系的应用前景。

崔冬梅等利用限制几何构型的稀土催化剂实现了不同取代位置的（邻位/间位/对位）甲氧基苯乙烯的高活性高间同选择性配位插入聚合，高效得到高分子量的间同聚甲氧基取代苯乙烯[345]；利用对苯乙烯没有聚合活性的 β - 双亚胺稀土催化剂实现了邻甲氧基苯乙烯高全同聚合，在该聚合过程中极性基团起到了活化聚合的作用，突破了极性基团毒化烯烃配位聚合催化剂这一传统观念[346]。

在稀土催化剂催化开环聚合方面，当用 $Lu(OTf)_3$ 催化 THF 和 CL 共聚合的时候，发现在引发剂两端分别引发了正离子和负离子活性聚合形成两嵌段聚合物，且在 CL 单体消耗完后阴阳离子两端自动发生缩合，直接形成了多嵌段热塑性弹性体[347]。凌君将该聚合命名为“Janus Polymerization”。

付雪峰等基于有机钴化合物中 Co–C 键在可见光照射下的可逆均裂，发展了新型温和条件下可见光诱导的活性自由基聚合体系。在室温可见光照下实现了包括丙烯酸酯类、丙烯酰胺类及醋酸乙烯酯的活性自由基聚合[348]。

2. 生物大分子

近年来，我国科学家在核酸、蛋白质和糖类等相关大分子研究领域均取得重要进展。

（1）核酸方面研究：刘冬生等提出了框架诱导组装的新方法。他们通过核酸的杂化与杂交，在纳米骨架上形成不连续的三维疏水点阵，诱导其他双亲分子以三维点阵为模板特定地排列与组装，最终形成与框架形貌一致的囊泡结构[349]。樊春海通过 DNA 纳米技术发展出刚性的三维结构 DNA 探针，实现了 DNA 探针之间距离的精确调控，并实现了对核酸、抗原的超高灵敏检测[350]。

（2）蛋白质方面研究：江明等利用含糖基多功能配体，借助它与蛋白特异性相互作用和自身的 π－π 相互作用的高度协同，成功获得了微米级的蛋白质复合晶体[351]。刘俊秋等利用多重弱相互作用协同驱动，精确控制了蛋白质组装的方向，成功制备出具有酶活性的高效稳定的蛋白质组装体[352]。王江云等发展了活细胞内蛋白质及 RNA 的定点特异标记及功能化的新方法，该方法将蛋白质标记从体外扩展到体内[210]。

史林启等在模拟这类多酶复合体的结构与功能研究方面取得突破性进展。他们采用原位自由基聚合将 DNA 预置的多酶结构包覆在一层可控的聚合物微胶囊内，将 DNA– 酶抑制剂除掉，即得到具有特定空间结构的多酶高度协同的纳米酶复合物[353]。陈国强等在微生物合成聚羟基脂肪酸酯（PHA）研究方面取得突破性进展。他们利用微生物 β 氧化循环通路的敲除，使 PHA 结构多样性，采用海水的嗜盐细菌发酵技术，使 PHA 制造成本大幅度的降低[354]。

（3）多糖方面研究：张俐娜等将甲壳素溶解于氢氧化钠 / 尿素水体系中，构建出甲壳素纳米纤维微球及其磁性微球，该微球显示出优良的生物相容性[355]。

3. 高分子物理

近 3 年国内学者围绕长链高分子不同基元的运动及其多级耦合规律以及不同层次和跨尺度微观结构对链段运动的依赖性及形成机理开展了卓有成效研究工作。

（1）围绕玻璃态高分子链段运动，成功将荧光非辐射的能量转移技术应用于纳米受限聚合物薄膜体系，揭示了高分子链动力学对界面相作用的依赖规律，为聚合物玻璃化转变研究建立更直接、更可靠的新方法[339, 340]。另外，突破传统高分子胶体模型的限制，建立了显微摄像胶体粒子示踪技术，发展了实验上“定量”研究胶体玻璃化转变的新方法，用实验证明了 Jamming 转变理论预测的结构特征，率先利用微观实验阐明吸引高分子胶体玻璃的结构与动力学关系，对推动玻璃化转变研究有重要科学意义[356, 357]。

（2）围绕液态高分子链段运动，发展了用流变学定量表征高分子体系不同环境的相图和相分离动力学的方法，为用流变学研究相分离行为提供了理论基础，并建立了黏弹性界面共混体系本构模型，阐明了分子自组装对液液相分离动力学的影响。另外，提出了广义几何分解法和二维流变相关谱等非线性流变学研究新方法，成功研究了软玻璃态物质动态学和结构演变动力学和多嵌段共聚物的相分离行为[358, 359]。

（3）围绕液晶态结构选择规律，发现含 Hemiphasmid 基元的侧链型液晶高分子能够形成由多根链组成的柱状液晶相；以甲壳型液晶高分子作为组成单元，构建了含苯并菲盘状液晶基元的主、侧链结合型液晶，精确控制了多尺度有序结构及不同结构间转变；利用蓝相液晶高分子网络结构，开发了兼具宽温域、低驱动电压、无电光迟滞特性、高电场稳定性的下一代液晶显示材料；获得了系列高效红外光屏蔽、激光防护以及可逆、快速光、热响应性等具有重要应用价值的高分子液晶材料[360-366]。

（4）围绕结晶态结构与形态选择规律，对聚合物结晶前期成核过程中的分子链构象及聚集态结构演变通过多种原位跟踪技术开展了深入研究工作，揭示了成核过程对聚合物结晶结构选择的重要作用，发展了不同聚合物晶体结构控制的有效方法；研究了聚合物超薄膜界面诱导结晶，实现了对其结晶结构、晶体取向以及分子链空间排列等多层次结构的精确调控；分子水平认识了生物可降解聚酯、导电高分子的亚稳结晶相、介晶相的结构解析与控制规律，并将相关方法拓展到无规共聚物共晶相、立体异构共混体系立构复合物结晶相的形成、结构演变与控制规律等方面的研究[367-377]。

4. 高分子物理化学

我国学者证实，聚电解质的慢运动是由链间长程静电排斥作用导致的动态不均匀造成的。在稀溶液中，依照聚电解质动力学行为的不同，可分为两个浓度区间。当聚电解质浓度低于德拜浓度时，链间距远大于德拜长度，没有链间静电排斥作用，只有链内链段间的静电排斥作用。此时，聚电解质表现出与不带电高分子类似的动力行为，即其扩散系数和沉降系数及摩尔质量的倒数与其浓度呈线性关系。当浓度高于德拜浓度时，由于存在链间静电排斥作用，聚电解质呈现复杂的动力学行为[378]。此外，我国学者较系统地研究了聚电解质体系中的离子特异性效应，为了解聚电解质体系中的分子相互作用和离子特异性的本质作了有效积累[379]。

聚电解质研究中另一新技术是荧光关联光谱。我国学者利用这一技术，成功观察到了聚电解质随电荷状态改变而发生的构象转变、链的收缩 - 再扩张的过程和链上抗衡离子分布，证明聚电解质抗衡离子与链的作用不是凝聚而是吸附[380]。在此基础上，发展了有关带电体系的理论模型。

我国学者还系统研究了不同构造的高分子在圆柱形微孔中的超滤行为，建立了临界流速与高分子主链和支链聚合度的标度关系，为不同结构的聚合物的场流分离和分级提供了依据。另外，我国学者发展了高场和低场 ^{1}H、^{13}C 固体核磁技术，并成功应用于分子间相互作用和运动、高分子的相分离和结构演化等方面的研究，为分子水平研究聚合物结构与性能的关系提供了方法[381]。

5. 高分子理论计算与模拟

高分子学科理论计算与分子模拟研究已经与实验研究一起形成三足鼎立的格局。一方面分子模拟可以替代昂贵甚至当前阶段无法实现的实验，来验证理论在理想条件下的演绎结果；另一方面分子模拟可以替代过于抽象简化的理论，来研究包含更多复杂条件的具体实验过程，从而有助于阐释其微观机理。

安立佳等[382, 383]发展和建立了一整套研究缠结高分子流体的布朗动力学模拟和分析方法，发现在剪切速率高于松弛时间倒数且低于Rouse松弛时间倒数的启动剪切下：①缠结的分子链不仅发生了取向，而且显著地被拉伸，说明分子链的运动不服从Rouse动力学；②缠结的分子链确实发生了解缠结，在启动剪切初期，被拉伸的“缠结网络”能够抑制分子链解缠结，说明即使“管子”存在，也不是一条光滑、无势垒的管道；③应力过冲与取向贡献的应力无关，只与衡量分子链拉伸和回缩的超额应力相关，且应力极大值与轮廓长度极大值对应的应变基本一致，说明应力过冲的分子机理是被拉伸的分子链发生了回缩，而不是“管子模型”预言的分子链过度取向。他们的研究工作首次在分子水平上呈现了与“管子模型”不相容的、启动剪切下缠结高分子流体构象与缠结点演化以及应力过冲的基本物理图像，为高分子流变学研究提供了新的视角。

李卫华等[384]从理论上首次提出了“大分子冶金学”的新理念——嵌段共聚物自组装制备介观晶体结构，并且通过发展ABC三组分多嵌段共聚物分子结构的设计原理，成功调控了二元晶体结构的“等效键长”和“等效化学价”，预测了十多种二元离子晶体结构和多种二维晶体结构（柱状结构），打破了三组分嵌段共聚物只能形成单一晶体结构的传统观念。胡文兵[385]采用动态蒙特卡洛分子模拟方法，对一系列不同链长的高分子薄膜的相对体积随时间的演化速率进行比较观测，发现分子量较高的薄膜结构松弛速率随膜厚降低到极薄时出现减小的反常行为。这一纳米尺度的特殊受限行为不仅证明了de Gennes教授提出的关于高分子表面结构松弛的重要分子机理，阐明了高分子在薄膜自立表面几个纳米厚度内的结构松弛行为与小分子有所不同，也揭示了高分子在极薄的膜中可能存在反常的结构松弛现象。

徐宁等[386]推导出玻璃化转变温度与密度之间的标度关系，得到了模拟的支持。他们[387]还采用模拟方法分析了零温度施加剪切应力时Jamming转变的有限尺寸效应。另外，他们[388]还采用模拟方法发现介于玻璃化转变与Jamming转变之间的硬球玻璃体在零温度不含有横向声子。

6. 生物医用高分子

生物医用高分子材料的研发与应用虽已显著降低了心血管病、癌症、创伤等重大疾病的死亡率，但无论是性能及寿命均不能完全满足临床的需求。以恶性肿瘤为例，其复杂的病理原因及生理环境，往往导致临床上较低的药物疗效和极高的致死率。虽然使用生物医用高分子材料负载抗肿瘤药物可以提高治疗效果，但临床上应用仍暴露出诸多问题，如药物负载效率不高、制剂存储时期的药物泄露、无法高效地越过各种生理屏障实现在病灶区域富集等。

（1）利用多样化手段提高药物负载效率、有效避免制剂存储时期的药物泄露问题。刘世勇等合成出还原响应的两亲性喜树碱聚前药，实现了高达50%的药物负载效率和零药物泄露。实现快速的药物释放和高效的抗肿瘤效果[389]。此外，该两亲性药物高分子也可以同时负载造影剂分子用于肿瘤的诊断和治疗[390]。张先正等利用多孔硅的高效载药性能，制备出多功能“信封”型抗肿瘤药物载体。在正常组织中，该载体能够实现药物的零释放。到达肿瘤组织后，过度表达的基质金属蛋白酶能够导致药物的快速释放，显著提高抗肿瘤疗效[391]。

（2）制备多功能高分子材料用于克服多重生理屏障，实现药物在病灶区域的高度富集。相对于正常组织，疾病部位往往过度表达出多种蛋白或糖蛋白。例如叶酸受体在恶性肿瘤组织是过度表达。基于这一原理，帅心涛等制备出肿瘤靶向的多功能高分子载体用于小分子干扰 RNA 和抗肿瘤药物的协同运输，其对肝癌和脑部胶质瘤均体现出良好的治疗效果[392]。鉴于功能肽的生理活性，张先正等报道了一种多功能多肽类前药。该前药可靶向肿瘤组织并高效穿透细胞膜，实现对肿瘤生长的抑制[393]。

（3）开发出新型的疾病治疗方式方法。目前大部分疾病治疗首选是药物治疗，长期用药往往出现导致疾病组织的耐药特性，同时也会损伤正常机体组织。近年来，光疗、超声治疗、亚细胞器破坏等疾病治疗方法逐渐引起国际上的广泛关注。施剑林等[394]在该领域取得突出的研究成果。张先正等将光疗和亚细胞器破坏有效结合起来，报道一种双阶段光诱导的线粒体靶向肿瘤治疗方法[395]。到达肿瘤部位后，光照会导致卟啉产生单线态氧用于肿瘤的光动力学治疗。同时，线粒体凋亡肽会进一步引起线粒体的坏死，进一步抑制肿瘤的生长[396]。

7. 光电功能高分子

唐本忠等开展了共轭高分子的三键合成化学，建立了无金属催化剂的点击聚合，发展了高效无需催化剂的炔 - 硫醇点击聚合，成为共轭高分子合成的新途径[397，398]。朱道本等开发了二维结构 π-d 配位共轭高分子，不仅具有优异的导电性，而且具有突出的双极传输性质，对发展高导电性和高迁移率的共轭高分子具有借鉴和指导意义，展示出金属配合物类二维结构共轭高分子的未来创新机遇[399]。裴坚等报道了具有强缺电子特征的 PPV 衍生物（BDPPV），为 n- 型高分子半导体材料的设计提供了新思路[400]。通过在 N- 型高分子 BDPPV 骨架上引入卤素原子，获得了两类 N- 型高分子 ClBDPPV 和 FBDPPV，其中 FBDPPV 衍生物与 N- 型掺杂剂 N-DMBI 共混后其导电率是目前报道的溶液加工工艺 N-型共轭高分子热电性能的国际最好结果[401]。曹镛等开展了新型水 / 醇溶性共轭高分子的设计合成，在国际上率先采用全印刷工艺制备了高效高分子发光器件和显示屏[402，403]。王利祥等采用主体材料与磷光中心一体化的合成策略，发展了具有非掺杂特性的蓝光铱配合物树枝状分子，为采用溶液加工途径组装高分子蓝光和白光器件提供了代表性的材料体系[404]。彭慧胜等采用溶液加工工艺发展了颜色可调、可穿戴、具有纤维形状的高分子发光电化学池，为可穿戴电子学的发展提供了代表性实施途径[405]。黄维等通过控制有机分子的堆积方式能够调控激发态寿命，研制出世界上首例室温有机长余辉发光材料，颜色可以覆盖绿光、黄光和红光[406]。

8. 能源高分子

能源高分子领域有多个分支，如基于共轭聚合物的太阳电池、基于导电高分子的热电器件、基于共轭高分子、聚离子液体等材料的锂电池和超级电容器等。

在聚合物太阳电池方向，多个研究团队通过不同方式获得了世界领先的光伏电池，关键技术指标达到10%以上。侯剑辉等发展出多种具有优良光伏性能的新型二维共轭光伏聚合物，目前该分子设计方法已经被世界范围内的研究人员所广泛采用[407]。黄飞等利用水醇溶性共轭聚合物界面材料在水溶液中的静电层层自组装制备大面积超薄有机/聚合物太阳电池阴极界面层的新方法，为实现全溶液加工的高效率、低成本大面积太阳电池器件提供了新的重要途径[402]。

葛子义等[408]报道了光电转换效率高达10.02%的太阳电池，他们以非共轭小分子电解质作为界面层，为光生载流子收集提供了接触面，优化了器件中的光子捕获。同时，提高了电子迁移率、增强了活化层吸收并优化了活性层结构。

高分子功能层的聚集态结构对聚合物太阳电池的性能有至关重要的影响。发现通过调控活性层的组分和微纳分相，可实现对带尾态的控制，在此基础上可获得开路电压和器件综合性能的同步提高，为聚合物太阳电池器件性能的进一步优化和新材料的设计合成提供了有重要价值的新思路[409]。魏志祥等将一种高迁移率、高结晶性的共轭小分子引入到聚合物与富勒烯衍生物的体系中，实现了对聚合物光伏活性层的结晶性和相分离尺度的有效调控，获得了十分出色的光伏效率[410]。

阴离子交换聚合物膜是燃料电池的核心部件，阴离子交换膜的分子结构与其性能之间的关系一直没有得到深入的理解，为其分子设计带来极大的不确定性。严锋等将实验分析手段与理论计算相结合，率先发现了有机阳离子化合物的耐碱稳定性随其LUMO能级升高而增强的规律[411]，目前国际上多个课题组开始借鉴该方法设计合成新型阴离子交换聚合物膜。朱道本等发明了基于镍乙烯基四硫醇配位聚合物的高性能热电功能聚合物[412]；进一步采用电化学沉积方法，获得了基于该聚合物的高质量、大面积薄膜，室温下热电功率因子为n-型聚合物热电材料性能的新纪录。

从纳米结构的成核和生长过程的控制出发，制备了大面积、高有序导电苯胺纳米纤维和纳米管阵列，设计了柔性超级电容器、柔性智能储能窗、纤维电容器等新型储能器件[413]；彭慧胜等赋予超级电容器良好的可编织性能[414]，为进一步发展可编织型储能器件奠定了基础。

9. 高分子组装

高分子组装以超分子聚合物和包含有高分子的超分子组装体为研究对象，探究高分子之间、高分子与小分子之间、高分子与分子聚集体之间或高分子与界面之间的相互作用本质及组装过程，并通过非共价键制备不同尺度及形貌的有序组装体和实现组装体的功能。

（1）超分子聚合物。张希等发展了基于多重主体稳定电荷转移作用、π-π相互作用的超分子聚合物新方法，制备了高聚合度的超分子聚合物。进一步，他们基于主客体相互作用的尺度选择性，实现了自分类识别驱动并控制的超分子聚合[415]。汪峰等发展了基于“三联吡啶铂（Ⅱ）炔分子镊子/富电子客体”识别体系的“镊合导向自组装”策略，构筑的新型超分子聚合物具有精确的电子给受体基元的交替共聚排列[416]。

（2）超分子多级次组装方法及精确组装体构筑。陈道勇等基于环状 DNA 与高分子胶束之间的多级次组装，制备了单分散的具有核壳结构的聚合物纳米环，其结构参数可通过组装条件精确控制[417]。周永丰等实现了含有亲水性双环氧单体和疏水性双硫醇单体的两亲性交替共聚物在溶液中的多级次组装，为交替共聚物自组装及功能化开辟了新的途径[418]。孙俊奇等基于聚合物复合物各组分间弱相互作用力的差异性，实现了多组分多级次的层层组装过程[419]。

（3）功能性高分子组装体。许华平等发展了系列含硒动态共价键。将二硒键引入到高分子主链中，基于二硒键在可见光照下的动态性质，制备了可见光诱导的自修复聚合物材料[420]。黄飞鹤等基于柱［7］芳烃与偶氮苯季铵盐的主客体分子识别构筑了超两亲准聚轮烷。该准聚轮烷在水中可自组装形成具有热、光双重响应性的囊泡，可用作可控释放的载体[421]。马玉国等以蒽为电子给体和氟代蒽醌为电子受体制备的电荷转移复合物，由于苯－氟苯相互作用，蒽醌的碳碳双键远离蒽的 9，10 位，导致 D–A 反应被禁阻，保证了所形成的电荷转移复合物的稳定存在[422]。

10. 高分子工业技术进步

中国科学院长春应化所在聚乳酸及二氧化碳基树脂的产业化方面又迈进一大步。

中国石化公司与北京化工大学合作开发了具有创新性和自主知识产权的 3 万 t/a 稀土顺丁橡胶工业成套技术，生产了高性能稀土顺丁橡胶产品，为生产绿色轮胎提供了高性能合成橡胶基础材料。

东华大学与上海联吉合纤公司联合开发了新型共聚酯连续聚合、纺丝及染整技术。中国石化公司开发出熔融纺丝用高分子量聚乙烯专用料及其熔融纺丝成套技术，实现了工业化稳定运行。江苏奥神集团与东华大学共同实现干法聚酰亚胺纤维产业化。

中国科学院长春应化所采用预辐照与挤出接枝制备聚乙烯长效流滴膜树脂专用料，在高性能化聚乙烯长效流滴膜树脂专用料产业化方面取得新进展，形成了千吨级生产工艺技术和生产线。

溴化丁基橡胶。2015 年实现了自主溴化丁基橡胶工业成套技术的优化升级，产品性能达到国际先进水平。

（六）核化学和放射化学

伴随着核能的开发和利用，核科学与技术在近年来不断的持续发展。核化学与放射化学作为核科学和工程不可或缺的组成部分，在粒子加速器、反应堆、各种类型的探测器和分析设备以及计算机技术等应用的支持下，其研究范围进一步扩展和增加，如核燃料循环、核化学、放射分析化学、核药物化学与标记化合物、环境放射化学、放射性废物管理及放射化学应用等，其研究成果对于国防建设、核能发展、核技术应用等方面具有重要支撑作用。

核燃料循环方面，中国科学院上海应用物理研究所积极探索钍基熔盐堆乏燃料干法处理工艺，利用减压蒸馏法分离裂变产物与载体熔盐，为新型燃料循环开辟道路[423]。四川大学进行了开放孔道3D石墨烯的制备及强酸性环境下铀的萃取研究，经过一系列静态吸附实验发现，此种开孔3D石墨烯材料在强酸性条件下对铀仍有优异的选择性和较高的萃取效率，具有一定的使用价值[424]。

新型分离材料与分离技术方面，上海交通大学与中国原子能科学研究院合作制备了两种硅基新型BTP吸附剂，对次锕系核素具有较好的吸附选择性[425]。西北核技术研究所建立了一套高效的能同时电沉积多个锕系元素的α源制备方法，有望为多核素快速放化分析提供技术基础[426]。中国原子能院发展了用于Sr-90、Tc-99测量的多种固相萃取技术，包括固相萃取颗粒，固相萃取片以及自动化分离装置，取得了较好的应用效果[427]。

核药物化学与标记化合物方面，原子高科股份有限公司制备了含有^{103}Pd和^{125}I双核素的放射性支架，能更好地抑制肿瘤细胞的生长[428]。北京大学肿瘤医院首次通过^{64}Cu标记双硝基咪唑BMS系列化合物，有望成为良好的正电子乏氧显像剂[429]。解放军总医院合成了诊断阿尔茨海默病的新型Aβ斑块显像剂18F-W372，并通过急性毒性实验验证药物的安全性[430]。

环境放射化学领域，西北核技术研究所研制了固定式大气放射性氙取样器，可以24h不间断采集空气样品并长期连续运行[431]。南华大学和环保部辐射环境监测技术中心选用M235型大气颗粒物分级采样器，在上海、衡阳等地开展可吸入大气颗粒物（PM_{10}）的粒径分级采样，对比分析了^{210}Pb活度的不同测量方法[432]。

放射性废物处理与处置方面，北京大学采用毛细管法研究装填有膨润土的毛细管中核素的吸附和扩散情况，来得出各核素在压实膨润土中的迁移规律，从而为处置库的设计提供参考[433]。中国原子能科学研究院开展了利用同步辐射技术原位分析Np在土壤中的形态的研究工作，建立了单一纤铁矿物质中结构分析的实验方法和平台，为复杂矿物中锕系元素的形态研究工作奠定了基础。

放射化学应用方面，中国工程物理研究院利用辐照接枝的方法，制备了增重率超过200%的海水提铀材料[434]。中国科学院大学近代物理研究所采用多孔材料吸附法提取盐湖中的铀，其对盐湖水中的铀吸附容量可达3mg/g以上[435]。北京大学核环境化学课题组采用Fortran语言编写了化学种态分析软件CHEMSPEC[436]，并用其计算了镅和镎在特定场点地下水中的溶解度，解决了长期以来，环境放射化学工作者只能回答某种核素的表观行为，而无法很好地回答这些核素在水岩体系中的吸附和扩散与其种态之间的关系的问题。其计算结果与实验结果吻合良好。

（七）交叉及其他学科

1. 计算化学

计算（机）化学，或化学信息学，在过去的两年中，在理论计算、分子模拟、化学计量学、化学信息软件、数据库技术以及复杂体系分析等研究方面取得了良好的研究成果。

在化学计量学研究中，针对实际复杂体系多组分直接、快速、同时定量分析问题，结合现代分析化学测量手段，基于高阶张量分解尤其是三线性、四线性、五线性数阵分解等数学工具，开展基础理论及应用的深入、系统研究，发展了“绿色”定量分析系列方法，继续取得丰硕成果[437]。在胰高血糖素受体的全长构象变化与功能关系研究取得突破性进展。胞外区和跨膜区的结构分别被解析之后，B 家族 GPCR 结构功能研究的关键科学问题是阐明全长受体的构象。胰高血糖素受体（GCGR）是一类 B 型 GPCR。蒋华良等人通过分子动力学模拟发现全长 GCGR 存在两种构象。当由胰高血糖素结合时，GCGR 胞外区与跨膜区相对独立，受体处于开放态。在不与配体结合时，GCGR 胞外区则倒向跨膜区，并与跨膜区胞外 Loop 存在相互作用，受体处于关闭态。功能和质谱实验发现一些二硫键交联可稳定受体关闭态，验证了关闭状态的存在。低温电镜和氢氘交换研究也支持配体结合会影响胞外区与跨膜区的相对构象。这项研究为 B 型 G 蛋白偶联受体的全长结构解析和药物发现奠定了基础，发表于《自然·通讯》[438]。

2. 晶体化学

2013—2015 年以来，晶体化学学科领域研究主要的进展和亮点总结如下：

卜显和等利用混合配体策略，设计合成了第一例具有双层八面体的金属 - 有机骨架材料；将尺寸匹配的辅助配体与 MOF 孔道中配位不饱和金属相作用，起到封堵作用从而将客体分子封装于 MOF 孔道中，为设计合成基于 MOF 的胶囊材料提供一种新思路[439]。

王哲明和高松等合成了一例镁甲酸框架材料。此材料在 275K 时，表现出顺电相到反铁电相的转变，并伴随着晶胞体积的巨大变化（36 倍）[19]。

龙腊生等利用简单的乙酸配体控制稀土离子的水解反应合成了目前报道的核数最高的 104 核稀土簇合物。该化合物具有高的磁自旋密度和低的磁各向异性，是一类潜在的超低温磁制冷材料[440]。

林建华、孙俊良等设计合成系列无机微孔、介孔材料，并发展多种晶体结构解析技术，为无机多孔材料的设计合成开拓了新的思路[441, 442]。

吴彪等针对磷酸根配位饱和与方向性的特点，通过合理地组合脲单元获得系列多脲阴离子配体，设计和组装了以磷酸根为配位中心的超分子拓扑结构[443]。

杜文斌和曹睿等合作开发了具有良好溶剂兼容性、操作简便的玻璃微流控器件。首次制备并表征了一系列芳香基乙炔银的晶体结构，实现了难溶性或难以得到的各类配合物单晶的生长制备[444]。

杨国昱等成功地通过 6 个缺位氧合簇单元间的缺位点协同导向作用合成了 24 核锆氧簇取代的钨氧簇六聚体。不仅为今后水热条件下通过缺位协同导向作用将其他属性的高价金属离子引入到取代型氧合簇产物中奠定了坚实基础，而且为筛选新型催化剂提供了理论指导[445]。

金国新等利用具有定向配位特点的半夹心有机金属配合物和不同几何和功能性的有机配体或含金属配体构筑了各种环状及笼状有机金属分子[446]。并实现了含 CpIr 及不饱和

配位草胺酸铜 / 镍单元混金属立方笼的逐步组装[447]。

王书凹等获得首例基于类石墨烯二维平面三重互锁锕系结构。该材料对水、酸碱稳定，也具有很好的耐受 beta 和 gamma 辐照性，在有效固化锕系放射性离子的同时针对水溶液中放射性核素 Cs–137 也具有很好的选择性富集去除能力[448]。

白俊峰等通过转移配体配位点和引入不配位氮原子构筑等网格 MOFs 并调控孔尺寸和改变孔道极性，在保持比表面积和孔体积不变的情况下，显著提高了 MOFs 的二氧化碳吸附选择性，为二氧化碳捕集以及天然气纯化提供了备选材料[449]。

胡同亮等设计合成了一例双功能的 MOF 多孔材料，理论和实验的研究结果表明，该 MOF 材料室温下能够高效脱除乙烯气体中的乙炔杂质。此 MOF 材料合成、再生工艺简单，成本低，有望大大降低相关石化行业的生产成本[450]。

朱广山等合成系列多孔芳香骨架多孔材料，通过合理的设计构筑，此类多孔材料能够有效分离氢气、氮气、氧气、二氧化碳和甲烷等[451]。

张杰鹏等基于金属多氮唑框架体系，利用笼状结构单元，合成了一例具有疏水性孔道和晶体表面，同时具有超大孔径的 MOF 材料 MAF–6，可以有效分离水、甲醇、乙醇、长链烷烃、环己烷、苯、甲苯、二甲苯、三甲苯、金刚烷等常见物质，并选择性保留极性较低的分子[452]。

裘式纶等制备了系列微孔晶态 MOF 膜，这些 MOF 膜能够有效的分离 H_2/CH_4，H_2/N_2 和 H_2/CO_2 等二组份混合气体，且此类晶态膜具有非常好的稳定性，有望应用于实际气体的分离纯化[453]。

唐瑜等发现一类功能配体能够与钾离子形成稳定的金属有机框架，并首次创造性地将该 MOFs 与磁性纳米材料杂化组装，构筑出能高效选择性识别和分离钾离子的“纳米萃取器”，从而实现了在水溶液体系中对钾金属离子的“绿色”分离富集。该研究为功能 MOF– 纳米复合材料的设计提供了新思路[454]。

卜显和等合成了一例具有超微孔结构的蓝色 MOF，它对水或氨气等可配位客体小分子感应，可逆地转化为具有微孔结构的红色单晶。转化过程中伴随着辅助配体的配位、解离，并导致了“门效应”的产生，可以实现特定条件下对小分子的封装与释放[455]。

张洪杰等制备了一例铕的 MOF，表现出多级响应的荧光传感特性。此 MOF 传感器能够检测有机小分子和无机离子，甚至能够在水中或有机蒸汽中高选择性的检测爆炸物 TNP[456]。

刘伟生等首次构筑出了四核稀土四重螺旋和六核稀土环状螺旋配合物，同时发现 NO_3^- 能够在溶液中诱导六核稀土环状螺旋配合物的构型向四核稀土四重螺旋结构转变。这种选择性识别及转化为研究小分子或阴离子在超分子自组装过程中的模板作用提供了有力证据，同时为有限核数螺旋超分子结构的设计和可控制备提供了参考和思路[457]。

郭国聪等设计了首例光敏二芳烯型 MOF 光致变色材料，并利用二芳烯在紫外 / 可见光下的关 / 开环作用，实现了可见光触发下静态的 CO_2 释放效率达到目前最高的 75%，远远大于文献中所报道 42% 的静态释放效率，对于设计合成新的环保、低能耗 CO_2 释放模型提供了新的研究思路[458]。

刘涛和段春迎等报道了一例光诱导自旋转换的单链磁体。此项研究为利用外部刺激调控双稳态分子纳米磁体提供了可行的策略，有望应用于分子水平的信息存储[459]。

童明良等紧密围高性能单分子磁体的分子设计与磁－构关系研究，制备出 Fe_2Dy 单分子磁体，其自旋翻转能垒达到 458K，将混合 d–f 金属单分子磁体的性能提高了 3 倍[460]。

唐金魁等率先研究了低配位稀土配合物晶体场与磁各向异性之间的联系，发现赤道配位的配体场环境能够有效增强 Er 离子的单轴磁各向异性，实现了对配体场的精确调控，得到了首例具有典型赤道配位的 Er 单分子磁体，验证了预测模型[461]。

王恩波等设计合成了系列基于多酸的催化剂，并在可见光驱动的水氧化反应中具有良好的催化效果，为设计该类催化剂提供了良好的思路[462, 463]。

马建功和程鹏等制备了新型纳米银复合催化材料 Ag@MIL–101（Cr），该材料兼具 MOF 材料高效吸附分离 CO_2 的能力与纳米银颗粒的高催化活性，能够同时完成主要温室气体 CO_2 的捕获与转化[464]。

吴传德等根据生物酶的结构与催化特点，以金属卟啉为结构单元，设计、组装仿生 MOF 材料，引入并调控协同组分，模拟酶催化微环境，实现了远优于相应分子催化剂的高效 C–H 键氧化活化，如温和条件下环氧化烯烃、氧化芳基烷烃和环己烷等，实现了高活性循环使用，为仿生催化研究提供了新思路[465]。

郑丽敏等报道了一例具有质子传导性的二维 3d–4f 膦酸配位网络，该化合物在在 45℃和 93% 相对湿度下发生相变，质子从层内释放到层间，其质子传导性增加一个数量级[466]。

郑寿添与美国 Xianhui Bu 教授合作，实现了可利用 MOFs 骨架中的活性开放金属位点来引入修饰性第二配体来捕获框架外异金属，进而实现对 MOFs 空旷骨架进行空间分割和异金属功能化修饰，从而达到对客体选择性吸附分离和对材料物理化学属性的调控。为新型复合 MOFs 功能材料的制备提供全新的合成策略[467]。

3. 流变学

流变学是一门交叉学科，涉及的研究领域较广。近年来，在高分子流变学、电流变和磁流变流体、采油输油相关流变学方面，取得了如下研究进展。

在高分子流变学领域，宋义虎和郑强等在 *Journal of Rheology* 上发表综述论文[468]，提出了大浓度跨度、不同结构高分子纳米复合材料流变两相模型。在该模型指导下，利用纳米粒子调黏与界面优先分布原理延缓粒子相演化，发现热致液－固转变中独特演化路径[469]；该模型也应用于不同纳米复合材料体系[470–472]，相关成果获浙江省 2014 自然科学奖一等奖。解孝林等系统研究了光聚合物复合体系光聚合流变学，提出了“光引发阻聚剂”的新概念，发现复合体系相分离程度与凝胶化时间 / 黏度比符合指数关系，实现了 3D 全彩色图像高效存储[473, 474]，有望在高端防伪领域得到应用，获得了第 43 届日内瓦国际发明展银奖。俞炜等建立了表征高分子共混体系相图[475]和相分离动力学[476]的方法，解决了用流变学研究相分离行为的理论基础问题；建立了针对黏弹性界面的共混体系本构模型，解决了嵌段共聚物相容剂在共混体系中的分布问题[477]。提出了广义几何分解方法和二维流变相关谱方法，研究了软玻璃态物质的结构演变动力学[478]和多嵌段共聚物的相分离行为[479]。陈全等[480-483]从分子尺度上解释了单离子导体的导电性能和力学性能的矛盾；建立了纳米颗粒与高分子基体强吸引填充体系的动力学模型；阐明了凝胶点附近的线性流变学行为的变化。刘琛阳等发展了测定超高分子量聚乙烯分子量和分布的流变学表征方法，提出“纤维级超高分子量聚乙烯树脂”国家标准建议稿，参与制订国家标准《使用平行平板振荡流变仪测定复数剪切黏度》。研究了聚合物相容性共混物的动力学[484]、动态自修复凝胶的流变行为、力学性能及其自修复机理[485, 486]，石墨烯纳米离子流体的调控制备及其结构 – 流变性能关系[487]。

电流变和磁流变流体是一种电场调控智能软材料，在机电控制、机器人、生物医学等领域具有潜在应用价值。尹剑波和赵晓鹏等[488-493]提出了通过调控颗粒形貌改善纳米体系电流变性能的新途径；通过表面修饰优化了纳米电流变体系的综合性能；开拓了聚离子液基非水聚电解质电流变材料新体系；设计了具有光频负折射行为的电场可调流体基新型超材料。许高杰等[494-498]系统研究纳米棒在电场下的运动过程和自组装过程，以及填料形貌对电流变性能的影响；提出并验证了高介电常数极性分子可比介电核更有效地增强电流变液的界面极化；提出电流变液的膨胀模型，解释了巨电流变液屈服力与分散相体积分数的指数依赖关系；研究了巨电流变材料的老化机理。龚兴龙等[499-503]系统研究了均匀磁场下磁流变液等体积压缩法向力与间距等各因素的关系，揭示了挤压模式下其微观结构演化过程。利用颗粒动力学理论分析和数值模拟，揭示了“顺磁 – 反磁”颗粒体系磁致力学性能增强及相应微结构形成机理。在冲击载荷作用下，发现剪切增稠液会发生流固转换现象，其能量吸收行为是可逆的，研制出一种磁控剪切变硬效应的新型复合材料；获得了2014 年国家技术发明二等奖。余淼等[504-508]发现花状羰基铁粉在 X 波段有宽的吸收带和强的吸收能力，有利于实现武器装备的隐身；聚氨酯 / 环氧树脂互穿网络结构基体的磁流变弹性体具有优异的阻尼特性和磁流变效应，在智能吸振方面具有广泛应用；制备了具有高磁流变效应和良好的隔振缓冲性能的多孔磁流变弹性体；研究了磁流变胶在磁场下电阻率的变化，发现磁流变胶具有良好的磁控电阻特性。该研究为拓宽了磁流变材料在磁控传感器的应用前景。首次研究了辐射对磁流变弹性体特性的影响。

在表面活性剂、原油开采和原油输运领域，张劲军等建立了含蜡原油黏弹 – 触变模型，完整描述含蜡原油屈服前的黏弹性变形、屈服以及屈服后的结构裂降行为[509]；与中国石油天然气集团公司合作，在掌握含蜡原油流变性规律及其机理的基础上，提出了含蜡原油流动性改性输送方法，形成了适应多种复杂任务要求的新一代输油技术，作为我国油气战略通道建设与运行关键技术项目的主要创新点之一，获 2014 年度国家科技进步一等奖。方波等[510]研究了光敏胶束新体系流变反应动力学、黏弹性氨基酸性表面活性剂新体系制备和流变特性、凝胶交联过程流变动力学、黏弹性油溶性胶束凝胶形成过程流变动力学、快速交联非常规储集层的低碳烃无水压裂液体系。陈文义等[511]系统研究了工程流动过程的基本问题，开展了填充隔离壁塔中蒸汽分离器的关键实验研究和计算流体力学研究，在烷基聚葡糖苷分离和纯化过程中取得重要进展。

五、我国化学学科发展趋势和展望

（一）无机化学

当前，无机化学研究呈现出良好的发展势头。过去几年中，我国的科学工作者们在金属有机框架材料（MOF）、稀土功能材料、分子磁性材料、生物功能材料等领域开展了深入系统的研究工作，取得了系列创新性研究成果。结构新颖、性能优良的化合物/材料被不断地合成、制备并报道出来。这些材料、物种的形成规律和机理等还需要人们进一步去研究和探索，结构调控以及结构与性能之间的关系等问题仍将是我们面临的挑战和需要解决的科学问题。结构稳定和可控并具有特定孔径的多孔材料的制备并探索其在选择性识别、转化和催化等方面的应用将是人们关注和研究的重点；我国稀土资源丰富，稀土功能材料的开发和利用是广大科学工作者们义不容辞的责任，在发光、催化、磁学和电学等性能以及复合稀土功能材料方面需要我们进一步研究；生物功能材料在疾病的诊断、治疗以及生命生理过程中相关物种的检测、作用机理等研究中发挥着重要作用。研究开发性能优良、毒副作用小的生物功能材料将是人们追求和努力的目标。另外，能源和环境问题是当今社会可持续发展亟须解决的两大问题，寻找新型清洁的可替代能源成为人们关注的焦点，相关材料方面研究也越来越受到人们的重视，无机化学在这方面研究中也将扮演重要的角色，起到重要的作用。

（二）有机化学

2014年以来我国有机化学学科研究队伍进一步壮大，我国有机化学家的国际影响力显著增加，我国有机化学学科的学术论文质量显著增加，有机化学学科对我国的国民经济发展的重要作用也日益突出。虽然我国有机化学家在学术论文发表方面有了突出成绩，但是正如我国自然科学基金委的负责人所言：我国有机化学研究在原创性、系统性、实用性以及显著特色性的研究成果还是比较少见的。2014年，我国有机化学虽然实现了首次在在《自然》杂志上发表学术论文，但是主要作者仍然是美国研究机构的教授，在中国国内大学、研究院所任职的教授、研究员带领的研究团队还未能实现在在《自然》和《科学》顶级杂志发表有机化学研究论文。而美国Scripps研究所在这期间在《自然》和《科学》杂志上发表有机化学研究论文超过10篇，该研究所教授Baran和Yu分别发表5 ~ 6篇。数据表明：我国有机化学研究仅从学术论文发表上看仍然存在很大差距。这些年，围绕着环境污染问题我国在绿色化学及其相关研究领域开展了许多研究并发表了很好的学术论文。但是，据中央电视台报道：近年来仅浙江台州地区因环保不达标而被关闭的医药中间体和原料药生产企业数量就达一千多家，占该地区此类企业的90%。这些事实为有机化学家提出了更高的要求和挑战性任务。手性化学和技术自2001年美国化学家诺斯、夏普莱斯和日本化学家野依良治获诺贝尔化学奖以来，一直是我国有机化学的研究热点和主流。但是，此领域的研究成果多数仍然停留在学术论文发表阶段。无论如何，在国家科技政策的正确导向和充沛科研经费的支持下，我国有机化学学科在不远的将来一定能跻身于世界先进行列，有机化学学科不仅能做出一流的学术论文，也能够为我国国民经济发展和人类社会可持续发展做出应有贡献。

（三）物理化学

化学动力学：化学动力学已经从以测量反应速率为主的宏观动力学深入到在原子、分子和量子态分辨的层次上研究化学反应的微观物理机制，近年来又由基态动力学扩展到了激发态的动力学，由单势能面的绝热动力学扩展到了多势能面的非绝热动力学，研究的对象也从简单的气相体系扩展到更复杂的体系。由于复杂的高能和激发态多原子化学反应、表界面化学反应、大分子体系化学反应的动力学研究无论在科学上还是在现实中都具有更重要和更广泛的意义，所以对高能、激发态和复杂体系化学反应的研究将成为化学动力学的发展方向。

今后几年，分子束技术、各种原子和分子的探测技术以及表面化学动力学的实验技术等将得到进一步的发展。与化学动力学实验密切相关的新的激光光源技术的发展，特别是国家重大科研仪器设备专项基于可调极紫外相干光源的综合实验研究装置的实施，将极大地提高我国化学动力学的研究水平，使我们有能力面对化学动力学领域来自学科自身发展和国家能源、环境以及国防需求的挑战。

电化学：下一代二次电池技术是具有战略意义的关键支撑技术，电极材料将朝着更高能量密度、高循环寿命方向发展，锂硫电池和锂空气电池由于具有较高的理论能量密度而成为目前电池领域研究的前沿和热点。光电化学领域在以钙钛矿相有机金属卤化物作为吸光材料的薄膜太阳电池研发为主，建立和发展PSCs电池界面结构、光－电转换及传输过程的原位表征和高通量评价方法，发展高效率、低成本、长寿命的太阳能电池。纳米电化学领域将继续围绕纳米晶的电化学合成新方法、新型纳米活性材料、电化学纳米探针技术新方法和新应用等不断发展，同时，利用纳米结构实现高效、高倍率能量转化越来越受到重视，理解纳米尺度电化学体系及新型纳米材料的特殊电化学行为也是一个活跃的方向。分析电化学也将随着新材料和新方法的不断涌现，灵敏度、选择性、通量性方面的不断突破，在即时检验、在线检测、食品检测、环境检测等方面发挥越来越重要的作用，并在服务社会方面迈出更大步伐。工业与有机电化学的未来发展趋势是围绕清洁生产与绿色节能，以经济建设和产业化建设为主导方向。

光化学：随着光化学的研究尺度由分子层次向分子以上层次发展，光化学与各学科间交叉研究内容的日益增多，作为一个新兴的、多学科交叉的研究领域，光化学研究具有很强的生命力。与热化学相比光化学反应的类型、反应机理的研究远远不够，引入新的研究手段将使光物理和光化学的研究得以极大的拓展和深入；系统、规律性的研究光化学反应过程，发展具有原创性和实用性的光化学反应，进一步加强光化学与有机小分子催化、非贵金属催化、酶催化等绿色、原子经济、串级反应的开发和创新研究，拓展光化学反应在制药等精细化工研究中的应用必将是光化学家研究的热点之一；模拟自然实现高效的太阳能转换和利用是解决当前能源危机的理想途径，最具挑战的工作仍然是如何利用太阳能全光谱实现水的全分解以及高效二氧化碳还原；开发各种新型、具有微纳结构的光敏材料，深入理解生命体中相关作用过程，设计和构筑各种新型功能化超分子光化学体系，必将极大的促进光功能材料的基础研究领域和应用开发工作的深入和发展，为我国国民经济的持续发展做出越来越大的贡献。

生物物理化学：发展适用于生物体系的实时、超高空间分辨和具有化学识别能力的显微技术并将其应用于重要的生命科学问题依然是生物物理化学最活跃的前沿方向。与之对应，各种生物分子的新的标记和探针技术的发展非常重要。例如，近年来细胞膜电位的荧光成像和实时追踪取得振奋人心的进展，未来有可能大放异彩。我国在这方面有一定的工作基础，希望未来能做出在世界范围有影响的工作。将物理化学原理、方法和技术应用到生物问题是生物物理化学的基本任务。我国科学家在诸如单细胞测序、单分子探测、生物膜的结构、生命过程的热力学和动力学、蛋白质分子设计、药物设计等各个方面的研究与世界先进水平同步，部分工作处于领先水平，期待未来可以产生更大的影响。我国在理论生物物理化学方面已经形成相当的队伍和规模，具有国际影响力。随着计算机硬件和软件技术的更新，必将迎来理论生物物理化学的黄金发展期。但总体而言，我国的生物物理化学的研究队伍还偏小，应该继续发展壮大。

（四）分析化学

新的原理和方法是分析化学发展的基础，发展实时、原位、在线、活体、高灵敏的分析技术依然是分析方法面临着的挑战。在包括化学学科在内的多个学科，研究者对新型纳米结构的研究发展给予了高度关注，基于纳米孔、等离激元纳米颗粒、荧光纳米探针的分析应用以及纳米传感器等纳米分析的研究依然是分析化学的热点领域；成像分析尤其是活体的成像分析是近年来关注度很高的领域，如何在复杂的机体中实现对低浓度物质的灵敏、时空精确的成像是今后的研究重点；活体分析化学正在成为分析化学重要的前沿领域之一，2015 年国际规模最大的分析会议 Pittcon 会议，在代表分析化学研究前沿的 50 个分会场中，活体分析化学建议的分会场有 8 个，比上一届的 3 个相比增长一倍多，显示了强劲的发展势头，然而活体分析目前在临床上应用的并不多，需要解决复杂机体成分对传质和信号的影响，避免对机体尤其是脑和神经系统的干扰；单分子和单细胞分析，迫切需要新的分析材料；发展新的蛋白质组学、代谢组学方法的工作依然艰巨，提取和分析完整、全部的蛋白质或代谢组分是终极的目标，这要求高通量的分离技术、快速灵敏高通量的分析方法，尤其是新的质谱技术。未来分析化学的发展趋势，依然是以针对生命体系的分析为主要的研究目标，发展新的分析仪器和装置，以解决涉及生命、环境和材料科学等有影响的重大科学问题为主要任务。我国分析化学基础研究已经取得了长足的进步，然而，在发展和建立原创性的分析化学原理和方法方面，我国还有相当大的提升空间。分析方法的建立，离不开新的分析材料和分析仪器，目前的高精尖的分析仪器依然被国外的公司所垄断，因此必须加强分析仪器装置原始创新研究工作，使我国分析化学基础研究跃上一个更高的台阶。

色谱，尤其是气相色谱及其与质谱的联用技术，作为一门相对成熟的技术，在社会生活和工农业生产等应用极为广泛。随着科学技术的发展，色谱技术也面临着诸多挑战。特别是生命科学、材料科学和环境科学的发展要求色谱的功能更为齐全、分析速度更快、分离能力更高，以及自动化程度更高。在色谱分离介质的研究方面，材料科学的发展为分离材料提供了新的可能。各种纳米材料，包括光子晶体、有机金属骨架材料等都有望在色谱领域发挥更大的作用；高度规整的单分散颗粒及其功能化可能是色谱填料发展的趋势。在色谱检测技术的研究方面，各种高灵敏度高选择性的纳米传感和生物传感技术是否可以用于色谱检测是一个值得研究的课题。液相色谱 - 质谱联用得到了越来越多的关注。如何开发新型离子化技术，将质谱的最新研究成果用于色谱 - 质谱分析，也应该是一个活跃的研究领域。在色谱仪器的研制方面，主要是具有特殊功能的专用色谱仪器的研制应该引起注意，有望在环境监测和食品安全领域得到进一步推广。此外，开发在极端条件下（如深空探测、深海开发和国防领域）的分析监测用的微型化专用色谱仪器也是下一步的主要发展方向。在应用研究方面，应进一步充分发挥色谱学科优势，为重大研究领域的发展提供重要的技术支撑。

质谱分析方法与仪器研制是当前分析化学中的重要前沿研究热点，不仅要注重基础理论研究的突破，也要注重研制具有自主产权的质谱仪，目标是致力于发展具有原创性和实用性的质谱分析方法。国际上质谱研究近年来呈现出更为迅速的发展趋势。目前，我国质谱研究领域已经在国际上占有重要的地位，特别是质谱离子化新方法以及多通道微流控芯片质谱联用仪器的研制有了显著的创新发展，将质谱分析引入生命分析领域以解决生命科学中的若干关键问题有了突破性的进展。同时，研制多功能集成化和便携化的质谱仪器是未来质谱研究领域的重点发展趋势，要进一步地提高我国在质谱仪器开发中的主导地位。研究可直接用于快速检测人体呼气与微量血样的质谱分析方法是未来的质谱新应用研究热点，必将成为医学疾病诊断的重要手段，其最具挑战性的工作仍是发展样品前处理方法、提高质谱灵敏度和研究新型离子化方法。此外，质谱在单细胞分析、细胞共培养和病理组织成像中的应用研究也是今后重点应该关注的研究热点，我国质谱分析有望在该领域实现新的跨越。

（五）高分子化学

结合我国生物大分子研究发展现状和优势，开展生物大分子组装与功能化、生物大分子基新材料设计与制备等研究将是我国该领域重点的发展方向。高分子物理发展趋势是通过揭示长链高分子不同基元（包括基团、链段以及整链）的运动及其多级耦合规律，明确不同层次、跨尺度微观结构对链段运动的依赖性及形成机理，实现对不同高分子凝聚态不同层次结构的精确控制，从而优化性能和实现功能，拓宽高分子材料的应用领域。生物大分子的构象和动力学行为的研究无疑是高分子物理化学今后最重要的发展方向。今后应把研究重心转移到生物大分子物理化学这一领域，将物理化学与生命科学的理论和方法相结合，努力取得一些重要突破。发展生物医用高分子材料，已是满足全民医疗保健的基本需求，建设稳定和谐小康社会的迫切要求。未来光电功能高分子的发展应该紧紧围绕其关键科学问题（分子结构与电子结构的内在关联和凝聚态结构与光电性能的关系）和应用目标（平板显示、照明光源、光通讯元件、检测与传感等），在光电功能高分子的合成方法学、分子工程与可控聚合、界面工程与凝聚态结构、能带结构与电子转移理论等方面开展基础研究和前瞻探索。能源高分子领域的研究必须立足于解决"实验室到工厂（Lab-to-Fab）"转化中的关键问题。随能源高分子领域的迅速发展，如何从实际应用的角度出发，解决产业化进程中面临的关键科学问题，将是未来一段时间世界各国竞争的焦点。

（六）核化学与放射化学

当前人们对环境的关注日益增强，对洁净核能的利用需求也与日俱增。在我国核能快速发展的新形势下，对新型核能资源的开发、乏燃料后处理、放射性废物处理与处置等核燃料循环化学的研究进一步加强，核化学与放射化学学科在未来有很大的发展空间。

（七）交叉及其他学科

晶体化学：随着实验仪器技术的飞速发展和表征手段的日新月异，晶体化学的研究也呈现了一些新的趋势，主要有：①以合成新型结构类型的晶体结构研究为主拓展到以探索新型结构类型的晶体性能研究为新的兴趣点；②晶体化学自身的研究正由粗放型的化学合成研究逐步拓展到精细的化学后合成修饰和调控研究，进而实现对材料的裁剪和可控构筑，从而达到对材料物理化学性能的调控；③晶体化学的飞速发展已触发了包括生物、医药、纳米、催化、能源等众多学科的广泛兴趣，许多晶态材料在上述众多学科领域呈现出了重要的潜在应用，引起了多学科的体系交叉研究，极大地促进了新型功能材料的发现和应用创新。而这种体系交叉的研究为晶体化学研究注入源源不断的创新活力，是近几年以及未来晶体化学领域最为显著的发展趋势。

流变学：流变学是一门重要的交叉学科，其发展对化学与化工、石油工业、生物与医药、食品工业、材料加工与过程等领域有重要的支撑作用。中国流变学研究起步较晚，流变学研究与先进国家相比，尚存在一定的差距。表现为：在国际著名流变学刊物上发表的论文数量偏少；由我国学者提出的具有原创性的理论成果尚不多见；没有主办过世界级的国际流变学学术会议。现在国内流变学研究的优势领域在高分子纳米复合材料流变学研究、电流变和磁流变流体研究和采油输油相关流变学研究等方面。国内从事流变学研究的核心课题组不到50个，针对流变学作为交叉学科的特点，建议进一步加强工程过程流变学研究，优化流变学在国家自然科学基金委学科目录中的布局，吸引国内相关学科研究人员进入流变学研究领域，吸引国外的年青学者回国工作，尽快扩大研究队伍，拓宽研究领域，加强合作，快速突破，从而实现国内流变学研究的后发优势。

总之，在国际上纯化学学科开始衰退之时，我国化学研究研究领域近年来乘势而上，研究队伍迅速壮大，学术性研究成果层出不穷，化学学科学术论文的数量和质量已经将我国化学学科带进世界一流水平。无论如何，我国能够引领世界化学学科的研究领域和方向尚在期待之中。我国众多化学研究成果如何为我国化学、化工企业的转型，化工产品的清洁和高效生产服务确实需要认真思考。面对资源匮乏、环境污染和人口健康等重大社会问题，化学研究的重要性越来越得到凸显。化学产生于人类对物质资源利用过程中的不断探究，化学同样是解决当前人类面临的问题的重要工具。粗放型利用资源是造成资源浪费和环境污染的最主要原因，在分子水平上精准地利用各种资源是解决资源浪费和环境污染的最根本策略和方法。资源化学是解决资源浪费和环境污染的钥匙，资源化学研究应该受到政府部门和化学家的重视。中国大陆第一个自然科学诺贝尔奖能否为中国化学家带来冷静地思考，为中国化学学科发展带来新机遇，是我国全体化学工作者应该关注的问题！

—— 参考文献 ——

[1] Zhai H J, Zhao Y F, Li W L, et al. Observation of an all-boron fullerene[J]. Nature Chemistry,2014,6(8): 727-731.

[2] Piazza Z A, Hu H S, Li W L, et al. Planar hexagonal B36 as a potential basis for extended single-atom layer boron sheets[J]. Nature Communications, 2014, 5(1):155-164.

[3] Duan H, Yan N, Yu R, et al. Ultrathin rhodium nanosheets[J]. Nature Communications, 2014, 5(1): 3093.

[4] Zheng W, Wang B B, Li C H, et al. Asymmetric donor-π-acceptor-type benzo-fused aza-BODIPYs: facile synthesis and colorimetric properties[J]. Angewandte Chemie International Edition, 2015, 127: 9198-9202.

[5] Wu F, Liu J, Mishra P, et al. Modulation of the molecular spintronic properties of adsorbed copper corroles[J]. Nature Communications 2015, 6: 8547.

[6] Li Y, Li X, Liu J, et al. In silico prediction and screening of modular crystal structures via a high-throughput genomic approach[J]. Nature Communications, 2015, 6: 8328.

[7] Luo F, Fan C B, Luo M B, et al. Photoswitching CO_2 capture and release in a photochromic diarylethene metal-organic framework[J]. Angewandte Chemie International Edition, 2014, 53(35): 9298-9301.

[8] Li P X, Wang M S, Zhang M J, et al. Electron-transfer photochromism to switch bulk second-order nonlinear optical properties with high contrast[J]. Angewandte Chemie International Edition, 2014, 53(43): 11713-11715.

[9] Cai L Z, Chen Q S, Zhang C J, et al. Photochromism and photomagnetism of a 3d - 4f hexacyanoferrate at room temperature[J]. Journal of the American Chemical Society, 2015, 137: 10882-10885.

[10] Zhu H, Lin C C, Luo W, et al. Highly efficient non-rare-earth red emitting phosphor for warm white light-emitting diodes[J]. Nature Communications, 2014, 5 4312.

[11] Dong H, Sun L D, Wang Y F, et al. Efficient tailoring of upconversion selectivity by engineering local structure of lanthanides in Na x REF 3+x nanocrystals [J] . Journal of the American Chemical Society, 2015, 137: 6569–6576.

[12] Wang L, Dong Hao, Li Y N, et al. Reversible near–infrared light directed reflection in a self–organized helical superstructure loaded with upconversion nanoparticles [J] . Journal of the American Chemical Society, 2014, 136 (12) : 4480–4483.

[13] Cho H S, Deng H X, Miyasaka K, et al. Extra adsorption and adsorbate superlattice formation in metal–organic frameworks [J] . Nature, 2015, 15734.

[14] Liao P Q, Zhu A X, Zhang W X, et al. Self–catalysed aerobic oxidization of organic linker in porous crystal for on–demand regulation of sorption behaviours [J] . Nature Communications, 2015, 6: 6350.

[15] Global overview [J] . Nature, 2015, 522 (7556) : S2–S3.

[16] Xu H Q, Hu J, Wang D, et al. Visible - light photoreduction of CO_2 in a metal - organic framework: boosting electron - hole separation via electron trap states [J] . Journal of the American Chemical Society, 2015, 137: 13440–13443.

[17] Zhang W, Wu Z Y, Jiang H L, et al. Nanowire–directed templating synthesis of metal–organic framework nanofibers and their derived porous doped carbon nanofibers for enhanced electrocatalysis [J] . Journal of the American Chemical Society, 2014, 136 (46) : 14976–14980.

[18] Zhu H, Xiao C, Cheng H, et al. Magnetocaloric effects in a freestanding and flexible graphene–based superlattice synthesized with a spatially confined reaction [J] . Nature Communications, 2014, 5:3960.

[19] Shang R, Wang Z M, Gao S. A 36–fold multiple unit cell and switchable anisotropic dielectric responses in an ammonium magnesium formate framework [J] . Angewandte Chemie International Edition, 2015, 54 (8) : 2564–2567.

[20] Chen S, Shang R, Wang B W, et al. An A–Site mixed–ammonium solid solution perovskite series of [(NH_2NH_3)x(CH_3NH_3)1–x] [Mn (HCOO) $_3$](x=1.00 - 0.67)[J] . Angewandte Chemie International Edition, 2015, 54:11245–11248.

[21] Wang CF, Li R F, Chen X Y, et al. Synergetic spin crossover and fluorescence in one–dimensional hybrid complexes [J] . Angewandte Chemie International Edition, 2015, 127 (5) : 1594–1597.

[22] Cui P, Hu H S, Zhao B, et al. A multicentre–bonded [ZnI] 8 cluster with cubic aromaticity [J] . Nature Communications, 2015, 6: 6331.

[23] Bai X F, Song T, Xu Z, et al. Aromatic amide–derived non–biaryl atropisomers as highly efficient ligands in silver–catalyzed asymmetric cycloaddition reactions [J] . Angewandte Chemie International Edition, 2015, 54 (17) : 5255–5259.

[24] Chen G X, Zhao Y, Fu G, et al. Interfacial effects in iron–nickel hydroxide - platinum nanoparticles enhance catalytic oxidation [J] . Science, 2014, 344 (6183) : 495–499.

[25] Wang Y, Su H F, Xu C F, et al. An intermetallic Au24Ag20 superatom nanocluster stabilized by labile ligands [J] . Journal of the American Chemical Society, 2015, 137 (13) : 4324–4327.

[26] Cui B B, Zhong Y W, Yao J N. Three–state near–infrared electrochromism at the molecular scale [J] . Journal of the American Chemical Society, 2015, 137 (12) : 4058–4061.

[27] Cui B B, Tang J H, Yao J N, et al. A molecular platform for multistate near–infrared electrochromism and flip–flop, flip–flap–flop, and ternary memory [J] . Angewandte Chemie International Edition, 2015, 127: 9324–9329.

[28] Zhu Z, Wang X, Li T, et al. Platinum (Ⅱ) –gadolinium (Ⅲ) complexes as potential single–molecular theranostic agents for cancer treatment [J] . Angewandte Chemie International Edition, 2014, 53 (48) : 13441–13444.

[29] He L, Tan C P, Ye R R, et al. Theranostic iridium (Ⅲ) complexes as one– and two–photon phosphorescent trackers to monitor autophagic lysosomes [J] . Angewandte Chemie International Edition, 2014, 126 (45) : 12333–12337.

[30] Liu Y, Xu H, Kong W, et al. Overcoming the limitations of directed C–H functionalizations of heterocycles [J]. Nature, 2014, 515(7527): 389–393.

[31] Chen Y, Wang D Q, Duan P P, et al. A multitasking functional group leads to structural diversity using designer C–H activation reaction cascades [J] . Nature Communications, 2014, 5: 4610.

[32] Wang C, Chen H, Wang Z, et al. Rhodium (III) –catalyzed C–H activation of arenes using a versatile and removable triazene directing group [J] . Angewandte Chemie International Edition, 2012, 51 (29) : 7242–7245.

[33] Cheng Q, Zhu S, Zhang Y, et al. Copper-catalyzed B-H bond insertion reaction: a highly efficient and enantioselective C-B bond-forming reaction with amine-borane and phosphine-borane adducts [J]. Journal of the American Chemical Society, 2013, 135 (38) : 14094-14097.

[34] Guo C, Sun D, Yang S, et al. Iridium-catalyzed asymmetric hydrogenation of 2-pyridyl cyclic imines: a highly enantioselective approach to nicotine derivatives [J] . Journal of the American Chemical Society, 2015, 137 (1) : 90-93.

[35] Li W, Liu X, Tan F, et al. Catalytic asymmetric homologation of alpha-ketoesters with alpha-diazoesters: synthesis of succinate derivatives with chiral quaternary centers [J] . Angewandte Chemie International Edition, 2013, 52 (41) : 10883-10886.

[36] Liu Y, Hu H, Zheng H, et al. Nickel (Ⅲ) -catalyzed asymmetric propargyl and allyl claisen rearrangements to allenyl-and allyl-substituted beta-ketoesters [J] . Angewandte Chemie International Edition, 2014, 53 (43) : 11579-11582.

[37] Hou J, Xie J H, Zhou Q L Palladium-catalyzed hydrocarboxylation of alkynes with formic acid [J] . Angewandte Chemie-International Edition, 2015, 54 (21) : 6302-6305.

[38] Shen J J, Zhu S F, Cai Y, et al. Enantioselective iron-catalyzed intramolecular cyclopropanation reactions [J] . Angewandte Chemie-International Edition, 2014, 53 (48) : 13188-13191.

[39] Song S, Zhu S F, Yu Y B, et al. Carboxy-directed asymmetric hydrogenation of 1,1-diarylethenes and 1,1-dialkylethenes [J] . Angewandte Chemie International Edition, 2013, 52 (5) : 1556-1559.

[40] Xie X L, Zhu S F, Guo J X, et al. Enantioselective palladium-catalyzed insertion of alpha-aryl-alpha-diazoacetates into the O-H bonds of phenols [J] . Angewandte Chemie-International Edition, 2014, 53 (11) : 2978-2981.

[41] Xu B, Zhu S F, Zhang Z C, et al. Highly enantioselective S-H bond insertion cooperatively catalyzed by dirhodium complexes and chiral spiro phosphoric acids [J] . Chemical Science, 2014, 5 (4) : 1442-1448.

[42] Yang X H, Xie J H, Liu W P, et al. Catalytic asymmetric hydrogenation of -ketoesters: highly efficient approach to chiral 1,5-diols [J] . Angewandte Chemie-International Edition, 2013, 52 (30) : 7833-7836.

[43] Liu G, Liu X, Cai Z, et al. Design of phosphorus ligands with deep chiral pockets: practical synthesis of chiral beta-arylamines by asymmetric hydrogenaztion [J] . Angewandte Chemie International Edition, 2013, 52 (15) : 4235-4238.

[44] Li C, Chen T, Li B, et al. Efficient synthesis of sterically hindered arenes bearing acyclic secondary alkyl groups by Suzuki-Miyaura cross-couplings [J] . Angewandte Chemie-International Edition, 2015, 54 (12) : 3792-3796.

[45] Xu G, Fu W, Liu G, et al. Efficient syntheses of Korupensamines A, B and Michellamine B by asymmetric Suzuki-Miyaura coupling reactions [J] . Journal of the American Chemical Society, 2014, 136 (2) : 570-573.

[46] Hu F, Xia Y, Ye F, et al. Rhodium (Ⅲ) -catalyzed ortho alkenylation of N-phenoxyacetamides with N-tosylhydrazones or diazoesters through C-H activation [J] . Angewandte Chemie-International Edition, 2014, 53 (5) : 1364-1367.

[47] Liu Z, Tan H, Wang L, et al. Transition-metal-free intramolecular carbene aromatic substitution/buchner reaction: synthesis of fluorenes and 6,5,7 benzo-fused rings [J] . Angewandte Chemie-International Edition, 2015, 54 (10) : 3056-3060.

[48] Wang X, Xu Y, Mo F, et al. Silver-mediated trifluoromethylation of aryldiazonium salts: conversion of amino group into trifluoromethyl group [J] . Journal of the American Chemical Society, 2013, 135 (28) : 10330-10333.

[49] Wu G, Deng Y, Wu C, et al. Synthesis of alpha-aryl esters and nitriles: deaminative coupling of alpha-aminoesters and alpha-aminoacetonitriles with arylboronic acids [J] . Angewandte Chemie-International Edition 2014, 53 (39) : 10510-10514.

[50] Xia Y, Qu P, Liu Z, et al. Catalyst-free intramolecular formal carbon insertion into sigma-C-C bonds: a new approach toward phenanthrols and naphthols [J] . Angewandte Chemie-International Edition, 2013, 52 (9) : 2543-2546.

[51] Xia Y, Qu S, Xiao Q, et al. Palladium-catalyzed carbene migratory insertion using conjugated ene-yne-ketones as carbene precursors [J] . Journal of the American Chemical Society, 2013, 135 (36) : 13502-13511.

[52] Ye F, Qu S, Zhou L, et al. Palladium-catalyzed C-H functionalization of acyldiazomethane and tandem cross-coupling reactions [J] . Journal of the American Chemical Society, 2015, 137 (13) : 4435-4444.

[53] Bai R, Zhang G, Yi H, et al. Cu (Ⅱ) -Cu (Ⅰ) synergistic cooperation to lead the alkyne C-H activation [J] . Journal of the American Chemical Society, 2014, 136 (48) : 16760-16763.

[54] He C, Zhang G, Ke J, et al. Labile Cu (Ⅰ) catalyst/spectator Cu (Ⅱ) species in copper-catalyzed C-C coupling reaction: operando IR, in

situ XANES/EXAFS evidence and kinetic investigations [J] . Journal of the American Chemical Society, 2013, 135 (1) : 488–493.

[55] Ke J, Tang Y, Yi H, et al. Copper-catalyzed radical/radical C–sp3–H/P–H cross-coupling: alpha-phosphorylation of aryl ketone O-acetyloximes [J] . Angewandte Chemie-International Edition, 2015, 54 (22) : 6604–6607.

[56] Li W, Liu C, Zhang H, et al. Palladium-catalyzed oxidative carbonylation of N-allylamines for the synthesis of beta-lactams [J] . Angewandte Chemie-International Edition, 2014, 53 (9) : 2443–2446.

[57] Liu J, Zhang X, Yi H, et al. Chloroacetate-promoted selective oxidation of heterobenzylic methylenes under copper catalysis [J] . Angewandte Chemie-International Edition, 2015, 54 (4) : 1261–1265.

[58] Lu Q, Zhang J, Zhao G, et al. Dioxygen-triggered oxidative radical reaction: direct aerobic difunctionalization of terminal alkynes toward beta-keto sulfones [J] . Journal of the American Chemical Society, 2013, 135 (31) : 11481–11484.

[59] Lei Z-Q, Pan F, Li H, et al. Group exchange between ketones and carboxylic acids through directing group assisted Rh-catalyzed reorganization of carbon skeletons [J] . Journal of the American Chemical Society, 2015, 137 (15) : 5012–5020.

[60] Pan F, Lei Z Q, Wang H, et al. Rhodium (I) -catalyzed redox-economic cross-coupling of carboxylic acids with arenes directed by N-containing groups [J] . Angewandte Chemie-International Edition, 2013, 52 (7) : 2063–2067.

[61] Zhang L S, Chen G, Wang X, et al. Direct borylation of primary C–H bonds in functionalized molecules by palladium catalysis [J] Angewandte Chemie-International Edition, 2014, 53 (15) : 3899–3903.

[62] Zhu R, Wei J, Shi Z. Benzofuran synthesis via copper-mediated oxidative annulation of phenols and unactivated internal alkynes [J] . Chemical Science, 2013, 4 (9) : 3706–3711.

[63] Cheng J, Qi X, Li M, et al. Palladium-catalyzed intermolecular aminocarbonylation of alkenes: efficient access of beta-amino acid derivatives [J] . Journal of the American Chemical Society, 2015, 137 (7) : 2480–2483.

[64] Wang F, Qi X, Liang Z, et al. Copper-catalyzed intermolecular trifluoromethylazidation of alkenes: convenient access to CF3-containing alkyl azides [J] . Angewandte Chemie-International Edition, 2014, 53 (7) : 1881–1886.

[65] Wang F, Wang D, Mu X, et al. Copper-catalyzed intermolecular trifluoromethylarylation of alkenes: mutual activation of arylboronic acid and CF^{3+} reagent [J] . Journal of the American Chemical Society, 2014, 136 (29) : 10202–10205.

[66] Yuan Z, Wang H Y, Mu X, et al. Highly selective Pd-catalyzed intermolecular fluorosulfonylation of styrenes [J] . Journal of the American Chemical Society, 2015, 137 (7) : 2468–2471.

[67] Zhang Z, Wang F, Mu X, et al. Copper-catalyzed regioselective fluorination of allylic halides [J] . Angewandte Chemie-International Edition, 2013, 52 (29) : 7549–7553.

[68] Li Q, Fu C, Ma S Palladium-catalyzed asymmetric amination of allenyl phosphates: enantioselective synthesis of allenes with an additional unsaturated unit [J] . Angewandte Chemie-International Edition, 2014, 53 (25) : 6511–6514.

[69] Wan B, Ma S. Enantioselective decarboxylative amination: synthesis of axially chiral allenyl amines [J] . Angewandte Chemie-International Edition, 2013, 52 (1) : 441–445.

[70] Wang Y, Zhang W, Ma S. A room-temperature catalytic asymmetric synthesis of allenes with ECNU-Phos [J] . Journal of the American Chemical Society, 2013, 135 (31) : 11517–11520.

[71] Zeng R, Wu S, Fu C, et al. Room-temperature synthesis of trisubstituted allenylsilanes via regioselective C–H functionalization [J] . Journal of the American Chemical Society, 2013, 135 (49) : 18284–18287.

[72] Gao M, He C, Chen H, et al. Synthesis of pyrroles by click reaction: silver-catalyzed cycloaddition of terminal alkynes with isocyanides [J] . Angewandte Chemie International Edition, 2013, 52 (27) : 6958–6961.

[73] Xia Y, Liu Z, Liu Z, et al. Formal carbene insertion into C–C Bond: Rh(I)-catalyzed reaction of benzocyclobutenols with diazoesters [J]. Journal of the American Chemical Society, 2014, 136 (8) : 3013–3015.

[74] Yang MY, Su B, Wang Y, et al. Silver-catalysed direct amination of unactivated C–H bonds of functionalized molecules [J] . Nature Communications, 2014, 5: 4707.

[75] Tang X J, Zhu C, Cao T, et al. Cadmium iodide-mediated allenylation of terminal alkynes with ketones [J] . Nature Communications, 2013, 4: 2450.

[76] Zheng C, Zhuo C X, You S L. Mechanistic insights into the Pd-catalyzed intermolecular asymmetric allylic dearomatization of

multisubstituted pyrroles: understanding the remarkable regio– and enantioselectivity [J]. Journal of the American Chemical Society, 2014, 136 (46) : 16251–16259.

[77] Gao D W, Shi Y C, Gu Q, et al. Enantioselective synthesis of planar chiral ferrocenes via palladium–catalyzed direct coupling with arylboronic acids [J]. Journal of the American Chemical Society, 2013, 135 (1) : 86–89.

[78] Shao W, Li H, Liu C, et al. Copper–catalyzed intermolecular asymmetric propargylic dearomatization of indoles [J]. Angewandte Chemie–International Edition, 2015, 54 (26) : 7684–7687.

[79] Wang S G, Yin Q, Zhuo CX, et al. Asymmetric dearomatization of beta–naphthols through an amination reaction catalyzed by a chiral phosphoric acid [J]. Angewandte Chemie–International Edition, 2015, 54 (2) : 647–650.

[80] Xu R Q, Gu Q, Wu WT, et al. Construction of erythrinane skeleton via Pd (0) –catalyzed intramolecular dearomatization of para–aminophenols [J]. Journal of the American Chemical Society, 2014, 136 (44) : 15469–15472.

[81] Zhang X, Yang Z P, Huang L, et al. Highly regio– and enantioselective synthesis of N–substituted 2–pyridones: iridium–catalyzed intermolecular asymmetric allylic amination [J]. Angewandte Chemie–International Edition, 2015, 54 (6) : 1873–1876.

[82] Zheng J, Wang S B, Zheng C, et al. Asymmetric dearomatization of naphthols via a Rh–catalyzed c (sp (2)) –h functionalization/ annulation reaction [J]. Journal of the American Chemical Society, 2015, 137 (15) : 4880–4883.

[83] Zhuo C X, Zhou Y, You S L. Highly regio– and enantioselective synthesis of polysubstituted 2H–pyrroles via Pd–catalyzed intermolecular asymmetric allylic dearomatization of pyrroles [J]. Journal of the American Chemical Society, 2014, 136 (18) : 6590–6593.

[84] Fukui Y, Liu P, Liu Q, et al. Tunable arylative cyclization of 1,6–enynes triggered by Rhodium (Ⅲ) –catalyzed C–H activation [J]. Journal of the American Chemical Society, 2014, 136 (44) : 15607–15614.

[85] Liu P, Fukui Y, Tian P, et al. Cu–catalyzed asymmetric borylative cyclization of cyclohexadienone–containing 1,6–enynes [J]. Journal of the American Chemical Society, 2013, 135 (32) : 11700–11703.

[86] Zou Y Q, Chen J R, Xiao W J. Homogeneous visible–light photoredox catalysis [J]. Angewandte Chemie–International Edition, 2013, 52 (45) : 11701–11703.

[87] Hu X Q, Chen J R, Wei Q, et al. Photocatalytic generation of N–centered hydrazonyl radicals: a strategy for hydroamination of beta, gamma–unsaturated hydrazones [J]. Angewandte Chemie–International Edition, 2014, 53 (45) : 12163–12167.

[88] Xuan J, Zeng T T, Feng Z J, et al. Redox–neutral alpha–allylation of amines by combining palladium catalysis and visible–light photoredox catalysis [J]. Angewandte Chemie–International Edition, 2015, 54 (5) : 1625–1628.

[89] Deng G B, Wang Z Q, Xia J D, et al. Tandem cyclizations of 1,6–enynes with arylsulfonyl chlorides by using visible–light photoredox catalysis [J]. Angewandte Chemie–International Edition, 2013, 52 (5) : 1535–1538.

[90] Jiang H, An X, Tong K, et al. Visible–light–promoted iminyl–radical formation from acyl oximes: a unified approach to pyridines, quinolines, and phenanthridines [J]. Angewandte Chemie–International Edition, 2015, 54 (13) : 4055–4059.

[91] Jiang H, Cheng Y, Wang R, et al. Synthesis of 6–alkylated phenanthridine derivatives using photoredox neutral somophilic isocyanide insertion [J]. Angewandte Chemie–International Edition, 2013, 52 (50) : 13289–13292.

[92] Huang H, Jia K, Chen Y. Hypervalent iodine reagents enable chemoselective deboronative/decarboxylative alkenylation by photoredox catalysis [J]. Angewandte Chemie International Edition, 2015, 54 (6) : 1881–1884.

[93] Chen J A, Huang Y. Asymmetric catalysis with N–heterocyclic carbenes as non–covalent chiral templates [J]. Nature Communications, 2014, 5 3437.

[94] Chen X Y, Xia F, Cheng J T, et al. Highly enantioselective gamma–amination by N–heterocyclic carbene catalyzed 4+2 annulation of oxidized enals and azodicarboxylates [J]. Angewandte Chemie–International Edition, 2013, 52 (40) : 10644–10647.

[95] Lv H, Jia W Q, Sun L H, et al. N–heterocyclic carbene catalyzed 4+3 annulation of enals and o–quinone methides: highly enantioselective synthesis of benzo–epsilon–lactones [J]. Angewandte Chemie–International Edition, 2013, 52 (33) : 8607–8610.

[96] Sun L H, Liang Z Q, Jia W Q, et al. Enantioselective N–heterocyclic carbene catalyzed aza–benzoin reaction of enals with activated ketimines [J]. Angewandte Chemie–International Edition, 2013, 52 (22) : 5803–5806.

[97] Chen X Y, Gao Z H, Song C Y, et al. N–heterocyclic carbene catalyzed cyclocondensation of alpha,beta–unsaturated carboxylic acids:

enantioselective synthesis of pyrrolidinone and dihydropyridinone derivatives [J] . Angewandte Chemie-International Edition, 2014, 53 (43) : 11611-11615.

[98] Li J L, Yue C Z, Chen P Q, et al. Remote enantioselective Friedel-Crafts alkylations of furans through HOMO activation [J] . Angewandte Chemie-International Edition, 2014, 53 (21) : 5449-5452.

[99] Ma C, Jia Z J, Liu J X, et al. A concise assembly of electron-deficient 2,4-dienes and 2,4-dienals: regio- and stereoselective exo-Diels-Alder and redox reactions through sequential amine and carbene catalysis [J] . Angewandte Chemie-International Edition, 2013, 52 (3) : 948-951.

[100] Feng X, Zhou Z, Ma C, et al. Trienamines derived from interrupted cyclic 2,5-dienones: remote delta,epsilon-C=C bond activation for asymmetric inverse-electron-demand Aza-Diels-Alder reaction [J] . Angewandte Chemie International Edition, 2013, 52 (52) : 14173-14176.

[101] Cao Y M, Shen F F, Zhang F T, et al. Catalytic asymmetric 1,2-addition of alpha-isothiocyanato phosphonates: synthesis of chiral beta-hydroxy- or beta-amino-substituted alpha-amino phosphonic acid derivatives [J] . Angewandte Chemie-International Edition, 2014, 53 (7) : 1862-1866.

[102] Jiang X, Liu L, Zhang P, et al. Catalytic asymmetric beta,gamma activation of alpha,beta-unsaturated gamma-butyrolactams: direct approach to beta,gamma-functionalized dihydropyranopyrrolidin-2-ones [J] . Angewandte Chemie-International Edition, 2013, 52 (43) : 11329-11333.

[103] Sun W, Zhu G, Wu C, et al. Organocatalytic diastereo- and enantioselective 1,3-dipolar cycloaddition of azlactones and methyleneindolinones [J] . Angewandte Chemie-International Edition, 2013, 52 (33) : 8633-8637.

[104] Zhang H, Hong L, Kang H, et al. Construction of vicinal all-carbon quaternary stereocenters by catalytic asymmetric alkylation reaction of 3-bromooxindoles with 3-substituted indoles: total synthesis of (+) -perophoramidine [J] . Journal of the American Chemical Society, 2013, 135 (38) : 14098-14101.

[105] Wang H Y, Zhang K, Zheng C W, et al. Asymmetric dual-reagent catalysis: Mannich-type reactions catalyzed by ion pair [J] . Angewandte Chemie-International Edition, 2015, 54 (6) : 1775-1779.

[106] Yang F, Tian S. Iodine-Catalyzed Regioselective Sulfenylation of Indoles with Sulfonyl Hydrazides [J] . Angewandte Chemie International Edition, 2013, 52 (18) : 4929-4932.

[107] A Special Issue on Resource Chemistry [J] . Chinese Journal of Chemistry, 2015, 33 (6) : 617-687.

[108] Li J, Yang P, Yao M, et al. Total synthesis of Rubriflordilactone A [J] . Journal of the American Chemical Society, 2014, 136 (47) : 16477-16480.

[109] Lu Z, Li Y, Deng J, et al. Total synthesis of the Daphniphyllum alkaloid daphenylline [J] . Nature Chemistry, 2013, 5 (8) : 679-684.

[110] Yang M, Li J, Li A. Total synthesis of clostrubin [J] . Nature Communications, 2015, 6: 6445.

[111] Zhang X, Zhou Y, Zuo J, et al. Total synthesis of periploside A, a unique pregnane hexasaccharide with potent immunosuppressive effects [J] . Nature Communications, 2015, 6: 5879.

[112] Guo S, Liu J, Ma D. Total synthesis of Leucosceptroids A and B [J] . Angewandte Chemie International Edition, 2015, 54 (4) : 1298-1301.

[113] Tian J, Zhong J, Li Y, et al. Organocatalytic and scalable synthesis of the anti-influenza drugs zanamivir, laninamivir, and CS-8958 [J] . Angewandte Chemie International Edition, 2014, 53 (50) : 13885-13888.

[114] Jiao Z W, Tu Y Q, Zhang Q, et al. Tandem C-H oxidation/cyclization/rearrangement and its application to asymmetric syntheses of (-) -brussonol and (-) -przewalskine E [J] . Nature Communications, 2015, 6:7332.

[115] Hou S, Tu Y, Liu L, et al. Divergent and efficient syntheses of the lycopodium alkaloids (-) -Lycojaponicumin C, (-)-8-Deoxyserratinine, (+)-Fawcettimine, and (+)-Fawcettidine [J]. Angewandte Chemie International Edition, 2013, 52(43): 11373-11376.

[116] Wei H, Qiao C, Liu G, et al. Stereoselective total syntheses of (-) -Flueggine A and (+) -Virosaine B [J] . Angewandte Chemie International Edition, 2013, 52 (2) : 620-624.

[117] Long R, Huang J, Shao W B, et al. Asymmetric total synthesis of (–) –lingzhiol via a Rh–catalysed 3+2 cycloaddition [J] . Nature Communications, 2014, 5: 5707.

[118] Hong B, Li H, Wu J, et al. Total syntheses of (–) –Huperzine Q and (+) –Lycopladines B and C [J] . Angewandte Chemie International Edition, 2015, 54 (3) : 1011–1015.

[119] Zhang J, Wu J B, Hong B K, et al. Diversity–oriented synthesis of Lycopodium alkaloids inspired by the hidden functional group pairing pattern [J] . Nature Communications, 2014, 5: 4614.

[120] Bao X, Cao Y, Chu W, et al. Bioinspired total synthesis of montanine–type amaryllidaceae alkaloids [J] . Angewandte Chemie International Edition, 2013, 52 (52) : 14167–14172.

[121] Du J, Zeng C, Han X, et al. Asymmetric total synthesis of apocynaceae hydrocarbazole alkaloids (+) –Deethylibophyllidine and (+) –Limaspermidine [J] . Journal of the American Chemical Society, 2015, 137 (12) : 4267–4273.

[122] Chen X M, Duan S G, Tao C, et al. Total synthesis of (+) –gelsemine via an organocatalytic Diels–Alder approach [J] . Nature Communications, 2015, 6: 7204.

[123] Pan S, Xuan J, Gao B, et al. Total synthesis of diterpenoid Steenkrotin A [J]. Angewandte Chemie International Edition, 2015, 54(23): 6905–6908.

[124] Zhu C, Liu Z, Chen G, et al. Total synthesis of indole alkaloid Alsmaphorazine D [J] . Angewandte Chemie International Edition, 2015, 54 (3) : 879–882.

[125] Yuan C, Du B, Yang L, et al. Bioinspired total synthesis of bolivianine: a Diels – Alder/intramolecular Hetero–Diels–Alder cascade approach [J] . Journal of the American Chemical Society, 2013, 135 (25) : 9291–9294.

[126] Huang X, Song L, Xu J, et al. Asymmetric total synthesis of Leucosceptroid B [J] . Angewandte Chemie International Edition, 2013, 52 (3) : 952–955.

[127] Wang L, Wang H, Li Y, et al. Total synthesis of Schilancitrilactones B and C [J] . Angewandte Chemie International Edition, 2015, 54 (19) : 5732–5735.

[128] Sui X, Zhu R, Li G, et al. Pd–catalyzed chemoselective catellani ortho–arylation of iodopyrroles: rapid total synthesis of rhazinal [J] . Journal of the American Chemical Society, 2013, 135 (25) : 9318–9321.

[129] Li L, Yang Q, Wang Y, et al. Catalytic asymmetric total synthesis of (–) –galanthamine and (–) –lycoramine [J] . Angewandte Chemie International Edition, 2015, 54 (21) : 6255–6259.

[130] Shan D, Gao Y, Jia Y. Intramolecular larock indole synthesis: preparation of 3,4–fused tricyclic indoles and total synthesis of fargesine [J] . Angewandte Chemie International Edition, 2013, 52 (18) : 4902–4905.

[131] Ni C, Hu M, Hu J. Good partnership between sulfur and fluorine: sulfur–based fluorination and fluoroalkylation reagents for organic synthesis [J] . Chemical Reviews, 2015, 115 (2) : 765–825.

[132] Shen X, Liu Q, Luo T, et al. Nucleophilic difluoromethylation of epoxides with PhSO(NTBS)CF2H by a preorganization strategy [J]. }Chemistry – A European Journal, 2014, 20 (22) : 6795–6800.

[133] Xu C, Ma B, Shen Q. N–trifluoromethylthiosaccharin: an easily accessible, shelf–stable, broadly applicable trifluoromethylthiolating reagent [J] . Angewandte Chemie International Edition, 2014, 53 (35) : 9316–9320.

[134] Feng Z, Min Q, Xiao Y L, et al. Palladium–catalyzed difluoroalkylation of aryl boronic acids: a new method for the synthesis of aryldifluoromethylated phosphonates and carboxylic acid derivatives [J]. Angewandte Chemie International Edition, 2014, 53 (6) : 1669–1673.

[135] Xiao Y, Guo W, He G, et al. Nickel–catalyzed cross–coupling of functionalized difluoromethyl bromides and chlorides with aryl boronic acids: a general method for difluoroalkylated arenes [J] . Angewandte Chemie International Edition, 2014, 53 (37) : 9909–9913.

[136] Gu Y, Leng X, Shen Q. Cooperative dual palladium/silver catalyst for direct difluoromethylation of aryl bromides and iodides [J] . Nature Communications, 2014, 5: 5405.

[137] Xu P, Guo S, Wang L, et al. Silver–catalyzed oxidative activation of benzylic C–H bonds for the synthesis of difluoromethylated arenes [J] . Angewandte Chemie International Edition, 2014, 53 (23) : 5955–5958.

[138] Gao P, Shen Y W, Fang R, et al. Copper-catalyzed one-pot trifluoromethylation/aryl migration/carbonyl formation with homopropargylic alcohols [J]. Angewandte Chemie International Edition, 2014, 53 (29): 7629-7633.

[139] Gao B, Zhao Y, Hu J. AgF-mediated fluorinative cross-coupling of two olefins: facile access to alpha-CF3 alkenes and beta-CF3 ketones [J]. Angewandte Chemie International Edition, 2015, 54 (2): 638-642.

[140] Li Z, Wang Z, Zhu L, et al. Silver-catalyzed radical fluorination of alkylboronates in aqueous solution [J]. Journal of the American Chemical Society, 2014, 136 (46): 16439-16443.

[141] Dong X, Yang W, Hu W, et al. N-heterocyclic carbene catalyzed enantioselective alpha-fluorination of aliphatic aldehydes and alpha-chloro aldehydes: synthesis of alpha-fluoro esters, amides, and thioesters [J]. Angewandte Chemie International Edition, 2015, 54 (2): 660-663.

[142] Xu J, Zhang H, Gan L, et al. Logeracemin A, an anti-HIV daphniphyllum alkaloid dimer with a new carbon skeleton from daphniphyllum longeracemosum [J]. Journal of the American Chemical Society, 2014, 136 (21): 7631-7633.

[143] Fan Y, Zhang H, Zhou Y, et al. Phainanoids A-F, a new class of potent immunosuppressive triterpenoids with an unprecedented carbon skeleton from phyllanthus hainanensis [J]. Journal of the American Chemical Society, 2015, 137 (1): 138-141.

[144] Wu Z, Zhao B, Huang X, et al. Suffrutines A and B: a pair of Z/E isomeric indolizidine alkaloids from the roots of flueggea suffruticosa [J]. Angewandte Chemie International Edition, 2014, 53 (23): 5796-5799.

[145] Fang X, Di Y T, Zhang Y, et al. Unprecedented quassinoids with promising biological activity from harrisonia perforata [J]. Angewandte Chemie International Edition, 2015, 54 (19): 5592-5595.

[146] Wang T, Yang T, Xiao C, et al. Highly efficient pumping of vibrationally excited HD molecules via stark-induced adiabatic raman passage [J]. Journal of Physical Chemistry Letters, 2013, 4 (3): 368-371.

[147] Wang T, Chen J, Yang T G, et al. Dynamical resonances accessible only by reagent vibrational excitation in the HF reaction [J]. Science, 2013, 342 (6165): 1499-1502.

[148] Yang T, Chen J, Huang L, et al. Extremely short-lived reaction resonances in ClH due to chemical bond softening [J]. Science, 2015, 347 (6217): 60-63.

[149] Xu C, Yang W, Guo Q, et al. Molecular hydrogen formation from photocatalysis of methanol on anatase-TiO_2 (101) [J]. Journal of the American Chemical Society, 2014, 136 (2): 602-605.

[150] Xu C, Yang W, Ren Z, et al. Strong photon energy dependence of the photocatalytic dissociation rate methanol on TiO2 (110) [J]. Journal of the American Chemical Society 2014, 136 (12): 4794-4794.

[151] Guo X, Fang G, Li G, et al. Direct, nonoxidative conversion of methane to ethylene, aromatics, and hydrogen [J]. Science, 2014, 344 (6184): 616-619.

[152] Wang G, Zhou M, Goettel J T, et al. Identification of an iridium-containing compound with a formal oxidation state of IX [J]. Nature, 2014, 514 (7523): 475-477.

[153] Chen T, Wang D, Gan L H, et al. Direct probing of the structure and electron transfer of fullerene/ferrocene hybrid on Au (Ⅲ) electrodes by in situ electrochemical STM [J]. Journal of the American Chemical Society, 2014, 136 (8): 3184-3191.

[154] Li J J, Bai M L, Chen Z B, et al. Giant single-molecule anisotropic magnetoresistance at room temperature [J]. Journal of the American Chemical Society, 2015, 137 (18): 5923-5929.

[155] Zhang J, Lu W, Li Y S, et al. Dielectric force microscopy: imaging charge carriers in nanomaterials without electrical contacts [J]. Accounts of Chemical Research, 2015, 48 (7): 1788-1796.

[156] Chen Q, Mao L, Li Y, et al. Quantitative operando visualization of the energy band depth profile in solar cells [J]. Nature Communications, 2015, 6: 7745.

[157] Zhang B, Fan L, Zhong H, et al. Graphene nanoelectrodes: fabrication and size-dependent electrochemistry [J]. Journal of the American Chemical Society, 2013, 135 (27): 10073-10080.

[158] Chen S, Liu Y, Chen J. Heterogeneous electron transfer at nanoscopic electrodes: importance of electronic structures and electric double layers [J]. Chemical Society Reviews, 2014, 43 (15): 5372-5386.

[159] Wang Y C, Lai Y J, Song L, et al. S-doping of an Fe/N/C ORR catalyst for polymer electrolyte membrane fuel cells with high power

density [J] . Angewandte Chemie International Edition, 2015, 54 (34) : 9907–9910.

[160] Yang C P, Yin Y X, Guo Y G, et al. Electrochemical (De) lithiation of 1D sulfur chains in Li–S batteries: a model system study [J] . Journal of the American Chemical Society, 2015, 137 (6) : 2215–2218.

[161] Yang C P, Yin Y X, Zhang S F, et al. Accommodating lithium into 3D current collectors with a submicron skeleton towards long-life lithium metal anodes [J] . Nature Communications, 2015, 6: 8058.

[162] Li C, Han X, Cheng F, et al. Phase and composition controllable synthesis of cobalt manganese spinel nanoparticles towards efficient oxygen electrocatalysis [J] . Nature Communications, 2015, 6: 7345.

[163] Yao Z, Zhang M, Wu H, et al. Donor/acceptor indenoperylene dye for highly efficient organic dye-sensitized solar cells [J] . Journal of the American Chemical Society, 2015, 137 (11) : 3799–3802.

[164] Ye M, Zheng D, Lv M, et al. Hierarchically structured nanotubes for highly efficient dye-sensitized solar cells [J] . Advanced Materials, 2013, 25 (22) : 3039–3044.

[165] Lang X Y, Fu H Y, Hou C, et al. Nanoporous gold supported cobalt oxide microelectrodes as high-performance electrochemical biosensors [J] . Nature Communications, 2013, 4: 2169.

[166] Fang Y, Wang W, Wo X, et al. Plasmonic imaging of electrochemical oxidation of single nanoparticles [J] . Journal of the American Chemical Society, 2014, 136 (36) : 12584–12587.

[167] Zhang X, Chen C, Yin J, et al. Portable and visual electrochemical sensor based on the bipolar light emitting diode electrode [J] . Analytical Chemistry, 2015, 87 (9) : 4612–4616.

[168] Zhang N T, Zeng C C, Lam C M, et al. Triarylimidazole redox catalysts: electrochemical analysis and empirical correlations [J] . Journal of Organic Chemistry, 2013, 78 (5) : 2104–2110.

[169] Xiao J, Pan X, Guo S, et al. Toward fundamentals of confined catalysis in carbon nanotubes [J] . Journal of the American Chemical Society, 2015, 137 (1) : 477–482.

[170] Yang X–F, Wang A, Qiao B, et al. Single-atom catalysts: a new frontier in heterogeneous catalysis [J] . Accounts of Chemical Research, 2013, 46 (8) : 1740–1748.

[171] Lin J, Wang A, Qiao B, et al. Remarkable performance of Ir–1/FeOx single-atom catalyst in water gas shift reaction [J] . Journal of the American Chemical Society, 2013, 135 (41) : 15314–15317.

[172] Wei H, Liu X, Wang A, et al. FeOx-supported platinum single-atom and pseudo-single-atom catalysts for chemoselective hydrogenation of functionalized nitroarenes [J] . Nature Communications, 2014, 5: 5634.

[173] Liu X, He L, Liu Y, et al. Supported gold catalysis: from small molecule activation to green chemical synthesis [J] . Accounts of Chemical Research, 2014, 47 (3) : 793–804.

[174] Liu X, Li H, Ye S, et al. Gold-catalyzed direct hydrogenative coupling of nitroarenes to synthesize aromatic azo compounds [J] . Angewandte Chemie International Edition, 2014, 53 (29) : 7624–7628.

[175] Lang X, Ma W, Chen C, et al. Selective aerobic oxidation mediated by TiO_2 photocatalysis [J] . Accounts of Chemical Research, 2014, 47 (2) : 355–363.

[176] Sheng H, Ji H, Ma W, et al. Direct four-electron reduction of O_2 to H_2O on TiO_2 surfaces by pendant proton relay [J] . Angewandte Chemie International Edition, 2013, 52 (37) : 9686–9690.

[177] Chang W, Sun C, Pang X, et al. Frontispiz: inverse kinetic solvent isotope effect in TiO_2 photocatalytic dehalogenation of non-adsorbable aromatic halides: a proton-induced pathway [J] . Angewandte Chemie International Edition, 2015, 127 (7) : 2052–2056.

[178] Xu C, Yang W, Guo Q, et al. Molecular hydrogen formation from photocatalysis of methanol on TiO_2 (110) [J] . Journal of the American Chemical Society, 2013, 135 (2) : 10206–10209.

[179] Xu C, Yang W, Guo Q, et al. Molecular hydrogen formation from photocatalysis of methanol on anatase-TiO_2 (101) [J] . Journal of the American Chemical Society, 2014, 136 (2) : 602–605.

[180] Meng Q, Zhong J, Liu Q, et al. A cascade cross-coupling hydrogen evolution reaction by visible light catalysis [J] . Journal of the American Chemical Society, 2013, 135 (51) : 19052–19055.

[181] Xuan J, Xia X D, Zeng T T, et al. Visible-light-induced formal [3+2] cycloaddition for pyrrole synthesis under metal-free conditions [J] . Angewandte Chemie International Edition, 2014, 126 (22) : 5759-5762.

[182] Jiang H, An X, Tong K, et al. Visible-light-promoted iminyl-radical formation from acyl oximes: a unified approach to pyridines, quinolines, and phenanthridines [J] . Angewandte Chemie International Edition, 2015, 54 (13) : 4055-4059.

[183] Wu L Z, Chen B, Li Z J, et al. Enhancement of the efficiency of photocatalytic reduction of protons to hydrogen via molecular assembly [J] . Accounts of Chemical Research, 2014, 47 (7) : 2177-2185.

[184] Zhang C, Chen C, Dong H, et al. A synthetic Mn4Ca-cluster mimicking the oxygen-evolving center of photosynthesis [J] . Science, 2015, 348: 690-693.

[185] Jian J X, Liu Q, Li Z J, et al. Chitosan confinement enhances hydrogen photogeneration from a mimic of the diiron subsite of [FeFe] -hydrogenase [J] . Nature Communications, 2013, 4 (10) : 4857-4861.

[186] Li Z, Fan X, Li X, et al. Visible light catalysis-assisted assembly of Nih-QD hollow nanospheres in situ via hydrogen bubbles [J] . Journal of the American Chemical Society, 2014, 136 (23) : 8261-8268.

[187] Li H, Li F, Zhang B, et al. Visible light-driven water oxidation promoted by host-guest interaction between photosensitizer and catalyst with a high quantum efficiency [J] . Journal of the American Chemical Society, 2015, 137 (13) : 4332-4335.

[188] Wang W, Chen J, Li C, et al. Achieving solar overall water splitting with hybrid photosystems of photosystem Ⅱ and artificial photocatalysts [J] . Nature Communications, 2014, 5: 4647.

[189] Zhu H, Fan J, Wang J, et al. An "enhanced pet"-based fluorescent probe with ultrasensitivity for imaging basal and elesclomol-induced HClO in cancer cells [J] . Journal of the American Chemical Society, 2014, 136 12820-12823.

[190] Zhang W, Li P, Yang F, et al. Dynamic and reversible fluorescence imaging of superoxide anion fluctuations in live cells and in vivo [J]. Journal of the American Chemical Society, 2013, 135 (40) : 14956-14959.

[191] Zhao C, Zhang X, Li K, et al. Forster resonance energy transfer switchable self-assembled micellar nanoprobe: ratiometric fluorescent trapping of endogenous H_2S generation via fluvastatin-stimulated upregulation [J] . Journal of the American Chemical Society, 2015, 137 (26) : 8490-8498.

[192] Li X, Guo X, Cao L, et al. Water-soluble triarylboron compound for ATP imaging in vivo using analyte-induced finite aggregation [J]. Angewandte Chemie International Edition, 2014, 53 (30) : 780-7813.

[193] Ge J, Lan M, Zhou B, et al. A graphene quantum dot photodynamic therapy agent with high singlet oxygen generation [J] . Nature Communications, 2014, 5: 4596.

[194] Chong S, Chen C, Ge H, et al. Mechanism of transcriptional bursting in bacteria [J] . Cell, 2014, 158 (2) : 314-326.

[195] Ge H, Qian H, Xie X S. Stochastic phenotype transition of a single cell in an intermediate region of gene state switching [J] . Physical Review Letters, 2015, 114 (7) : 078101-078101.

[196] Hong S, Chen T, Zhu Y, et al. Live-cell stimulated Raman scattering imaging of alkyne-tagged biomolecules [J] . Angewandte Chemie International Edition, 2014, 53 (23) : 5827-5831.

[197] Wei L, Hu F, Shen Y, et al. Live-cell imaging of alkyne-tagged small biomolecules by stimulated Raman scattering [J] . Nature Methods, 2014, 11 (4) : 410.

[198] Zhu Y, Liu Z, Xing D, et al. Super-resolution imaging and tracking of protein-protein interactions in sub-diffraction cellular space [J]. Nature Communications 2014, 5 (2) : 4443-4449.

[199] Yin Y, Yang L, Zheng G, et al. Dynamics of spontaneous flipping of a mismatched base in DNA duplex [J] . Proceedings of the National Academy of Sciences of the United States of America, 2014, 111 (22) : 8043-8048.

[200] Zhao P, Yang L J, Gao Y Q, et al. Facile implementation of integrated tempering sampling method to enhance the sampling over a broad range of temperatures [J] . Chemical Physics, 2013, 415 98-105.

[201] Yang M J, Yang L J, Gao Y Q, et al. Combine umbrella sampling with integrated tempering method for efficient and accurate calculation of free energy changes of complex energy surface [J] . Journal of Chemical Physics, 2014, 141 (4) : 044108.

[202] Yang L J, Liu C W, Shao Q, et al. From thermodynamics to kinetics: enhanced sampling of rare events [J] . Accounts of Chemical Research, 2015, 48 (4) : 947-955.

[203] Zhang J, Yang Y I, Yang L J, et al. Conformational preadjustment in aqueous Claisen rearrangement revealed by SITS-QM/MM MD simulations[J]. Journal of Physical Chemistry B, 2015, 119(17): 5518-5530.

[204] Shan Y. The structure and function of cell membranes examined by atomic force microscopy and single-molecule force spectroscopy[J]. Chemical Society Reviews, 2015, 44 3617-3638.

[205] Zhao W, Tian Y, Cai M, et al. Studying the nucleated mammalian cell membrane by single molecule approaches[J]. Plos One, 2014, 9(5): e91595-e91595.

[206] Pan Y, Wang S, Shan Y, et al. Ultrafast tracking of a single live virion during the invagination of a cell membrane[J]. Small, 2015, 11 2782-2788.

[207] Zhou L, Bosscher M, Zhang C, et al. A protein engineered to bind uranyl selectively and with femtomolar affinity[J]. Nature Chemistry, 2014, 6(3): 236-241.

[208] Zhang C, Shen Q, Tang B, et al. Computational design of helical peptides targeting TNFα[J]. Angewandte Chemie International Edition, 2013, 52(42)11059-11062.

[209] Bi S, Yu D, Si G, et al. Discovery of novel chemoeffectors and rational design of Escherichia coli chemoreceptor specificity[J]. Proceedings of the National Academy of Sciences of the United States of America, 2013, 110(42): 16814-16819.

[210] Li F, Dong J, Hu X, et al. A covalent approach for site-specific RNA labeling in mammalian cells[J]. Angewandte Chemie International Edition, 2015, 54(15): 4597-4602.

[211] Li F, Shi P, Li J, et al. A genetically encoded F-19 NMR probe for tyrosine phosphorylation[J]. Angewandte Chemie International Edition, 2013, 52(14): 3958-3962.

[212] Lv X, Yang Y, Meng Z, et al. Ultrafast photo-induced electron transfer in green fluorescent protein bearing a genetically encoded electron acceptor[J]. Journal of the American Chemical Society, 2015, 137(23): 7270-7273.

[213] Zhou Q, Hu M, Zhang W, et al. Probing the function of the Tyr-Cys cross-link in metalloenzymes by the genetic incorporation of 3-methylthiotyrosine &dagger[J]. Angewandte Chemie International Edition, 2013, 52(4): 1241-1245.

[214] Zhang X, Chen X, Zeng Z, et al. Development of a reversibly switchable fluorescent protein for super-resolution optical fluctuation imaging(SOFI)[J]. Acs Nano, 2015, 9(3): 2659-2667.

[215] Chuang L, Alan F J, Dun A R, et al. Rapid formation of a supramolecular polypeptide-dna hydrogel for in situ three-dimensional multilayer bioprinting[J]. Angewandte Chemie International Edition, 2015, 54(13): 3957-3961.

[216] Xu L, Feng L, Dong R, et al. Transfection efficiency of DNA enhanced by association with salt-free catanionic vesicles[J]. Biomacromolecules, 2013, 14(8): 2781-2789.

[217] Xu L, Feng L, Hao J, et al. Controlling the capture and release of DNA with a dual-responsive cationic surfactant[J]. Acs Applied Materials & Interfaces, 2015, 7(16): 8876-8885.

[218] Ma H, Fei J, Cui Y, et al. Manipulating assembly of cationic dipeptides using sulfonic azobenzenes[J]. Chemical Communications, 2013, 49(85): 9956-9958.

[219] Li Q, Jia Y, Dai L, et al. Controlled rod nanostructured assembly of diphenylalanine and their optical waveguide properties[J]. Acs Nano, 2015, 9(3): 2689-2695.

[220] Tong J Q, Tian F F, Liu Y, et al. Comprehensive study of the adsorption of an acylhydrazone derivative by serum albumin: An unclassical static quenching[J]. RSC Advances, 2014, 4 59686-59696.

[221] Wang J, Xiang C, Tian F F, et al. Investigating the interactions of a novel anticancer delocalized lipophilic cation and its precursor compound with human serum albumin[J]. RSC Advances, 2014, 4(35): 18205-18216.

[222] Xi Z, Guo W, Tian C, et al. Copper binding promotes the interaction of cisplatin with human copper chaperone Atox1[J]. Chemical Communications, 2013, 49(95): 11197-11199.

[223] Zhao L, Cheng Q, Wang Z, et al. Cisplatin binds to human copper chaperone Cox17: the mechanistic implication of drug delivery to mitochondria[J]. Chemical Communications, 2014, 50(20): 2667-2669.

[224] Zhao L, Wang Z, Xi Z, et al. The reaction of arsenite with proteins relies on solution conditions[J]. Inorganic Chemistry, 2014, 53(6): 3054-61.

[225] He X, Zhu T, Wang X, et al. Fragment quantum mechanical calculation of proteins and its applications [J]. Accounts of Chemical Research, 2014, 47 (9): 2748–2757.

[226] Zhu T, Xiao X, Ji C, et al. A New quantum calibrated force field for zinc–protein complex [J]. Journal of Chemical Theory and Computation, 2013, 9 (3): 1788–1798.

[227] Xiao X, Zhu T, Ji C G, et al. Development of an effective polarizable bond method for biomolecular simulation [J]. Journal of Physical Chemistry B, 2013, 117 (48): 14885–14893.

[228] Chen L, Wang X L, Shi T, et al. Theoretical study on the relationship between Rp–phosphorothioation and base–step in S–DNA: based on energetic and structural analysis [J]. Journal of Physical Chemistry B, 2015, 119 (2): 474–481.

[229] Liu K, Wen Y, Shi T, et al. DNA gated photochromism and fluorescent switch in a thiazole orange modified diarylethene [J]. Chemical Communications, 2014, 50 (65): 9141–9144.

[230] Ren J, He Y, Chen W, et al. Thermodynamic and structural characterization of halogen bonding in protein–ligand interactions: a case study of PDE5 and its inhibitors [J]. Journal of Medicinal Chemistry, 2014, 57 (8): 3588–3593.

[231] Xu Z, Yang Z, Liu Y, et al. Halogen bond: its role beyond drug–target binding affinity for drug discovery and development [J]. Journal of Chemical Information & Modeling, 2014, 54 (1): 69–78.

[232] Liu Z, Yan L, Li H, et al. PDB–wide collection of binding data: current status of the PDB bind database [J]. Bioinformatics, 2015, 31 (3): 405–412.

[233] Shen H, Li Y, Ren P, et al. Anisotropic coarse–grained model for proteins based on Gay–Berne and electric multipole potentials [J]. Journal of Chemical Theory and Computation, 2014, 10 (2): 731–750.

[234] Shen H, Li Y, Xu P, et al. An anisotropic coarse–grained model based on Gay - Berne and electric multipole potentials and its application to simulate a DMPC bilayer in an implicit solvent model [J]. Journal of Computational Chemistry, 2015, 36:1103–1113.

[235] Zheng Y, Yang C, Yang F, et al. Real–time study of interactions between cytosine–cytosine pairs in DNA oligonucleotides and silver ions using dual polarization interferometry [J]. Analytical Chemistry 2014, 86 (8): 3849–3855.

[236] Zhao X, Gong L, Zhang X, et al. Versatile DNAzyme–based amplified biosensing platforms for nucleic acid, protein, and enzyme activity detection [J]. Analytical Chemistry, 2013, 85 (7): 3614–3620.

[237] Qiu L, Wu C, You M, et al. A targeted, self–delivered, and photocontrolled molecular beacon for mRNA detection in living cells [J]. Journal of the American Chemical Society, 2013, 135 (35): 12952–12955.

[238] Zhao Z, Fan H, Zhou G, et al. Activatable fluorescence/MRI bimodal platform for tumor cell imaging via MnO_2 nanosheet–aptamer nanoprobe [J]. Journal of the American Chemical Society, 2014, 136 (32): 11220–11223.

[239] Yuan Q, Wu Y, Wang J, et al. Targeted bioimaging and photodynamic therapy nanoplatform using an aptamer–guided G–quadruplex DNA carrier and near–infrared light &dagger [J]. Angewandte Chemie International Edition, 2013, 125 13965–13969.

[240] Qiu L, Zhang T, Jiang J, et al. Cell membrane–anchored biosensors for real–time monitoring of the cellular microenvironment [J]. Journal of the American Chemical Society, 2014, 136 (38): 13090–13093.

[241] Chen T, Wu C S, Jimenez E, et al. DNA micelle flares for intracellular mRNA imaging and gene therapy [J]. Angewandte Chemie International Edition, 2013, 52 (7): 2012–2016.

[242] Hu R, Zhang X, Zhao Z, et al. DNA nanoflowers for multiplexed cellular imaging and traceable targeted drug delivery [J]. Angewandte Chemie International Edition, 2014, 53 (23): 5821–5826.

[243] Yang B, Zhang X, Kang L, et al. Target–triggered cyclic assembly of DNA–protein hybrid nanowires for dual–amplified fluorescence anisotropy assay of small molecules [J]. Analytical Chemistry, 2013, 85 (23): 11518–11523.

[244] Liu H, Chen R, Wang J, et al. 1,5–Diaminonaphthalene hydrochloride assisted laser desorption/ionization mass spectrometry imaging of small molecules in tissues following focal cerebral ischemia [J]. Analytical Chemistry, 2014, 86 (20): 10114–10121.

[245] Wang J, Qiu S, Chen S, et al. MALDI–TOF MS imaging of metabolites with N–(1–naphthyl) ethylenediamine dihydrochloride (NEDC) matrix and its application to colorectal cancer liver metastasis [J]. Analytical Chemistry, 2014, 87 (1): 422–430.

[246] He C T, Jiang L, Ye Z M, et al. Exceptional hydrophobicity of a large–pore metal–organic zeolite [J]. Journal of the American Chemical Society, 2015, 137: 7217–7223.

[247] Vachet R W. Molecular histology: More than a picture[J]. Nature Nanotechnology, 2015, 10 (2) : 103–104.

[248] Lin Y, Yu P, Hao J, et al. Continuous and simultaneous electrochemical measurements of glucose, lactate, and ascorbate in rat brain following brain ischemia[J]. Analytical Chemistry, 2014, 86 (8) : 3895–3901.

[249] Ma W, Jiang Q, Yu P, et al. Zeolitic imidazolate framework–based electrochemical biosensor for in vivo electrochemical measurements [J]. Analytical Chemistry, 2013, 85 (15) : 7550–7557.

[250] Lu X, Cheng H, Huang P, et al. Hybridization of bioelectrochemically functional infinite coordination polymer nanoparticles with carbon nanotubes for highly sensitive and selective in vivo electrochemical monitoring[J]. Analytical Chemistry, 2013, 85 (8) : 4007–4013.

[251] Zhai W, Wang C, Yu P, et al. Single–layer MnO_2 nanosheets suppressed fluorescence of 7–hydroxycoumarin: mechanistic study and application for sensitive sensing of ascorbic acid in vivo[J]. Analytical Chemistry, 2014, 86 (24) : 12206–12213.

[252] Yu P, He X, Zhang L, et al. Dual recognition unit strategy improves the specificity of the adenosine triphosphate (ATP) aptamer biosensor for cerebral ATP assay[J]. Analytical Chemistry, 2014, 87 (2) : 1373–1380.

[253] Xiang L, Yu P, Zhang M, et al. Platinized aligned carbon nanotube–sheathed carbon fiber microelectrodes for in vivo amperometric monitoring of oxygen[J]. Analytical Chemistry, 2014, 86 (10) : 5017–5023.

[254] Xiang L, Yu P, Hao J, et al. Vertically aligned carbon nanotube–sheathed carbon fibers as pristine microelectrodes for selective monitoring of ascorbate in vivo[J]. Analytical Chemistry, 2014, 86 (8) : 3909–3914.

[255] Liu K, Yu P, Lin Y, et al. Online electrochemical monitoring of dynamic change of hippocampal ascorbate: toward a platform for in vivo evaluation of antioxidant neuroprotective efficiency against cerebral ischemia injury[J]. Analytical Chemistry, 2013, 85 (20) : 9947–9954.

[256] Ye M, Pan Y, Kai C, et al. Protein digestion priority is independent of protein abundances[J]. Nature Methods, 2014, 11 (3) : 220–222.

[257] Pan Y, Ye M, Zhao L, et al. N–terminal labeling of peptides by trypsin–catalyzed ligation for quantitative proteomics[J]. Angewandte Chemie International Edition, 2013, 125 (35) : 9375–9379.

[258] Wang F, Kai C, Wei X, et al. A six–plex proteome quantification strategy reveals the dynamics of protein turnover[J]. Scientific Reports, 2013, 3 (5) : 1224–1230.

[259] Zhou H, Ye M, Dong J, et al. Robust phosphoproteome enrichment using monodisperse microsphere–based immobilized titanium (Ⅳ) ion affinity chromatography[J]. Nature Protocol, 2013, 8 (3) : 461–480.

[260] Pan Y, Ye M, Zheng H, et al. Trypsin–catalyzed N–terminal labeling of peptides with stable isotope–coded affinity tags for proteome analysis[J]. Analytical Chemistry, 2014, 86 (2) : 1170–1177.

[261] Zhang Z, Sun Z, Zhu J, et al. High throughput determination of the site specific N–sialoglycan occupancy rates by differential oxidation of glycoproteins followed with quantitative glycoproteomics analysis[J]. Analytical Chemistry, 2014, 86 (19) : 9830–9837.

[262] Liu J, Wang F, Lin H, et al. Monolithic capillary column based glycoproteomic reactor for high–sensitive analysis of N–glycoproteome [J]. Analytical Chemistry, 2013, 85 (5) : 2847–2852.

[263] Liu F, Ye M, Wang C, et al. Polyacrylamide gel with switchable trypsin activity for analysis of proteins[J]. Analytical Chemistry, 2013, 85 (15) : 7024–7028.

[264] Bian Y, Ye M, Wang C, et al. Global screening of CK2 kinase substrates by an integrated phosphoproteomics workflow[J]. Scientific Reports, 2013, 3 (12) : 1611–1614.

[265] Bian Y, Song C, Kai C, et al. An enzyme assisted RP–RPLC approach for in–depth analysis of human liver phosphoproteome[J]. Journal of Proteomics, 2014, 96 (2) : 253–262.

[266] Wu Y, Wang F, Liu Z, et al. Five–plex isotope dimethyl labeling for quantitative proteomics[J]. Chemical Communications, 2014, 50 (14) : 1708–1710.

[267] Zhu J, Sun Z, Cheng K, et al. Comprehensive mapping of protein N–glycosylation in human liver by combining hydrophilic interaction chromatography and hydrazide chemistry[J]. Journal of Proteome Research, 2014, 13 (3) : 1713–1721.

[268] Xiong Z, Ji Y, Fang C, et al. Facile preparation of core–shell magnetic metal–organic framework nanospheres for the selective

enrichment of endogenous peptides [J] . Chemistry – A European Journal, 2014, 20 (24) : 7389–7395.

[269] Xu B, Wang F, Song C, et al. Large-scale proteome quantification of hepatocellular carcinoma tissues by a three-dimensional liquid chromatography strategy integrated with sample preparation [J] . Journal of Proteome Research, 2014, 13 (8) : 3645–3654.

[270] 刘喜东，朱俊，丛宇婷，等. 基于蛋白质组学的细胞色素 P450 和葡萄糖醛酸转移酶亚型绝对定量分析 [J] . 分析化学，2014,(1) : 10–15.

[271] Zhang L, Zhu J, Guo S, et al. Photoinduced electron transfer of DNA/Ag nanoclusters modulated by G-Quadruplex/Hemin complex for the construction of versatile biosensors [J] . Journal of the American Chemical Society, 2013, 135 (7) : 2403–2406.

[272] Zhang L, Zhu J, Zhou Z, et al. A new approach to light up DNA/Ag nanocluster-based beacons for bioanalysis [J] . Chemical Science, 2013, 4 (10) : 4004–4010.

[273] Xuan Y, Gan L, Lei H, et al. High-yield synthesis of silver nanoclusters protected by DNA monomers and DFT prediction of their photoluminescence properties [J] . Angewandte Chemie International Edition, 2013, 52 (7) : 2076–2080.

[274] Zhu Y, Zhang Y, Cai L, et al. Sequential operation droplet array: an automated microfluidic platform for picoliter-scale liquid handling, analysis, and screening [J] . Analytical Chemistry, 2013, 85 (14) : 6723–6731.

[275] Zhu Y, Zhang Y X, Liu W W, et al. Printing 2-dimentional droplet array for single-cell reverse transcription quantitative PCR assay with a microfluidic robot [J] . Scientific Reports, 2015, 5 (5) : 9551.

[276] Zhu Y, Zhu L N, Guo R, et al. Nanoliter-scale protein crystallization and screening with a microfluidic droplet robot [J] . Scientific Reports, 2014, 4 (6186) : 5046–5046.

[277] Jin D, Zhu Y, Fang Q. Swan probe: a nanoliter-scale and high-throughput sampling interface for coupling electrospray ionization mass spectrometry with microfluidic droplet array and multiwell plate [J] . Analytical Chemistry, 2014, 86 (21) : 10796–10803.

[278] Su Y, Zhu Y, Qun F. A multifunctional microfluidic droplet-array chip for analysis by electrospray ionization mass spectrometry [J] . Lab on A Chip, 2013, 13 (10) : 1876–1882.

[279] Gong X, Zhao Y, Cai S, et al. Single cell analysis with probe ESI-mass spectrometry: detection of metabolites at cellular and subcellular levels [J] . Analytical Chemistry, 2014, 86 (8) : 3809–3816.

[280] Zhang H, Chingin K, Zhu L, et al. Molecular characterization of ongoing enzymatic reactions in raw garlic cloves using extractive electrospray ionization mass spectrometry [J] . Analytical Chemistry, 2015, 87 (5) : 2878–2883.

[281] Zhang H, Zhu L, Luo L, et al. Direct assessment of phytochemicals inherent in plant tissues using extractive electrospray ionization mass spectrometry [J] . Journal of Agricultural and Food Chemistry, 2013, 61 (45) : 10691–10698.

[282] 张华，朱亮，陈焕文. 电喷雾内部萃取电离质谱直接分析蒜瓣组织的研究 [J] . 分析化学，2014，(11) : 1634–1639.

[283] Wei Y P, Chen L R, Zhou W, et al. Tissue spray ionization mass spectrometry for rapid recognition of human lung squamous cell carcinoma [J] . Scientific Reports, 2015, 5 (5) : 10077.

[284] Li M, Ding J, Gu H, et al. Facilitated Diffusion of acetonitrile revealed by quantitative breath analysis using extractive electrospray ionization mass spectrometry [J] . Scientific Reports, 2013, 3: 1205.

[285] Liu J, Deng Q, Tao D, et al. Preparation of protein imprinted materials by hierarchical imprinting techniques and application in selective depletion of albumin from human serum [J] . Scientific Reports, 2014, 4 5487–5487.

[286] Yang K, Liu J, Li S, et al. Epitope imprinted polyethersulfone beads by self-assembly for target protein capture from the plasma proteome [J] . Chemical Communications, 2014, 50 (67) : 9521–9524.

[287] Li S, Yang K, Liu J, et al. Surface-imprinted nanoparticles prepared with a His-Tag-anchored epitope as the template [J] . Analytical Chemistry, 2015, 87 (9) : 4617–4620.

[288] Wu Y Y, Yang C X, Yan X P. Fabrication of metal-organic framework MIL-88B films on stainless steel fibers for solid-phase microextraction of polychlorinated biphenyls [J] . Journal of Chromatography A, 2014, 1334 (2) : 1–8.

[289] Yuan Z, Xiao X, Li G. Dynamic pH junction high-speed counter-current chromatography coupled with microwave-assisted extraction for online separation and purification of alkaloids from Stephania cepharantha [J]. Journal of Chromatography A, 2013, 1317 (19) : 203–210.

[290] Yang X, Hu Y, Li G. Online micro-solid-phase extraction based on boronate affinity monolithic column coupled with high-

performance liquid chromatography for the determination of monoamine neurotransmitters in human urine [J] . Journal of Chromatography A, 2014, 1342 (1) : 37–43.

[291] Liang T, Fu Q, Shen A, et al. Preparation and chromatographic evaluation of a newly designed steviol glycoside modified–silica stationary phase in hydrophilic interaction liquid chromatography and reversed phase liquid chromatography [J] . Journal of Chromatography A, 2015, 1388: 110–118.

[292] Wu S, Li X, Zhang F, et al. An arginine–functionalized stationary phase for hydrophilic interaction liquid chromatography [J] . Analyst, 2015, 140 3921–3924.

[293] Yi M, Bo J, Wu C, et al. 1.9 μm superficially porous packing material with radially oriented pores and tailored pore size for ultra–fast separation of small molecules and biomolecules [J] . Journal of Chromatography A, 2014, 1356: 148–156.

[294] Zhang M, Tan T, Zhan L, et al. A novel urea–functionalized surface–confined octadecylimidazolium ionic liquid silica stationary phase for reversed–phase liquid chromatography [J] . Journal of Chromatography A, 2014, 1365: 148–155.

[295] Liao T, Guo Z, Li J, et al. One–step packing of anti–voltage photonic crystals into microfluidic channels for ultra–fast separation of amino acids and peptides [J] . Lab on A Chip, 2013, 13 (4) : 706–713.

[296] Ou J, Liu Z, Wang H, et al. Recent development of hybrid organic–silica monolithic columns in CEC and capillary LC [J] . Electrophoresis, 2015, 36 (1) : 62–75.

[297] Lin H, Ou J, Zhang Z, et al. Ring–opening polymerization reaction of polyhedral oligomeric silsesquioxanes (POSSs) for preparation of well–controlled 3D skeletal hybrid monoliths [J] . Chemical Communications, 2012, 49 (3) : 231–233.

[298] Hui L, Ou J, Liu Z, et al. Facile construction of macroporous hybrid monoliths via thiol–methacrylate Michael addition click reaction for capillary liquid chromatography [J] . Journal of Chromatography A, 2015, 1379: 34–42.

[299] Min L, Tong X, Pu L, et al. A not–stop–flow online normal–/reversed–phase two–dimensional liquid chromatography–quadrupole time–of–flight mass spectrometry method for comprehensive lipid profiling of human plasma from atherosclerosis patients [J] . Journal of Chromatography A, 2014, 1372: 110–119.

[300] Xin W, Qiao M, Min L, et al. Automated and sensitive analysis of 28–epihomobrassinolide in Arabidopsis thaliana by on–line polymer monolith microextraction coupled to liquid chromatography–mass spectrometry [J] . Journal of Chromatography A 2013, 1317 (19) : 121–128.

[301] Weng Y, Qu Y, Hao J, et al. An integrated sample pretreatment platform for quantitative N–glycoproteome analysis with combination of on–line glycopeptide enrichment, deglycosylation and dimethyl labeling [J] . Analytica Chimica Acta, 2014, 833: 1–8.

[302] Chen Q, Yan G, Gao M, et al. Ultrasensitive proteome profiling for 100 living cells by direct cell injection, online digestion and nano–LC–MS/MS analysis [J] . Analytical Chemistry, 2015, 87 (13) : 6674–6680.

[303] 耿旭辉，关亚风，吴大朋，等. 一种塑料光纤微透镜的制作方法 [P] . 申请号：201310232042.3，申请日：2013–06–09.

[304] 耿旭辉，关亚风，刘洪鹏，等. 一种锥形小孔光阑及其制作方法 [P] . 申请号：201310273182.5，申请日：2013–06–28.

[305] Zhou H, Ye M, Dong J, et al. Robust phosphoproteome enrichment using monodisperse microsphere–based immobilized titanium (IV) ion affinity chromatography [J] . Nature Protocol, 2013, 8 (3) : 461–480.

[306] Li X, Jiang J, Zhao X, et al. N–glycoproteome analysis of the secretome of human metastatic hepatocellular carcinoma cell lines combining hydrazide chemistry, HILIC enrichment and mass spectrometry [J] . Plos One, 2013, 8 (12) : 182–182.

[307] Dai W, Yin P, Zeng Z, et al. Nontargeted modification–specific metabolomics study based on liquid chromatography high–resolution mass spectrometry [J] . Analytical Chemistry, 2014, 86 (18) : 9146–9153.

[308] Shao Y, Zhu B, Zheng R, et al. Development of urinary pseudotargeted LC–MS–based metabolomics method and its application in hepatocellular carcinoma biomarker discovery [J] . Journal of Proteome Research, 2015, 14 (2) : 906–916.

[309] Wang C, Guo Z, Zhen L, et al. Overloading study of basic compounds with a positively charged C18 column in liquid chromatography [J]. Journal of Chromatography A, 2013, 1281 (6) : 60–66.

[310] Zhang Y, Wang C, Wang L, et al. A novel Analgesic isolated from a traditional Chinese medicine [J]. Current Biology, 2014, 4 (2) : 117–123.

[311] Guo D, Wu W, Ye M, et al. A holistic approach to the quality control of traditional Chinese medicines [J]. Science, 2015, 347(6219): S29–S31.

[312] Zhan X, Zhao Z, Yuan X, et al. Microwave-induced plasma desorption/ionization source for ambient mass spectrometry [J]. Analytical Chemistry, 2013, 85 (9): 4512-4519.

[313] Ding X, Zhan X, Yuan X, et al. Microfabricated glow discharge plasma (MFGDP) for ambient desorption/ionization mass spectrometry [J]. Analytical Chemistry, 2013, 85 (19): 9013-9020.

[314] Gao Y, Lin Y, Zhang B, et al. Single-cell elemental analysis via high irradiance femtosecond laser ionization time-of-flight mass spectrometry [J]. Analytical Chemistry, 2013, 85 (9): 4268-4272.

[315] Zhang B, He M, Hang W, et al. Minimizing matrix effect by femtosecond laser ablation and ionization in elemental determination [J]. Analytical Chemistry, 2013, 85 (9): 4507-4511.

[316] Yin Z, Wang X, Li W, et al. Thermal diffusion desorption for the comprehensive analysis of organic compounds [J]. Analytical Chemistry, 2014, 86 (13): 6372-6378.

[317] Wei Z, Han S, Gong X, et al. Rapid removal of matrices from small-volume samples by step-voltage nanoelectrospray &dagger [J]. Angewandte Chemie International Edition, 2013, 52 (42): 11231-11234.

[318] Ming L, Jia B, Ding L, et al. Document authentication at molecular levels using desorption atmospheric pressure chemical ionization mass spectrometry imaging [J]. Journal of Mass Spectrometry, 2013, 48 (9): 1042-1049.

[319] Luo Z, He J, Chen Y, et al. Air flow-assisted ionization imaging mass spectrometry method for easy whole-body molecular imaging under ambient conditions [J]. Analytical Chemistry, 2013, 85 (5): 2977-2982.

[320] Chen S, Xiong C, Liu H, et al. Mass spectrometry imaging reveals the sub-organ distribution of carbon nanomaterials [J]. Nature Nanotechnology, 2015, 10 (2): 176-182.

[321] Liu W, Mao S, Wu J, et al. Development and applications of paper-based electrospray ionization-mass spectrometry for monitoring of sequentially generated droplets [J]. Analyst, 2013, 138 (7): 2163-2170.

[322] Liu W, Wang N, Lin X, et al. Interfacing micro-sampling droplets and mass spectrometry by paper spray ionization for online chemical monitoring of cell culture [J]. Analytical Chemistry, 2014, 86 (14): 7128-7134.

[323] Liu W, Chen Q, Lin X, et al. Online multi-channel microfluidic chip-mass spectrometry and its application for quantifying noncovalent protein-protein interactions [J]. Analyst, 2015, 140 (5): 1551-1554.

[324] He X, Chen Q, Zhang Y, et al. Recent advances in microchip-mass spectrometry for biological analysis [J]. Trac Trends in Analytical Chemistry, 2014, 53 (Complete): 84-97.

[325] Mao S, Zhang J, Li H, et al. A novel strategy for high throughput signaling molecule detection by using an integrated microfluidic device coupled with mass spectrometry to study cell-to-cell communication [J]. Analytical Chemistry, 2012, 85 (2): 868-876.

[326] Gao D, Liu H, Lin JM, et al. Characterization of drug permeability in Caco-2 monolayers by mass spectrometry on a membrane-based microfluidic device [J]. Lab on A Chip, 2013, 13 (5): 978-985.

[327] Chang C, Xu G, Bai Y, et al. Online coupling of capillary electrophoresis with direct analysis in real time mass spectrometry [J]. Analytical Chemistry, 2013, 85 (1): 170-176.

[328] Wang X, Li X, Li Z, et al. Online coupling of in-tube solid-phase microextraction with direct analysis in real time mass spectrometry for rapid determination of triazine herbicides in water using carbon-nanotubes-incorporated polymer monolith [J]. Analytical Chemistry, 2014, 86 (10): 4739-4747.

[329] Zhang Y, Li X, Nie H, et al. An interface for on-line coupling of surface plasmon resonance to direct analysis in real time mass spectrometry [J]. Analytical Chemistry, 2015, 87 (13): 6505-6509.

[330] Su H, Xue L, Li Y, et al. Probing hydrogen bond energies by mass spectrometry [J]. Journal of the American Chemical Society, 2013, 135 (16): 6122-6129.

[331] Shan L, Fan S B, Bing Y, et al. Mapping native disulfide bonds at a proteome scale [J]. Nature Methods, 2015, 12 (4): 329-331.

[332] Zhong H, Xiao X, Zheng S, et al. Mass spectrometric analysis of mono- and multi-phosphopeptides by selective binding with $NiZnFe_2O_2$ magnetic nanoparticles [J]. Nature Communications, 2013, 4: 1656.

[333] Huang Q, Tan Y, Yin P, et al. Metabolic characterization of hepatocellular carcinoma using nontargeted tissue metabolomics [J]. Cancer Research, 2013, 73 (16): 4992-5002.

[334] Hansen J S, Zhao X, Irmler M, et al. Type 2 diabetes alters metabolic and transcriptional signatures of glucose and amino acid metabolism during exercise and recovery [J] . Diabetologia, 2015, 58 (8) : 1845–1854.

[335] Gao D, Liu H, Jiang Y, et al. Recent advances in microfluidics combined with mass spectrometry: technologies and applications [J] . Lab on A Chip, 2013, 13 (17) : 3309–3322.

[336] Zhang J, Wu J, Li H, et al. An in vitro liver model on microfluidic device for analysis of capecitabine metabolite using mass spectrometer as detector [J] . Biosensors & Bioelectronics, 2015, 68 322–328.

[337] Han G, Zhang S, Zhi X, et al. Absolute and relative quantification of multiplex DNA assays based on an elemental labeling strategy [J]. Angewandte Chemie International Edition, 2013, 52 (5) : 1506–1511.

[338] Zhang S, Han G, Xing Z, et al. Multiplex DNA assay based on nanoparticle probes by single particle inductively coupled plasma mass spectrometry [J] . Analytical Chemistry 2014, 86 (7) : 3541–3547.

[339] Liu Y, Ren W M, He K K, et al. Crystalline–gradient polycarbonates prepared from enantioselective terpolymerization of meso–epoxides with CO2 [J] . Nature Communications, 2014, 5: 5687–5687.

[340] Liu Y, Ren W M, Wang M, et al. Crystalline stereocomplexed polycarbonates: hydrogen–bond–driven interlocked orderly assembly of the opposite enantiomers [J] . Angewandte Chemie International Edition, 2015, 54 (7) : 2241–2244.

[341] Liu Y, Wang M, Ren W M, et al. Crystalline hetero–stereocomplexed polycarbonates produced from amorphous opposite enantiomers having different chemical structures [J] . Angewandte Chemie International Edition, 2015, 54 (24) : 7042–7046.

[342] Xue Y, Zhu Y, Gao L, et al. Air–stable (phenylbuta–1,3–diynyl) palladium (II) complexes: highly active initiators for living polymerization of isocyanides [J] . Journal of the American Chemical Society, 2014, 136 (12) : 4706–4713.

[343] Jiang Z Q, Xue Y X, Chen J L, et al. One–pot synthesis of brush copolymers bearing stereoregular helical polyisocyanides as side chains through tandem catalysis [J] . Macromolecules, 2015, 48 (1) : 81–89.

[344] Dai S, Sui X, Chen C. Highly robust palladium (II) α –diimine catalysts for slow–chain–walking polymerization of ethylene and copolymerization with methyl acrylate [J] . Angewandte Chemie International Edition, 2015, 54: 9948–9953.

[345] Liu D, Wang R, Wang M, et al. Syndioselective coordination polymerization of unmasked polar methoxystyrenes using a pyridenylmethylene fluorenyl yttrium precursor [J] . Chemical Communications, 2015, 51 (22) : 4685–4688.

[346] Liu D, Yao C, Wang R, et al. Highly isoselective coordination polymerization of ortho–methoxystyrene with β –diketiminato rare–earth–metal precursors [J] . Angewandte Chemie International Edition, 2015, 54 (17) : 5205–5209.

[347] Tao X, Deng Y, Shen Z, et al. Controlled polymerization of N–substituted glycine N–thiocarboxyanhydrides catalyzed by rare earth borohydrides toward hydrophilic and hydrophobic polypeptoids [J] . Macromolecules, 2014, 47 (18) : 6173–6180.

[348] Zhao Y, Yu M, Zhang S, et al. A well–defined, versatile photoinitiator (salen) Co – CO2CH3 for visible light–initiated living/controlled radical polymerization [J] . Chemical Science, 2015, 6: 2979–2988.

[349] Dong Y, Sun Y, Wang L, et al. Frame–guided assembly of vesicles with programmed geometry and dimensions [J] . Angewandte Chemie International Edition, 2014, 53 (10) : 2607–2610.

[350] Fu Y, Zeng D, Chao J, et al. Single–step rapid assembly of DNA origami nanostructures for addressable nanoscale bioreactors [J] . Journal of the American Chemical Society, 2012, 135 (2) : 696–702.

[351] Sakai F, Yang G, Weiss M S, et al. Protein crystalline frameworks with controllable interpenetration directed by dual supramolecular interactions [J] . Nature Communications, 2014, 5 (5) : 4634–4634.

[352] Bai Y, Luo Q, Zhang W, et al. Highly ordered protein nanorings designed by accurate control of glutathione S–transferase self–assembly [J] . Journal of the American Chemical Society, 2013, 135 (30) : 10966–10969.

[353] Liu Y, Du J, Yan M, et al. Biomimetic enzyme nanocomplexes and their use as antidotes and preventive measures for alcohol intoxication [J] . Nature Nanotechnology, 2013, 8 (3) : 187–192.

[354] Li S, Cai L, Wu L, et al. Microbial Synthesis of functional homo–, random, and block polyhydroxyalkanoates by β –oxidation deleted pseudomonas entomophila [J] . Biomacromolecules, 2014, 15 (6) : 2310–2319.

[355] Duan B, Zheng X, Xia Z, et al. Highly biocompatible nanofibrous microspheres self–assembled from chitin in NaOH/urea aqueous solution as cell carriers [J] . Angewandte Chemie International Edition, 2015, 54 5152–5156.

[356] Xu J, Ding L, Chen J, et al. Sensitive Characterization of the influence of substrate interfaces on supported thin films [J] . Macromolecules, 2014, 47 (18) : 6365–6372.

[357] Chen L, Jiang J, Wei L, et al. Confined nucleation and crystallization kinetics in lamellar crystalline–amorphous diblock copolymer poly (epsilon–caprolactone) –b– poly (4–vinylpyridine)[J] . Macromolecules, 2015, 48 (6) : 1804–1812.

[358] Peng Y, Wang F, Wang Z, et al. Two–step nucleation mechanism in solid–solid phase transitions [J]. Nature Materials, 2015, 14(1): 101–108.

[359] Cheng Z, Luo F, Zhang Z, et al. Syntheses and applications of concave and convex colloids with precisely controlled shapes [J] . Soft Matter, 2013, 9 (47) : 11392–11397.

[360] He P, Shen W, Yu W, et al. Mesophase separation and rheology of olefin multiblock copolymers [J]. Macromolecules, 2014, 47 (2) : 807–820.

[361] Liu S, Yu W, Zhou C Molecular Self–assembly assisted liquid–liquid phase separation in ultrahigh molecular weight polyethylene/ liquid paraffin/dibenzylidene sorbitol ternary blends [J] . Macromolecules, 2013, 46 (15) : 6309–6318.

[362] Zhu Y F, Tian H J, Wu H W, et al. Ordered nanostructures at two different length scales mediated by temperature: A triphenylene–containing mesogen–jacketed liquid crystalline polymer with a long spacer [J] . Journal of Polymer Science A Polymer Chemistry, 2014, 52 (3) : 295–304.

[363] Zhu Y F, Liu W, Zhang M Y, et al. POSS–containing jacketed polymer: hybrid inclusion complex with hierarchically ordered structures at sub–10 nm and angstrom length scales [J] . Macromolecules, 2015, 48 2358–2366.

[364] Gao Y, Yao W, Sun J, et al. A novel soft matter composite material for energy–saving smart windows: from preparation to device application [J] . Journal of Materials Chemistry A, 2015, 3: 10738–10746.

[365] Chen X, Wang L, Li C, et al. Light–controllable reflection wavelength of blue phase liquid crystals doped with azobenzene–dimers [J]. Chemical Communications, 2013, 49 (86) : 10097–10099.

[366] Zhao J, Liu Y, Yu Y. Dual–responsive inverse opal films based on a crosslinked liquid crystal polymer containing azobenzene [J] . Journal of Materials Chemistry C, 2014, 2 10262–10267.

[367] Cui K, Liu D, Ji Y, et al. Nonequilibrium nature of flow–induced nucleation in isotactic polypropylene [J] . Macromolecules, 2015, 48 (3) : 694–699.

[368] Dong L, Nan T, Huang N, et al. Extension–induced nucleation under near–equilibrium conditions: the mechanism on the transition from point nucleus to shish [J] . Macromolecules, 2014, 47 (19) : 6813–6823.

[369] Su F, Zhou W, Li X, et al. Flow–induced precursors of isotactic polypropylene: an in situ time and space resolved study with synchrotron radiation scanning X–ray microdiffraction [J] . Macromolecules, 2014, 47 (13) : 4408–4416.

[370] Zhao T P, Ren X K, Zhu W X, et al. "Brill Transition" shown by green material poly (octamethylene carbonate)[J] . Acs Macro Letters, 2015, 4 317–321.

[371] Wang Y, Lu Y, Zhao J, et al. Direct formation of different crystalline forms in butene–1/ethylene copolymer via manipulating melt temperature [J] . Macromolecules, 2014, 47 (24) : 8653–8662.

[372] Liu G, Zheng L, Zhang X, et al. Critical stress for crystal transition in poly (butylene succinate) –based crystalline–amorphous multiblock copolymers [J] . Macromolecules, 2014, 47 7533–7539.

[373] Sun D, Li Y, Ren Z, et al. Anisotropic highly–conductive films of poly (3–methylthiophene) from epitaxial electropolymerization on oriented poly (vinylidene fluoride)[J] . Chemical Science, 2014, 5 (8) : 3240–3245.

[374] Guan Y, Liu G, Ding G, et al. Enhanced crystallization from the glassy state of poly (l–lactic acid) confined in anodic alumina oxide nanopores [J] . Macromolecules, 2015, 48 2526–2533.

[375] Pan P, Han L, Shan G, et al. Heating and annealing induced structural reorganization and embrittlement of solution–crystallized poly (l–lactic acid)[J] . Macromolecules, 2014, 47 (22) : 8126–8130.

[376] Wei X F, Bao R Y, Cao Z Q, et al. Stereocomplex crystallite network in asymmetric PLLA/PDLA blends: formation, structure, and confining effect on the crystallization rate of homocrystallites [J] . Macromolecules, 2014, 47 (4) : 1439–1448.

[377] Na B, Zhu J, Lv R, et al. Stereocomplex formation in enantiomeric polylactides by melting recrystallization of homocrystals:

crystallization kinetics and crystal morphology[J]. Macromolecules, 2014, 47 347–352.

[378] Cao Z, Wu S, Zhang G. Dynamics of single polyelectrolyte chain in salt–free dilute solutions investigated by analytical ultracentrifugation[J]. Physical Chemistry Chemical Physics, 2015, 17: 15896–15902.

[379] Wang T, Wang X, Long Y, et al. Ion–specific conformational behavior of polyzwitterionic brushes: exploiting it for protein adsorption/desorption control[J]. Langmuir the Acs Journal of Surfaces & Colloids, 2013, 29 (22): 6588–6596.

[380] Feng L, Yang J, Zhao J, et al. Fluorescence correlation spectroscopy of repulsive systems: Theory, simulation, and experiment[J]. Journal of Chemical Physics, 2013, 138 (21): 4996–4996.

[381] Zhang R, Yu S, Chen S, et al. Reversible cross–linking, microdomain structure and heterogeneous dynamics in thermal reversible cross–linked polyurethane as revealed by solid–state NMR[J]. Journal of Physical Chemistry B, 2014, 118 (4): 1126–1137.

[382] Lu Y, An L, Wang S Q, et al. Origin of stress overshoot during startup shear of entangled polymer melts[J]. Acs Macro Letters, 2014, 3 (6): 569–573.

[383] Lu Y, An L, Wang S Q, et al. Molecular mechanisms for conformational and rheological responses of entangled polymer melts to startup shear[J]. Macromolecules, 2015, 4164–4173.

[384] Xie N, Liu M, Deng H, et al. Macromolecular metallurgy of binary mesocrystals via designed multiblock terpolymers[J]. Journal of the American Chemical Society, 2014, 136 (8): 2974–2977.

[385] Tang Q, Hu W, Napolitano S. Slowing down of accelerated structural relaxation in ultrathin polymer films[J]. Physical review letters, 2014, 112 (14): 148306–148306.

[386] Wang L, Xu N. Probing the glass transition from structural and vibrational properties of zero–temperature glasses[J]. Physical review letters, 2014, 112 (5): 636–640.

[387] Hao L, Xiaoyi X, Ning X. Finite size analysis of zero–temperature jamming transition under applied shear stress by minimizing a thermodynamic–like potential[J]. Physical review letters, 2014, 112 (14): 145502–145502.

[388] Wang X, Zheng W, Wang L, et al. Disordered solids without well–defined transverse phonons: the nature of hard–sphere glasses[J]. Physical review letters, 2015, 114 (3): 035502.

[389] Hu X, Hu J, Tian J, et al. Polyprodrug amphiphiles: hierarchical assemblies for shape–regulated cellular internalization, trafficking, and drug delivery[J]. Journal of the American Chemical Society, 2013, 135 (46): 17617–17629.

[390] Hu X, Liu G, Yang L, et al. Cell–penetrating hyperbranched polyprodrug amphiphiles for synergistic reductive milieu–triggered drug release and enhanced magnetic resonance signals[J]. Journal of the American Chemical Society, 2015, 137 (1): 362–368.

[391] Hu X, Liu G, Yang L, et al. Cell–penetrating hyperbranched polyprodrug amphiphiles for synergistic reductive milieu–triggered drug release and enhanced magnetic resonance signals[J]. Journal of the American Chemical Society, 2015, 137 (1): 5068–5073.

[392] Cheng D, Cao N, Chen J, et al. Multifunctional nanocarrier mediated co–delivery of doxorubicin and siRNA for synergistic enhancement of glioma apoptosis in rat[J]. Biomaterials, 2012, 33 (4): 1170–1179.

[393] Chen J X, Xu X D, Chen W H, et al. Multi–functional envelope–type nanoparticles assembled from amphiphilic peptidic prodrug with improved anti–tumor activity[J]. Acs Applied Materials & Interfaces, 2013, 6 (1): 593–598.

[394] Chen Y, Chen H, Shi J. In vivo bio–safety evaluations and diagnostic/therapeutic applications of chemically designed mesoporous silica nanoparticles[J]. Advanced Materials, 2013, 25 (23): 3144–3176.

[395] Han K, Lei Q, Wang S B, et al. Dual–stage–light–guided tumor inhibition by mitochondria–targeted photodynamic therapy[J]. Advanced Functional Materials, 2015, 25 2961–2971.

[396] Chen W H, Xu X D, Luo G F, et al. Dual–targeting pro–apoptotic peptide for programmed cancer cell death via specific mitochondria damage[J]. Scientific Reports, 2013, 3 (12): 3468.

[397] Wei Q, Wang J, Shen X, et al. Self–healing hyperbranched poly (aroyltriazole) s[J]. Scientific Reports, 2013, 3 (1): 1093.

[398] Yao B, Mei J, Li J, et al. Catalyst–free thiol–yne click polymerization: a powerful and facile tool for preparation of functional poly (vinylene sulfide) s[J]. Macromolecules, 2014, 47 (4): 1325–1333.

[399] Huang X, Sheng P, Tu Z, et al. A two–dimensional [pi] –d conjugated coordination polymer with extremely high electrical conductivity and ambipolar transport behaviour[J]. Nature Communications, 2015, 67408.

[400] Lei T, Dou J, Cao X, et al. Electron–deficient poly (p–phenylene vinylene) provides electron mobility over 1 cm^2 V (−1) s (−1) under ambient conditions [J] . Journal of the American Chemical Society, 2013, 135 (33) : 12168–12171.

[401] Shi K, Zhang F, Di C A, et al. Toward high performance n–type thermoelectric materials by rational modification of BDPPV backbones [J] . Journal of the American Chemical Society, 2015, 137: 6979–6982.

[402] Liu S, Zhang K, Lu J, et al. High–efficiency polymer solar cells via the incorporation of an amino–functionalized conjugated metallopolymer as a cathode interlayer [J] . Journal of the American Chemical Society, 2013, 135 (41) : 15326–15329.

[403] Zheng H, Zheng Y, Liu N, et al. All–solution processed polymer light–emitting diode displays [J] . Nature Communications, 2013, 4 (3) : 1971–1971.

[404] Xia D, Wang B, Chen B, et al. Self–host blue–emitting iridium dendrimer with carbazole dendrons: nondoped phosphorescent organic light–emitting diodes [J] . Angewandte Chemie International Edition, 2014, 53 (4) : 1048–1052.

[405] Zhang Z, Guo K, Li Y, et al. A colour–tunable, weavable fibre–shaped polymer light–emitting electrochemical cell [J] . Nature Photonics, 2015, 9 233–238.

[406] Z A, C Z, Y T, et al. Stabilizing triplet excited states for ultralong organic phosphorescence [J] . Nature Material, 2015, 685–690.

[407] Ye L, Zhang S, Huo L, et al. Molecular design toward highly efficient photovoltaic polymers based on two–dimensional conjugated benzodithiophene [J] . Accounts of Chemical Research, 2014, 47 (5) : 1595–1603.

[408] Ouyang X, Peng R, Ai L, et al. Efficient polymer solar cells employing a non–conjugated small–molecule electrolyte [J] . Nature Photonics, 2015, 9 520–524.

[409] He Z, Xiao B, Liu F, et al. Single–junction polymer solar cells with high efficiency and photovoltage [J]. Nature Photonics, 2015, 9(3): 174–179.

[410] Zhang Y, Deng D, Lu K, et al. Synergistic effect of polymer and small molecules for high–performance ternary organic solar cells [J] . Advanced Materials, 2015, 27 (6) : 1071–1076.

[411] Gu F, Dong H, Li Y, et al. Base stable pyrrolidinium cations for alkaline anion exchange membrane applications [J] . Macromolecules, 2014, 47 (19) : 6740–6747.

[412] 孙源慧，徐伟，孙祎萌，等. 基于乙烯四硫醇镍的有机热电材料及其制备方法与应用，中国发明专利，CN104241515A，2014–12–24.

[413] Meng Y, Wang K, Zhang Y, et al. Hierarchical porous graphene/polyaniline composite film with superior rate performance for flexible supercapacitors [J] . Advanced Materials, 2013, 25: 6985–6990.

[414] Chen X, Lin H, Chen P, et al. Smart, stretchable supercapacitors [J] . Advanced Materials, 2014, 26 (26) : 4444–4449.

[415] Huang Z, Yang L, Liu Y, et al. Supramolecular polymerization promoted and controlled through self–sorting [J] . Angewandte Chemie International Edition, 2014, 53 (21) : 5351–5355.

[416] Tian Y K, Shi Y G, Yang Z S, et al. Responsive supramolecular polymers based on the bis [alkynylplatinum (II)] terpyridine molecular tweezer/arene recognition motif [J] . Angewandte Chemie International Edition, 2014, 53 (24) : 6090–6094.

[417] Zhang K, Miao H, Chen D. Water–soluble monodisperse core–shell nanorings: their tailorable preparation and interactions with oppositely charged spheres of a similar diameter [J] . Journal of the American Chemical Society, 2014, 136 (45) : 15933–15941.

[418] Chen J, Yu C, Shi Z, et al. Ultrathin alternating copolymer nanotubes with readily tunable surface functionalities [J] . Angewandte Chemie International Edition, 2015, 127 (12) : 3692–3696.

[419] Zhang Y, Sun J. Multilevel and multicomponent layer–by–layer assembly for the fabrication of nanofibrillar films [J] . Acs Nano, 2015, 9 (7) : 7124–7132.

[420] Ji S, Cao W, Yu Y, et al. Dynamic diselenide bonds: exchange reaction induced by visible light without catalysis [J] . Angewandte Chemie International Edition, 2014, 53 (26) : 6781–6785.

[421] Chi X, Ji X, Xia D, et al. A dual–responsive supra–amphiphilic polypseudorotaxane constructed from a water–soluble pillar [7] arene and an azobenzene–containing random copolymer [J] . Journal of the American Chemical Society, 2015, 137 (4) : 1440–1443.

[422] Chen H, Gao F, Yao E, et al. Rapid mechanochemical preparation of a sandwich–like charge transfer complex [J] . Crystengcomm, 2013, 15 (22) : 4413–4416.

[423] 王子豪，付海英，窦强，等. 减压蒸馏技术在熔盐反应堆乏燃料后处理中的应用研究，第二届全国核化学与放射化学青年学术研讨会 [R]，杭州，2013：32.

[424] 曹克诚，田寅，杨晓丹，等. 开放孔道3D石墨烯的制备及强酸性环境下铀的萃取研究，第二届全国核化学与放射化学青年学术研讨会 [R]，杭州 2013：6-7.

[425] 宁顺艳，王欣鹏，邹青，等. 硅基新型BTP吸附剂吸附分离次锕系核素的研究，第十三届全国核化学与放射化学学术研讨会 [R]，大理，2014:29-30.

[426] 杜丽丽，代义华，张海涛，等. Np、Pu、Am和Cm的同步高效 α 电沉积制源的工艺研究，第十三届全国核化学与放射化学学术研讨会 [R]，大理，2014：59.

[427] 杨素亮. 用于用于放射性核素分离的固相萃取技术研究，第十三届全国核化学与放射化学学术研讨会 [R]，大理，2014：66.

[428] 李忠勇，高惠波，崔海平. 含103Pd和125I双核素的放射性支架的制备，第十三届全国核化学与放射化学学术研讨会 [R]，大理，2014：139-140.

[429] 朱华，罗政，褚泰伟，等. 64Cu标记的双硝基咪唑乏氧分子探针在肿瘤乏氧显像中的研究，第十三届全国核化学与放射化学学术研讨会 [R]，大理，2014：143.

[430] 张晓军，富丽萍，张锦明，等. 新型Aβ 斑块显像剂18F-W372 [J]. 核化学与放射化学，2013, 35（1）: 40-45.

[431] 武山，陈占营，张昌云，等. 固定式大气放射性氙取样器的研制，第十三届全国核化学与放射化学学术研讨会 [R]，大理，2014：145.

[432] 单健，张陆雨，曹钟港，等. 基于210Bi的 β 计数测量210Pb的活度，核化学与放射化学 [J]，2014, 36（6）: 363-368.

[433] 张伟华，马宾，田文宇，等. 毛细管法在研究几种关键核素在高放废物处置库中迁移行为的应用，第二届全国核化学与放射化学青年学术研讨会 [R]，杭州 2013：94.

[434] 王宁，陈柏桦，熊洁，等. 辐照法制备海水提铀材料研究，第十三届全国核化学与放射化学学术研讨会 [R]，大理，2014：247.

[435] 殷晓杰，白静，秦芝. 卤水中铀的分离提取，第十三届全国核化学与放射化学学术研讨会 [R]，大理，2014：245.

[436] 蒋美玲，朱建波，王祥云，等. 化学形态分析软件CHEMSPEC（C++）及其应用，第二届全国核化学与放射化学青年学术研讨会 [R]，杭州 2013：137.

[437] Gu H W, Wu H L, Yin X L, et al. Multi-targeted interference-free determination of ten β-blockers in human urine and plasma samples by alternating trilinear decomposition algorithm-assisted liquid chromatography-mass spectrometry in full scan mode: Comparison with multiple reaction monitoring [J]. Analytica Chimica Acta, 2014, 848 10-24.

[438] Yang L, Yang D, Graaf C D, et al. Conformational states of the full-length glucagon receptor [J]. Nature Communications, 2015, 6: 7859.

[439] Wang H, Xu J, Zhang D S, et al. Crystalline capsules: metal-organic frameworks locked by size-matching ligand bolts [J]. Angewandte Chemie International Edition, 2015, 127: 5966-5970.

[440] Peng J B, Kong X J, Zhang Q C, et al. Beauty, symmetry, and magnetocaloric effect-four-shell keplerates with 104 lanthanide atoms [J]. Journal of the American Chemical Society, 2014, 136（52）: 17938-41.

[441] Chen H, Ju J, Meng Q, et al. PKU-3: An HCl-inclusive aluminoborate for strecker reaction solved by combining RED and PXRD [J]. Journal of the American Chemical Society, 2015, 137: 7047-7050.

[442] Liang J, Su J, Luo X, et al. A crystalline mesoporous germanate with 48-ring channels for CO2 separation [J]. Angewandte Chemie International Edition, 2015, 54（25）: 7290-7294.

[443] Wu B, Cui F, Lei Y, et al. Tetrahedral anion cage: self-assembly of a（PO4）4L4 complex from a tris（bisurea）ligand [J]. Angewandte Chemie International Edition, 2013, 52（19）: 5096-5100.

[444] Liu X, Yi Q, Han Y, et al. A robust microfluidic device for the synthesis and crystal growth of organometallic polymers with highly organized structures [J]. Angewandte Chemie International Edition, 2015, 54（6）: 1846-1850.

[445] Huang L, Wang S, Zhao J, et al. Synergistic combination of multi-Zr-IV cations and lacunary keggin germanotungstates leading to a gigantic Zr-24-cluster-substituted polyoxometalate [J]. Journal of the American Chemical Society, 2014, 136（21）: 7637-7642.

[446] Huang S, Lin Y, Li Z, et al. Self-assembly of molecular borromean rings from bimetallic coordination rectangles [J]. Angewandte

Chemie International Edition, 2014, 53（42）: 11218-11222.

[447] Li H, Han Y F, Lin Y J, et al. Stepwise construction of discrete heterometallic coordination cages based on self-sorting strategy [J]. Journal of the American Chemical Society, 2014, 136（8）: 2982-2985.

[448] Wang Y, Liu Z, Li Y, et al. Umbellate distortions of the uranyl coordination environment result in a stable and porous polycatenated framework that can effectively remove cesium from aqueous solutions [J]. Journal of the American Chemical Society, 2015, 137（19）: 6144-6147.

[449] Du L, Lu Z, Zheng K, et al. Fine-tuning pore size by shifting coordination sites of ligands and surface polarization of metal-organic frameworks to sharply enhance the selectivity for CO2 [J]. Journal of the American Chemical Society, 2012, 135（2）: 562-565.

[450] Hu T L, Wang H, Li B, et al. Microporous metal-organic framework with dual functionalities for highly efficient removal of acetylene from ethylene/acetylene mixtures [J]. Nature Communications, 2015, 6: 7328.

[451] Yuan Y, Sun F, Li L, et al. Porous aromatic frameworks with anion-templated pore apertures serving as polymeric sieves [J]. Nature Communications, 2014, 5: 4260-4260.

[452] He C, Jiang L, Ye Z M, et al. Exceptional hydrophobicity of a large-pore metal-organic zeolite [J]. Journal of the American Chemical Society, 2015, 137（22）: 7217-7223.

[453] Kang Z, Xue M, Fan L, et al. Highly selective sieving of small gas molecules by using an ultra-microporous metal - organic framework membrane [J]. Energy & Environmental Science, 2014, 7: 4053-4060.

[454] Wu W, Kirillov A M, Yan X, et al. Enhanced separation of potassium ions by spontaneous K+-induced self-assembly of a novel metal - organic framework and excess specific cation - π interactions [J]. Angewandte Chemie International Edition, 2014, 53(40): 10649-10653.

[455] Chen Q, Chang Z, Song W C, et al. A controllable gate effect in cobalt（II）organic frameworks by reversible structure transformations [J]. Angewandte Chemie International Edition, 2013, 125（44）: 11764-11767.

[456] Song X Z, Song S Y, Zhao S N, et al. Single-crystal-to-single-crystal transformation of a europium（III）metal - organic framework producing a multi-responsive luminescent sensor [J]. Advanced Functional Materials, 2014, 24（26）: 4034-4041.

[457] Wang B, Zang Z, Wang H, et al. Multiple lanthanide helicate clusters and the effects of anions on their configuration [J]. Angewandte Chemie International Edition, 2013, 52（13）: 3756-3759.

[458] Luo F, Fan C B, Luo M B, et al. Photoswitching CO2 capture and release in a photochromic diarylethene metal - organic framework [J]. Angewandte Chemie International Edition, 2014, 53（35）: 9298-9301.

[459] Liu T, Zheng H, Kang S, et al. A light-induced spin crossover actuated single-chain magnet [J]. Nature Communications, 2013, 4(7): 657-678.

[460] Liu J, Mereacre V, Powell A K, et al. A heterometallic FeII-DyIII single-molecule magnet with a record anisotropy barrier [J]. Angewandte Chemie International Edition, 2014, 53（47）: 12966-12970.

[461] Peng Z, Li Z, Chao W, et al. Equatorially coordinated lanthanide single ion magnets [J]. Journal of the American Chemical Society, 2014, 136（12）: 4484-4487.

[462] Han X, Li Y, Zhang Z, et al. Polyoxometalate-based nickel clusters as visible light-driven water oxidation catalysts [J]. Journal of the American Chemical Society, 2015, 137（16）: 5486-5493.

[463] Han X, Zhang Z, Zhang T, et al. Polyoxometalate-based cobalt-phosphate molecular catalysts for visible light-driven water oxidation [J]. Journal of the American Chemical Society, 2014, 136（14）: 5359-5366.

[464] Liu X H, Ma J G, Niu Z, et al. An efficient nanoscale heterogeneous catalyst for the capture and conversion of carbon dioxide at ambient pressure [J]. Angewandte Chemie International Edition, 2015, 54（3）: 1002-1005.

[465] Zhao M, Ou S, Wu C D. Porous metal-organic frameworks for heterogeneous biomimetic catalysis [J]. Accounts of Chemical Research, 2014, 47（4）: 1199-1207.

[466] Bao S, Otsubo K, Taylor J M, et al. Enhancing proton conduction in 2D Co-La coordination frameworks by solid-state phase transition [J]. Journal of the American Chemical Society, 2014, 136（26）: 9292-9295.

[467] Zheng S, Zhao X, Lau S, et al. Entrapment of metal clusters in metal-organic framework channels by extended hooks anchored at open metal sites [J]. Journal of the American Chemical Society, 2013, 135（28）: 10270-10273.

[468] Song Y, Zheng Q. Linear rheology of nanofilled polymers [J] . Journal of Rheology, 2015, 59 (1) : 155–191.

[469] Song Y, Xu C, Zheng Q. Styrene–butadiene–styrene copolymer compatibilized carbon black/polypropylene/polystyrene composites with tunable morphology, electrical conduction and rheological stabilities [J] . Soft Matter, 2014, 10 (15) : 2685–2692.

[470] Tan Y, Fang L, Xiao J, et al. Grafting of copolymers onto graphene by miniemulsion polymerization for conductive polymer composites: improved electrical conductivity and compatibility induced by interfacial distribution of graphene [J] . Polymer Chemistry, 2013, 4 (10) : 2939–2944.

[471] Tan Y, Song Y, Zheng Q. Hydrogen bonding–driven rheological modulation of chemically reduced graphene oxide/poly (vinyl alcohol) suspensions and its application in electrospinning [J] . Nanoscale, 2012, 4 (22) : 6997–7005.

[472] Zheng Z, Song Y, Wang X, et al. Adjustable rheology of fumed silica dispersion in urethane prepolymers: Composition–dependent sol and gel behaviors and energy–mediated shear responses [J] . Journal of Rheology, 2015, 59: 971.

[473] Peng H, Bi S, Ni M, et al. Monochromatic visible light "photoinitibitor": Janus–faced initiation and inhibition for storage of colored 3D images [J] . Journal of the American Chemical Society, 2014, 136 (25) : 8855–8858.

[474] Ni M, Peng H, Liao Y, et al. 3D Image Storage in photopolymer/ZnS nanocomposites tailored by "photoinitibitor" [J] . Macromolecules, 2015, 48: 2958–2966.

[475] Gao J, Huang C, Wang N, et al. Phase separation of poly (methyl methacrylate) / poly (styrene–co–acrylonitrile) blends in the presence of silica nanoparticles [J] . Polymer, 2012, 53 (8) : 1772–1782.

[476] Xu Y, Huang C, Yu W, et al. Evolution of concentration fluctuation during phase separation in polymer blends with viscoelastic asymmetry [J] . Polymer, 2015, 67 101–110.

[477] Huang C, Yu W. Role of block copolymer on the coarsening of morphology in polymer blend: Effect of micelles [J] . Aiche Journal, 2015, 61 (1) : 285–295.

[478] Yu W, Du Y, Zhou C. A geometric average interpretation on the nonlinear oscillatory shear [J] . Journal of Rheology, 2013, 57 (4) : 1147–1175.

[479] He P, Wei S, Yu W, et al. Mesophase separation and rheology of olefin multiblock copolymers [J] . Macromolecules, 2014, 47 (2) : 807–820.

[480] Chen Q, Huang C, Weiss R, et al. Viscoelasticity of reversible gelation for ionomers [J] . Macromolecules, 2015, 48 (4) : 1221–1230.

[481] Chen Q, Gong S, Moll J, et al. Mechanical reinforcement of polymer nanocomposites from percolation of a nanoparticle network [J] . Acs Macro Letters, 2015, 4 (4) : 398–402.

[482] Chen Q, Masser H, Shiau H S, et al. Linear viscoelasticity and Fourier transform infrared spectroscopy of polyether – ester – sulfonate copolymer ionomers [J] . Macromolecules, 2014, 47 (11) : 3635–3644.

[483] Quan C, Tudryn G J, Colby R H. Ionomer dynamics and the sticky Rouse model [J] . Journal of Rheology, 2013, 57 (5) : 1441–1462.

[484] Yan Z, Zhang B, Liu C. Dynamics of concentrated polymer solutions revisited: isomonomeric friction adjustment and its consequences [J] . Macromolecules, 2014, 47 (13) : 4460–4470.

[485] Liu F, Li F, Deng G, et al. Rheological images of dynamic covalent polymer networks and mechanisms behind mechanical and self–healing properties [J] . Macromolecules, 2012, 45 (3) : 1636–1645.

[486] Deng G, Ma Q, Yu H, et al. Macroscopic organohydrogel hybrid from rapid adhesion between dynamic covalent hydrogel and organogel [J] . Acs Macro Letters, 2015, 4 (4) : 467–471.

[487] Wu L, Zhang B, Lu H, et al. Nanoscale ionic materials based on hydroxyl–functionalized graphene [J] . Journal of Materials Chemistry A, 2013, 2 (5) : 1409–1417.

[488] Yin J, Wang X, Zhao X. Silicone–grafted carbonaceous nanotubes with enhanced dispersion stability and electrorheological efficiency [J] . Nanotechnology, 2015, 26 (6) : 065704–065704.

[489] Su Z, Yin J, Guan Y, et al. Electrically tunable negative refraction in core/shell–structured nanorod fluids [J] . Soft Matter, 2014, 10 (39) : 7696–7704.

[490] Dong Y, Yin J, Zhao X. Microwave–synthesized poly (ionic liquid) particles: a new material with high electrorheological activity [J] . Journal of Materials Chemistry A, 2014, 2 (25) : 9812–9819.

[491] Yin J, Shui Y, Dong Y, et al. Enhanced dielectric polarization and electro–responsive characteristic of graphene oxide–wrapped titania

microspheres [J] . Nanotechnology, 2014, 25 (4) : 111–120.

[492] Yin J, Chang R, Shui Y, et al. Preparation and enhanced electro–responsive characteristic of reduced graphene oxide/polypyrrole composite sheet suspensions [J] . Soft Matter, 2013, 9 (31) : 7468–7478.

[493] Yin J, Wang X, Chang R, et al. Polyaniline decorated graphene sheet suspension with enhanced electrorheology [J] . Soft Matter, 2011, 2 (2) : 294–297.

[494] Jin T, Cheng Y, He R, et al. Electric–field–induced structure and optical properties of electrorheological fluids with attapulgite nanorods [J] . Smart Materials & Structures, 2014, 23 (7) : 628–634.

[495] Wu J, Jin T, Liu F, et al. Preparation of rod–like calcium titanyl oxalate with enhanced electrorheological activity and their morphological effect [J] . Journal of Materials Chemistry C, 2014, 2 (28) : 5629–5635.

[496] Wu J, Xu G, Cheng Y, et al. The influence of high dielectric constant core on the activity of core–shell structure electrorheological fluid [J] . Journal of Colloid & Interface Science, 2012, 1 (14) : 36–43.

[497] Song Z, Cheng Y, Wu J, et al. Influence of volume fraction on the yield behavior of giant electrorheological fluid [J] . Applied Physics Letters, 2012, 101 (10) : 101908–101908–3.

[498] Song Z, Cheng Y, Guo J, et al. Influence of thermal treatment on CTO wettability [J] . Colloids & Surfaces A Physicochemical & Engineering Aspects, 2012, 396 (7) : 305–309.

[499] Gong X, Guo C, Xuan S, et al. Oscillatory normal forces of magnetorheological fluids [J] . Journal of Magnetism & Magnetic Materials, 2012, 8 (19) : 5256–5261.

[500] Jiang W, Gong X, Xuan S, et al. Stress pulse attenuation in shear thickening fluid [J] . Applied Physics Letters, 2013, 102 (10) : 101901–101901–5.

[501] Wang S, Jiang W, Jiang W F, et al. Multifunctional polymer composite with excellent shear stiffening performance and magnetorheological effect [J] . Journal of Materials Chemistry C, 2014, 2 (34) : 7133–7140.

[502] Xu Y, Gong X, Liu T, et al. Squeeze flow behaviors of magnetorheological plastomers under constant volume [J] . Journal of Rheology (1978–present) , 2014, 58 (3) : 659–679.

[503] Liu T, Gong X, Xu Y, et al. Magneto–induced stress enhancing effect in a colloidal suspension of paramagnetic and superparamagnetic particles dispersed in a ferrofluid medium [J] . Soft Matter, 2014, 10 (6) : 813–818.

[504] Yu M, Yang P, Fu J, et al. Flower–like carbonyl iron powder modified by nanoflakes: Preparation and microwave absorption properties [J] . Applied Physics Letters, 2015, 106 (16) : 161904.

[505] Yu M, Qi S, Fu J, et al. Preparation and characterization of a novel magnetorheological elastomer based on polyurethane/epoxy resin IPNs matrix [J] . Smart Materials & Structures, 2015, 24 (4) : 045009.

[506] Ju B X, Yu M, Fu J, et al. A novel porous magnetorheological elastomer: preparation and evaluation [J] . Smart Materials & Structures, 2012, 21 (3) : 290–298.

[507] Yu M, Ju B, Fu J, et al. Magnetoresistance characteristics of magnetorheological gel under a magnetic field [J] . Industrial & Engineering Chemistry Research, 2014, 53 (12) : 4704–4710.

[508] Yu M, Fu J, Ju B X, et al. Influence of X–ray radiation on the properties of magnetorheological elastomers [J] . Smart Materials & Structures 2013, 22 (12) : 125010–125017.

[509] Teng H, Zhang J. Modeling the thixotropic behavior of waxy crude [J]. Industrial & Engineering Chemistry Research, 2013, 52(23): 8079–8089.

[510] Yu L, Fang B, Jin H, et al. Rheological properties of a novel photosensitive micelle composed of cationic Gemini surfactant and 4–phenylazo benzoic acid [J] . Journal of Dispersion Science & Technology, 2015, 36 (12) : 1770–1776.

[511] Liu Y, Tao J, Sun J, et al. Removing polysaccharides–and saccharides–related coloring impurities in alkyl polyglycosides by bleaching with the H2O2/TAED/NaHCO3 system [J] . Carbohydrate Polymers, 2014, 112 (21) : 416–421.

撰稿人：史　勇　邓春梅　田伟生

专题报告

金属有机框架材料研究进展

一、引言

配位聚合物由金属离子（或金属离子簇）和有机桥连配体通过配位键组装形成，具有一至三维无限结构，可以看作广义的无机—有机杂化材料，可以兼具无机材料和有机材料的一些特点，既有良好的牢固性，又有一定的柔软性。按照国际纯粹与应用化学联合会的建议，具有潜在孔洞结构的配位聚合物称为金属—有机框架（metal-organic framework，MOF）。由于成分中金属离子、金属簇和有机配体等均可以多样化，所组装形成的配位聚合物不仅种类繁多，而结构的多样性必然导致性质的多样性。过去20多年来，人们已经发现了大量结构新颖、多样化，甚至具有各种功能的配位聚合物。目前已知的功能主要包括：气体分子与小分子有机化合物吸附（包括储存）与分离、多相催化、分子与离子交换、手性识别与分离、分子传感以及光、电和磁等性质。

我国是国际上较早开展包括MOF在内配位聚合物研究的国家之一。过去20多年来，我国这一领域的研究呈现出快速发展的势头，在国际上做出了具有特色和重要学术影响的研究工作，例如在基于多氮唑、簇基结构基元定向构筑的MOF化合物、有机多孔框架化合物（COF）及MOF多孔膜的构筑、选择性吸附与分离、传感、手性MOF多孔化合物的构筑与手性识别与手性分离、多酸MOF化合物的构筑与性能等研究方面，取得了非常突出的研究成绩。我国科学家在在包括*Nature*子刊和化学、材料科学等领域的顶尖刊物和主流刊物上，发表了大量论文。同时，我国多家大学和研究所的学者多次应邀在*Chem. Rev.*，*Acc.*，*Chem. Res.*，*Chem. Soc. Rev.*，*Coord. Chem. Rev.*等国际著名综述性杂志上发表综述论文。一些学者已经成为国际上具有重要影响力的人物，例如高松、陈小明、苏忠民、张杰鹏等中国学者连续入选2014年度和2015年度汤森路透公司（Thomson Reuters）公布的高被引用科学家名录，陈小明获得发展中国家科学院（TWAS）化学奖；中国学者在国际学术会议上做多次大会报告和主旨报告，担任了国际化学、晶体学与材料科学领域杂志的编辑、编委、顾委等。可以认为，我国已经在国际上形成一定的特色和优势。

本文将主要对 2012—2015 年我国学者在 MOF 领域发表的一些有代表性的成果，按照不同类别，进行简要的总结。

二、MOF 材料及其膜的设计与合成

在设计合成具有新颖结构和性质的 MOF 材料过程中，合成策略起着至关重要的作用。国内多个课题组针对包括 MOF 材料在内的配位聚合物组装策略的研究已经进入国际前沿研究的行列，并取得了比较系统性的研究成果，在国际上具有显著的学术影响。其中，在新结构类型 MOF 的设计与合成方法、MOF 膜及金属 – 有机凝胶的制备方法方面，取得显著的进展，乃至新的突破。部分代表性的进展如下。

霍峰蔚等以通过微接触印刷在金表面制备的十八烷基硫醇点阵列为模板，成功实现了 ZIF–8 晶体在其非极性表面的选择性成核及定向生长[1]。研究表明，ZIF–8 的成核及生长与模板上自组装单层膜的奇 – 偶效应密切相关，如 ZIF–8 晶体的取向生长取决于由特定自组装单层膜表面驱动的 ZIF–8 核的快速结晶。这一现象的发现为有机和有机 – 无机杂化晶体在特定基底上的可控合成提供了新的思路和方法。

卜显和等设计了混合分子建筑块策略，选用较大的柔性三酸配体和较小的三角形刚性含氮配体构筑了两例独特的双层八面体基金属有机框架，三角形配体的尺寸匹配性在构筑多壁 MOF 的过程中起着至关重要的作用。该策略为提高大孔 MOF 材料的稳定性提供了新的途径，并提供了一个合成多壁 MOF 材料的方法[2]。

金国新和韩英锋等利用氢气等小分子活化诱导复杂有机金属框架化合物的制备和结构转变。金国新等对半夹心有机金属中心诱导碳硼烷发生各类活化反应（笼体活化、B–H/C–H 键活化等）进行了深入研究，实现了笼体的 C–C 键断裂以及碳硼烷配体桥联的大环化合物合成[4]；制备出一种三核构筑单元首尾相接形成高核数的大环框架化合物[5]。韩英锋等通过光化学环加成修饰金属有机大环化合物[6]。这些研究工作应邀分别在 *Acc. Chem. Res.*[7] 和 *Coord. Chem. Rev.*[8] 发表了综述。

李巧伟等利用配位反应的可逆性，通过框架上的消除及取代反应实现 MOF 中有序空缺的生成及填补，以此为手段实现材料的多功能化[9]。白俊峰等采用多级构建方法组装得到了一个具有 pbz 拓扑结构和高比表面积（BET 4258m^2/g）的 MOF 材料，对氢气、甲烷和二氧化碳具有良好的吸附能力[10]。他们还通过转移配体的配位点来精细调控 MOF 孔尺寸以及引入不配位氮原子来改变 MOF 孔道极性的策略，构建了在保持 MOF 比表面和孔体积不变的情况下，显著提高其对二氧化碳的亲和力及选择性，使其成为工业排放气体中二氧化碳的选择性捕获以及天然气纯化方面的备选材料[11]。

裘式纶和吴刚等借鉴体相石棉以及相关无机不对称层状化合物的卷曲机理，通过逐步

增加吸附在层状配位聚合物单侧的有机胺客体分子的尺寸，逐步增加单层表面张力，实现了由层到管的超结构转换。首次在配位聚合物体系观测到层 / 管的超分子异构现象。该工作将有助于在分子级别深入理解宏观体系的层 / 管结构转换[12]。裘式纶和贲腾等发展了一种新型的制备金属有机框架膜的方法。即首先在基底表面浇铸一层聚苯胺膜，通过聚苯胺表面的胺基与 MOF 表面的羧基的氢键相互作用，可以在聚苯胺膜表面生长一层 MOF 膜。通过试验，证明了这个方法具有一定的普适性。同时，利用这个方法他们在电极表面生长一层 HKUST-1 膜，然后将这个膜吸附苯胺单体，进一步利用电化学制备聚苯胺。合成结束后，在稀酸中除去 MOF 膜，收集制得的多孔聚苯胺。通过该方法制备的多孔聚苯胺具有高比表面，优异的电活性及较高的导电性[13]。

方千荣等利用不同长度的四连接的构筑基块，通过酰亚胺化反应，首次制备了三维贯穿和非贯穿的聚酰亚胺类的共价有机晶体材料（PI-COF-4 和 PI-COF-5）。这些材料具有高的稳定性和比表面积，并可以应用于药物分子的组装，实现非常好的药物缓释效应[14]。王尧宇等组装了多例具有新型缠绕类型的不同股数分子辫配位聚合物，首次总结了其组装的技术要点，并且初步建立了分子辫配位聚合物结构设计和合成的新理论体系[15]。

苏成勇等借鉴长程有序的 MOF 晶体模型，提出金属 - 有机凝胶的“短程有序框架模型”思想，开展了系列金属 - 有机凝胶的异金属自组装、形貌调节、后负载、催化和多孔吸附行为的研究，建立了新型超轻多级孔固体材料——微介孔金属 - 有机气凝胶的通用合成方法[16, 17]

张杰鹏和陈小明等利用多氮唑阴离子配体的特殊配位习性，发展了金属多氮唑框架这一特殊的 MOF 体系[18]，合成了系列热稳定性和化学稳定性好的多孔金属多氮唑框架材料。将极性位点屏蔽获得疏水性孔表面，用于苯系物、氟利昂及普通有机溶剂的高效吸附、富集和回收[12, 19, 20]。

江海龙和俞书宏等针对多数 MOF 在水或湿气条件下容易引起结构坍塌，发现通过简单的气相沉积在 MOF 表面形成一层聚二甲基硅氧烷（PDMS）疏水性保护层，极大增强了 MOF 的水 / 湿稳定性。该方法对不同 MOF 有较好的普适性，且 PDMS 保护层不影响 MOF 既有的结构、多孔性、气体吸附性能以及催化活性位点的利用[21]。

张杰鹏和陈小明等长期关注柔性 MOF 的设计合成、功能与机理研究[22]，通过合理设计 MOF 的孔表面与柔性，实现了 MOF 孔壁对二氧化碳分子的动态螯合效应，既可较强吸附又可较易脱附[23]；计算机建模与能量优化技术研究了单晶衍射难以研究的柔性体系[24]；引入拓扑几何分析技术系统分析了配体长度对一种经典柔性构筑单元的影响[25]，将非刚性 MOF 改造成柔性 MOF[26]；通过精确控制 MOF 的孔径和柔性，将客体分子的热运动和热胀冷缩传导到主体框架上，实现了多孔晶体的超常热胀冷缩行为和客体识别[27, 28]；

郎建平等通过 4，4′ - 二苯醚酸（H2oba）、1，2- 二吡啶基乙烯（bpe）和 Ni^{2+} 反应，得到三维配位聚合物［Ni_3（oba）$_2$（bpe）$_2$（SO_4）（H_2O）$_4$］· H_2O。在紫外光的照射下能发生单晶到单晶转化的[27]环加成反应，并利用 X 射线单晶衍射分析法和核磁共振技术的组合方法，研究了其晶态光催化[28]环加成反应的一级动力学[29]。

洪茂椿等通过自组装条件的控制实现了基于金属有机分子笼的多重机械键的可控转变。该结果有助于深入地理解生物体自组装的本质，同时为发展更复杂人工自组装体系提供新的思路。系列研究结果受邀在 *Acc. Chem. Res.* 发表了综述文章[30]。

周小平和李丹等利用溶剂热次级组分自组装技术成功构筑一系列由钴咪唑笼和无机阴离子（如 ClO_4^-，BF_4^-，PF_6^-）组成的具有金刚石（dia）拓扑结构的超分子框架。该系列钴咪唑笼大小约 2.0nm，由其组装的超分子框架形成介孔尺寸的空腔（约 3.7nm）。这些超分子框架可以用于封装一些大客体分子，如有机染料分子、无机配合物笼分子或生物分子维生素 B_{12}。由于该框架具有正电性及一定的孔穴尺寸，因此它对于客体分子具有一定的选择性。这种由次级构筑单元通过多种超分子作用一步组装得到复杂结构的过程类似于自然界中的某些生命过程，比如蛋白质的组装。可以预测，通过利用多种超分子作用力的协同作用并组装聚集成高度有序结构的策略，将为获得具有先进功能（催化、药物传输等）的晶态材料展开蓝图[31]。

曾明华等较早针对串联后反应进行了研究，提出了新的见解和方法。构筑了孔道内壁含未配位羟乙基官能团的特殊 MOF，利用热消除可控实现晶相 - 晶相的脱水生成 C=C 双键的反应，进一步溴化进行选择性表面修饰。结合荧光、核磁、质谱、吸附等检测手段综合跟踪后反应修饰的逐级过程。利用气体、溶剂及碘分子等多种探针跟踪监测了孔道与窗口、活性官能团等变化后的吸附 - 解附、负载 - 去载行为的后续效应。提出适当地利用配位网络对配体部分官能团的保护和稳定作用，后反应是选择性控制配体的多官能团竞争有机反应的新方法[32]。

三、分子捕获、储存与分离功能 MOF

MOF 材料特殊的孔道尺寸和弱作用位点使得其在分子储存和分子分离方面有着独特的优势，国际上很多学者投入到这一课题的研究，国内学者最近几年在这一领域取得了令国际同行瞩目的成绩。

彭新生等利用超细金属氢氧化物纳米线的高活性及其功能化表面，在室温下的水和乙醇溶液体系中将不同维度、不同功能的材料引入到金属—有机框架材料中，获得的新型框架材料在分离领域具有重要的应用前景[33]。

卜显和等合成了一例具有超微孔结构的蓝色 Co 金属有机框架（BP），可以对水或氨气等可配位客体小分子感应，可逆地转化为具有微孔结构的红色单晶（RP）。转化过程中伴随着辅助配体对苯二酸的配位、解离，并导致了“门效应”的产生，可以实现特定条件下对小分子的封装与释放。在拓扑学研究中，这是第一例三维结构中通过单晶到单晶转化实现的自穿网络到互穿网络的转化[34]。他们还合成了一例 Na–Zn–MOF，这一材料可以利用不饱和配位点，引入尺寸匹配的“螺栓”有机配体，组装成新型晶态胶囊材料，实现了对客体分子的保护和控制释放，拓展了 MOF 材料的应用范围[35]。

胡同亮等设计合成了一例双功能的 MOF 多孔材料，理论和实验的研究结果表明，该 MOF 材料室温下能够非常高效的脱除乙烯气体中的乙炔杂质。此 MOF 材料合成、再生工艺简单，成本低，有望大大降低石化行业的生产成本[36]。施展等提出了双功能化策略，通过设计使得 MOF 同时具有即配位不饱和开放金属中心和高路易斯碱位的有机配体这两种功能位点。他们通过星形的六羧酸配体 H_6TDPAT 与铜的轮桨状次级结构基元得到了化合物 Cu-TDPAT，在 298 K、1 个大气压的条件下二氧化碳吸附量显著高于当时最好成绩的 ZIF，同时，它也表现出了较高的吸附焓（42.2 kJ/mol）和吸附选择性（16 v/v，298 K，1atm）。混合气体吸附实验进一步证实了该材料可用来做 CO_2 和 N_2 选择性分离材料[37]。

SNW-1 是一种具有三维框架的微孔聚合物，其主要的孔径尺寸在 5Å 左右。由于其具有丰富的活性部位（如氨基），可有效进行 CO_2 选择性吸附。聚砜（PSF 的 Udel P-3500）被选作主体材料是由于其玻璃性和高的热 / 化学稳定性和商业可用性。朱广山等通过 PSF 网络连接灌装 SNW-1 纳米粒子，使用旋涂法制备了 SNW-1/PSF 气体分离膜。其对 CO_2 具有很高的选择性，可进一步适用于从气流 CO_2/CH_4、CO_2/N_2 中捕捉 CO_2[38]。

裘式纶和薛铭等首先利用 MOF 的孔道可调节性，设计合成了一种新的 MOF 材料 JUC-150，该结构具有 2.5Å × 4.5Å 的波浪形的狭窄孔道。然后利用 Ni 网，作为唯一的金属源，在水热条件下，制备得到了连续、致密的 JUC-150 膜材料。该 JUC-150 膜材料对于 H_2 分子的分离系数几乎超过了所有已报道的 MOF 分离膜材料。而且，该材料具有非常好的热稳定性，即使在极端的 200℃高温测试条件下，也可以保持良好的分离效果[39]。

王书凹等通过 3，5-di（4'-carboxylphenyl）benzoic acid（H_3L）与铀酰离子自组装得到首例基于类石墨烯二维平面三重互锁铀系结构［$(CH_3)_2NH_2$］［$UO_2(L_2)$］· 0.5DMF · $15H_2O$。该材料对水、酸碱稳定，也具有很好的耐受 β 和 γ 辐照性，在有效固化铀系放射性离子的同时，对水溶液中放射性核素 Cs-137 也具有很好的选择性富集去除能力[40]。

张杰鹏和陈小明等通过合成后修饰手段引入强极性孔表面，可用于二氧化碳的高效捕获[41]，或调控不同气体吸附行为以获得特殊的气体吸附选择性[42]。

洪茂椿和袁大强等通过自主设计合成树枝状的多羧酸配体，并选用铜离子为节点，自组装得到一例稳定的多孔 MOF 化合物 FJI-H8。完全活化的 FJI-H8 材料在室温常压条件下对乙炔显示了很好的吸附性能，超过此前文献报道的最大值，同时又具有很好的可重复利用性。理论计算表明，在 FJI-H8 超高的乙炔吸附性能中，不仅是开放金属位点，孔道的合适尺寸和几何构型也起到了至关重要的作用。该结果为具有优异乙炔吸附性能的多孔材料的研究提供了新的思路和途径[43]。

曹荣等采用溶剂热法利用三齿含氮羧酸配体与铟盐在四乙基铵盐作模板剂的条件下，成功得到了一例具有大体积单胞、微孔阴离子的 MOF 材料。该材料具有带负电荷的框架以及孔道中的四乙基铵阳离子，与轻质烃化合物（丙烷、乙炔、乙烯、乙烷）具有较强的作用，因此具有比绝大多数中性 MOF 材料更强的对轻质烃化合物吸附能力和较强的选择性分离能力。此外，该材料对二氧化碳以及有机蒸汽等也具有较强的吸附分离能力。该工作为带电荷的 MOF 材料在气体吸附分离方面提供了实验依据[44]。

四、手性分离与催化聚合物

MOF 材料在手性分离和催化等方面具有广阔的应用前景和明显的优势，近年来国内各课题组以 MOF 复合材料、手性 MOF 材料和含配位不饱和金属中心 MOF 材料等对手性分离和催化进行了深入研究，取得了丰硕成果。

苏成勇等将催化活性的动态共价凝胶基质涂覆于毛细管表面，用于微流反应器手性催化反应[45]；通过配位作用将光致变色结构基元引入超分子凝胶框架，得到了具有多重不同寻常刺激响应性质的金属 – 有机凝胶体系[46]；利用多孔 MOF 材料开展高效异相超分子催化反应，并发表了综述文章，总结 MOF 在异相催化领域应用的国内外最新进展及发展趋势[47]。

俞书宏和江海龙等以碲纳米线为模板指引了 ZIF-8 的生长，首次宏量制备了高长径比以及直径可控的 MOF 纳米纤维，并进一步将其转化为多孔氮掺杂碳纳米纤维。研究表明这种多孔碳纳米纤维的电催化活性远高于直接碳化 ZIF-8 纳米晶制备的微孔碳材料[48]。最近，江海龙和熊宇杰等根据 MOF 的结构可设计性和剪裁性，基于双金属 Zn/Co 获得的 ZIF 材料热分解后得到高比表面积、高石墨化程度的多孔掺杂碳材料，呈现了优异的电催化反应性能[49]。

崔勇等将羧酸功能化的手性联苯酚配体与金属 Mn 组装获得了一个三维手性 MOF 材料。该材料在对消旋胺化合物的不对称吸附分离中表现出了优秀的对映选择性（其中对芳香胺的拆分对映体过量百分数（ee 值）最高达 98.3%，对脂肪胺最高为 85.1%）。同时，该材料可以作为手性固定相来制备液相色谱柱，并将其用于二级胺的分离，其分离因子达 1.4，分离度达 2.7，基本实现基线分离。研究表明在 MOF 结构中，羟基、金属以及芳环共同形成了一种手性微环境，而胺分子的两个对映体与该微环境的结合取向以及结合能的差异是实现不对称吸附分离的本质原因[50]。他们利用位置羧酸功能化的手性联苯酚配体与金属 Cd 组装获得了一个手性三维 MOF 材料，其结构中包含大量裸露的羟基并指向孔道内部，通过对双羟基基团其中一个氢原子进行锂化，发现其在催化醛的不对称硅氰化加成反应中表现出了优异的反应活性和对映选择性（99% 转化率；> 99% ee），且该催化进程已被证实可成功用于药物合成，合成 β 受体阻滞药丁呋洛尔选择性高达 98%[51]。他们还利用手性联苯胺框架与羧酸功能化的醛缩合得到的联苯席夫碱配体分别与锌、镉进行分级组装并首次获得了两个具有裸露羧酸的手性金属有机框架材料，发现其中 Zn-MOF 可以通过酸碱作用有效捕获 S 构型的 2- 二甲基氨甲基吡咯烷分子并保持晶型；将该材料用于催化不对称 aldol 反应，体现出了相比于均相催化剂更优秀的对映体选择性和立体选择性[52]。

金国新等以具有半夹心结构的 Cp*Rh 作为金属角，含有配位不饱和金属中心的金属臂为连接体构筑了一系列混金属的具有不同空腔尺寸的超分子化合物。该类化合物具有类酶催化性能，能有效催化酰基转移反应和氧化偶联反应[53, 54]。进一步利用杂金属笼实现了缩醛类有机小分子反应的笼内具有一定选择性的催化[55]。这些研究工作应邀撰写综述发表在 *Chem. Soc. Rev.*[56]上。李巧伟等研究了 MOF 材料的富氧性能，大幅提升锂氧电池电容量，发展了基于电极材料富氧及催化功能集成的电池体系，开拓了多孔配位聚合物材料在电化学上的应用[57]。

郎建平等通过四膦配体 *N, N, N′, N′* – 四（二苯基膦甲基）对苯二胺（dpppda）与 $AgNO_3$ 反应得到［Ag_4（NO_3）$_4$（dpppda）］n，在紫外光下，该化合物催化降解硝基类化合物和偶氮类化合物[58]。罗军华等利用光活性基元 Ir（ppy）$_2$（Hdcbpy）与稀土离子配位反应，成功得到了一个同时具备强吸光以及优良光催化能力的双功能配位聚合物材料 Y［Ir（ppy）$_2$（dcbpy）］$_2$［OH］(Ir–CP)，并将这类光功能配位聚合物材料应用于二氧化碳的光催化还原反应，该化合物表现出非常强的可见光吸收能力（吸收波达到了 650nm）和较长的荧光寿命（29.05 μs），相比于 Ir 基元的荧光寿命延长了近 4 倍，而长的激发态寿命有利于其催化。基于这些优点，Ir–CP 表现出了突出的光催化 CO_2 还原的能力，其催化转化率（TOF）可达到 118.8 μmol（g of Cat.）$^{-1}$ h^{-1}，催化量子产率达到 1.2%。同时，Ir–CP 存在着一维［Y（OH）$_2$（CO_2）$_2$］∞链状结构，大大增强了该化合物的稳定性[59]。

五、MOF 复合材料（MOF– 纳米复合材料以及 MOF 凝胶等）

近年来，MOF 复合材料由于兼具 MOF 材料的分子储存 / 分离能力和所复合材料本身的性质，大大拓宽了 MOF 材料的应用范围，也引起了国内许多课题组的关注，成为重要的研究新方向，并取得了丰硕的成果。

霍峰蔚等通过引入聚乙烯吡咯烷酮（PVP），成功实现了其稳定的具有不同尺寸、形状、组分的纳米粒子（如：Au、Ag、Pt、Fe_3O_4、CdTe、$NaYF_4$）在金属咪唑框架材料 ZIF–8 中的包覆，该复合材料呈现示出很好的催化、磁性、光致发光等性质[60]。这种包覆合成策略具有通用性，可以拓展到金属咪唑类框架材料外的其他多孔配位聚合物材料，为更深入的催化反应、重金属离子检测、二氧化碳的转化及光解水等领域提供了新的研究平台。

他们成功将包覆策略扩展到基于羧基配体的 MOF 材料（如 UiO–66、NH_3–UiO–66、MIL–53），成功实现了 Pt 纳米粒子在不同结构 MOF 材料中的包覆，并将 Pt/UiO–66 应用到催化烯烃加氢、4– 硝基苯还原和 CO 氧化反应，在不同烯烃加氢反应中展现出很好的择形催化效果，同时展现出较高的催化性能，为高性能金属纳米粒子和 MOF 复合催化剂的制备提供了重要的思路[61]。

霍峰蔚还等在采用包覆方法制备纳米粒子 – 金属有机框架化合物复合材料的基础上，通过进一步刻蚀，实现了具有明确晶体结构且孔尺寸、形状及空间分布可调的介孔 MOF 及介孔 MOF– 纳米粒子材料的可控制备[62]。例如，同时包覆 Au 和 Pt 两种纳米粒子的 ZIF–8–Au–Pt 复合材料，通过 KI/I2 混合溶液将其中的 Au 纳米粒子刻蚀，可实现介孔

ZIF-8-Pt 复合材料的可控构建，该介孔材料呈现出显著高于采用包覆法直接制备得到的 ZIF-8-Pt 的催化加氢特性，这主要是因为介孔结构利于反应底物分子和产物的扩散和传输，有助于提高催化反应的效率。

唐智勇等采用溶剂热法构筑了尺寸均一、形貌可控的以 Pd 纳米粒子为内核和以碱性 IRMOF-3 为壳层的复合材料多功能催化剂用于催化串联反应，其中碱性壳层用于催化 4-硝基苯甲醛和丙二腈缩合反应，内核 Pd 纳米粒子用于催化 2-（4-硝基亚苄基）丙二腈选择性加氢反应[63]。研究表明，核壳结构 Pd@IRMOF-3 具有优良的目标产物选择性和极好的催化性能稳定性。这一成果为新颖的多功能纳米结构贵金属和 MOF 复合材料的设计和构筑提供重要的前提条件。

唐智勇等采用一步法即将无机纳米粒子合成所需的反应前体直接加入到金属有机框架化合物制备体系中的方法，初步实现了以单一金（Au）纳米粒子为核、均一金属有机框架化合物 MOF-5 为壳的 Au@MOF-5 核壳纳米粒子的可控自组装制备，并实现了对金纳米粒子核大小及 MOF-5 壳层厚度的精确调控[64]，并可基于对混合气体中的二氧化碳分子呈现表面增强拉曼活性，对二氧化碳分子进行检测。他们采用将预先合成的银纳米线直接加入到金属有机配位聚合物制备体系中的方法，实现了以单一银（Ag）纳米线为核、均一金属有机框架化合物 ZIF-8 为壳的 Ag@ZIF-8 核壳纳米线的自组装可控制备[65]。性能探索发现，该核壳纳米线对丁醇 - 水混合物中低浓度的丁醇呈现优秀的吸附性能。该项工作为高效率、低成本吸附分离化合物提供了新的路径。

王博和冯霄等首次提出为 MOF 晶体颗粒进行合成后聚合，通过引入合适的单体与光引发剂，成功地使用简便的光引发聚合，完成了对 MOF 的塑性，并制备出了具有高选择性的无基底薄膜[66]。程鹏和马建功等制备了新型纳米银复合催化材料 Ag@MIL-101（Cr），该材料兼具 MOF 材料高效吸附分离 CO_2 的能力与纳米银颗粒的高催化活性，能够同时完成主要温室气体 CO_2 的捕获与转化，催化其与炔烃反应制备在化工与生物制药上具有重要价值的炔酸，适用范围广，转化率可达 98% 以上。并可多次循环使用而始终保持 95% 左右的高催化效率，并且再生过程非常简单[67]。

王博等利用 MOF 通过电沉积复合导电高分子，在碳布上制备出一种全新的柔性电容器电池[81]。这种新型的布电池表现出极高的容量，其面电容高达 $2146mF \cdot cm^{-2}$，成为世界上面电容最高的电池之一。此外，该电池可以在 20s 之内充满，并且可以像普通布料一样弯曲、弯折。该电池采用水作为电解液，避免了常见电池采用有机溶剂带来的安全隐患。这使得此类材料具备了加工成为服装、鞋帽等可穿戴移动储能设备的潜力。

唐瑜、刘伟生等发现一类功能配体能够与钾离子形成稳定的金属有机框架［K（μ_3 - L）2］SCN · $3H_2O$，从而创造性地将该 MOF 与磁性纳米材料杂化组装，构筑出能高效选择性识别和分离钾离子的“纳米萃取器”，实现了在水溶液体系中对钾离子的“绿色”分离富集，并拓宽了 MOF 材料在识别分离方面的应用范围，该研究结果为功能 MOF- 纳米复合材料的设计提供了新思路[68]。

六、传感功能 MOF

当 MOF 材料富集特定分子，并产生明显的性质变化时，就可以作为一种潜在的传感器件材料。由于可视化是最直观的判断依据，因此国内学者对传感 MOF 材料的研究主要集中在荧光 / 可见光性质的变化。

钱国栋等人在 ITO 玻璃衬底上制备出易于成膜的含铟（In）的金属 – 有机框架薄膜 MIL-100（In），并利用有机配体均苯三甲酸未配位的羧基在 MIL-100（In）薄膜中引入稀土 Tb^{3+} 离子，制备获得了含稀土的框架薄膜，基于未配位羧基向 Tb^{3+} 的传能敏化过程实现了对氧气的高灵敏荧光探测，其荧光淬灭常数高达 7.59，已高于目前用于氧气荧光传感的铱配合物材料。这一研究成果为拓展金属 – 有机框架薄膜在荧光传感领域的应用提供了新思路[69]。

钱国栋和陈邦林等采用双稀土离子 Eu^{3+} 和 Tb^{3+} 制备了金属 – 有机框架材料 Eu0.0069Tb 0.9931-DMBDC，利用 Eu^{3+} 和 Tb^{3+} 的荧光强度比值与温度的关联实现了自校准的荧光温度检测，避免了单一荧光强度的测量往往容易受到外界干扰这一缺陷[70]，此外，通过对有机配体三重态能级的调节，实现了对检测灵敏度和温度响应范围的增强和调节[71, 72]。除了双稀土金属 – 有机框架材料之外，他们还利用在含 Eu^{3+} 的稀土 – 有机框架材料 ZJU-88 中组装荧光染料二萘嵌苯获得了双峰发射，利用 Eu^{3+} 离子与二萘嵌苯染料的荧光强度比值成功实现了在生理温度区域的荧光温度检测[73]。

张杰鹏和陈小明等通过提高氧心四核锌 MOF 的稳定性，实现了荧光 MOF 对氧气的高灵敏度传感[74]；通过进一步与疏水硅胶复合，克服了一价铜 MOF 对空气和水的不稳定性，实现了磷光 MOF 对氧气的超高灵敏度传感[75]。

吴传德等人合成了一种具有纳米孔道（~ 2nm）的 MOF 材料，基于吸附作用将染料分子引入到框架材料的孔道中作为荧光发射参比中心，并通过有机小分子与框架材料以及染料分子的弱相互作用，进一步影响框架材料向染料分子的能量转移，利用框架材料配体与染料的荧光强度比值变化实现了对不同小分子的荧光识别，对结构非常相似的有机小分子，如邻、间、对二甲苯等均具有较好的识别特性[76]。

卜显和等合成了一例具有四重螺旋孔道的 Cu（I）-MOF，[Cu（pytpy）]· NO_3 · CH_3OH [pytpy = 2，4，6-tris（4-pyridyl）pyridine]。该 MOF 具有良好的水和热稳定性，主体框架中包裹的硝酸根抗衡离子能够与水溶液中不同几何形状的阴离子（包括 F^-、Cl^-、Br^-、I^-、N_3^-、SCN^- 和 CO_3^{2-}）交换，且交换结果能够简易地通过颜色变化“裸眼”识别。这将为 MOF 基阴离子识别材料的构筑和阴离子检测方法提供新的思路[77]。

王博和冯霄等利用具有聚集诱导发光活性的多芳基取代丁二烯（TABD）作为构建单元，合成出一系列具有不同金属 – 配体结构与能量转移模式的 MOF 材料[78]。通过调节金属离子的种类，MOF 传感器的荧光可以被预先“关掉”，而当该传感器接触到五元杂环爆炸物时，荧光“开关”可被迅速触发。基于此，他们成功开发出一种高灵敏、裸眼可视、简便的五元杂环爆炸物的荧光检测方法，并且裸眼试纸检出限可达 6.5ng/cm^2，爆炸物溶液光谱检出限可达 10^{-9}mol/L。此外，他们还成功地从有机配体入手，通过合成后修饰的方法在 MOF 中引入丙二腈基团，从而实现了对于硫化氢和含巯基氨基酸的特异性荧光传感和识别[79]。

郭国聪等设计了首例光敏二芳烯型 MOF 光致变色材料，并利用二芳烯在紫外 / 可见光下的关 / 开环作用，实现了可见光触发下静态的 CO_2 释放效率达到目前最高的 75%，远远大于文献中所报道 42% 的静态释放效率，该项工作对于设计合成新的环保、低能耗 CO_2 释放模型提供了新的研究思路[80]。

王瑞虎等根据离子液体在交换和分离中应用的特性，选用中性的联三氮唑配体与 $AgClO_4$ 组装，构建了阳离子型多孔金属有机框架材料。该材料可通过阴离子交换法，高容量、快速地捕获和分离水中的重铬酸根离子（$Cr_2O_7^{2-}$），整个分离过程可用 UV-Vis 进行监控，在 $Cr_2O_7^{2-}$ 的捕获前后颜色有明显变化。同时，材料对水中的各种阴离子具有较好的选择性，可用于高效地富集水中 10ppm 以上的 $Cr_2O_7^{2-}$；此外，该材料的荧光性质在 $Cr_2O_7^{2-}$ 捕获与分离后发生淬灭，可以作为重铬酸根离子检测的荧光探针[81]。

李丹等以设计合成的吡啶双吡唑配体和 CuCN 为原料，采用溶剂热法合成出一系列含有不同客体分子的具有相同框架的化合物［$Cu_3L(CN)_3$］· Guest。该金属有机框架属于二重穿插的 srs 网络，通过吸附不同的客体分子显示出结构柔性，并伴随有荧光的变化。这一工作不仅研究了该材料在不同挥发性有机溶剂中的变色现象和在混合溶剂中的选择性，还研究了其对于乙腈、硝基苯等有毒溶剂的定量检测，结果表明了该柔性发光框架材料作为挥发性有机溶剂荧光传感器的潜在应用，这对于揭示柔性框架材料对于不同客体分子的主客体化学响应荧光现象的本质具有重要意义[82]。

七、光电磁功能 MOF

MOF 材料的光电磁性能一直是其研究重点，近年来，双功能材料或多功能材料，乃至多功能耦合材料获得了较多的关注。国内学者在关注单一性质提升的同时，在多功能材料方面也取得了较大的进展。

钱国栋和陈邦林等在阴离子型框架材料 ZJU-28 中引入吡啶半菁染料 DPASD，通过框架材料孔道的约束效应使 DPASD 分子定向排列，获得了优良的二阶非线性光学响应[83]。他们还将具有大的双光子吸收系数的染料 4-(*p*- 二甲氨基苯乙烯)-1- 甲基吡啶（DMASM）组装到金属 - 有机框架材料 bio-MOF-1 的一维孔道中，成功实现了室温下的双光子泵浦激光发射[84]。通过在阴离子型框架材料 ZJU-28 中引入红色发光染料 DSM 和绿色发光染料 AF，利用框架材料的蓝光发射与染料的红光和绿光发射混合，获得了高质量的白光发射[85]，其色坐标为（0.34，0.32），显色指数为 91，色温为 5327 K，已满足实际应用的要求。他们在 ZJU-56 中引入具有光响应的有机配体，合成了混合配体的双光子相应的 MOF，利用近红外激光在晶体中写入了可显示可见荧光的三维图案，写入的 2D 码图案尺寸可小于 40μm，具有很高的空间分辨率[86]，在高密度光存储领域显示了潜在的应用。

王新益等通过采用大环螯合配体，实现了基于［$Mo(CN)_7$］$^{4-}$的低维磁性材料的构筑，并成功获得了第一例基于［$Mo(CN)_7$］$^{4-}$的单分子磁体，证实了理论预测的结果。这为研究各向异性磁交换在构筑单分子磁体中的作用提供了完美的实验模型，也为构筑具有更高的自旋翻转能垒及阻塞温度的单分子磁体提供了思路[87]。此外，王新益等还获得了一系列以有机胺阳离子（甲胺、二甲胺、三甲胺、四甲胺）为模板、由叠氮桥连 Mn^{2+} 所形成的金属－有机钙钛矿结构。这类化合物在室温附近全部具有热致的结构相变。伴随着结构相变，其磁化率在室温附近具有随温度的回滞曲线，而且磁有序温度及磁性双稳态温度均可由阳离子进行调控。这为设计合成室温双稳态材料及多功能磁性化合物提供了思路[88]。

郑丽敏等通过金属有机膦酸层状材料的原位相变，将质子从层内释放到材料的层间通道，从而提高材料的导电率。当化合物发生相变时，膦酸基团上的质子被释放到层间，与晶格水分子形成水合氢离子。这种通过相变诱导提高质子传导率的方法为设计合成具有高质子传导性能的材料提供了新的思路[89]。

王博等通过建立原位生长 MOF 薄膜的方法，在硅、硫等电极活性组分表面形成有效的保护层和传质孔道，很好地克服了这些活性组分在充放电过程中的体积膨胀和多硫化物的溶解等问题[90]。在此基础上，他们进一步制备了基于不同 MOF 的 Li-S 电池器件[91]。并系统性地考察了其电化学性能、容量、循环稳定性、库伦效率以及交流阻抗等，通过合理的 MOF 设计调控实现高容量、长循环的、稳定的锂硫电池。

臧双全等报道了一个结构新颖的手性 MOF 材料[92]，通过溶剂水和配位水的两步连续可逆吸附、脱附由单晶态到单晶态的转变，实现了铁电性能和颜色的双开关行为，为探索水分子基铁电 MOF 材料提供了参考，为 MOF 材料的实用性前景提供了很好的实例。

高松和王哲明等在金属甲酸铵的配位聚合物体系开展的研究获得系列的研究成果。例如，他们将铵阳离子从单铵拓展到二铵、三铵、四铵等，开展了多个系列的研究，获得丰富的结构类型、结构相变、介电性质等方面的结果。其中，含水的 Mg 和 1，3- 丙二铵化合物具有与反铁电相变伴随着的极其罕见晶胞 36 重倍数化和强介电各向异性[93]。二丙三铵和三丙四铵的体系体现了有机铵模板的尺寸效应，随着从二铵到三铵到四铵，铵阳离子越来越长，形成的金属甲酸框架具有越来越长的孔，而有机多铵阳离子在受限空间中的运动导致材料出现强的介电弛豫，同时还表现出自旋倾斜的反铁磁长程有序，是一类磁电共存的多功能材料[94]。

卜显和等利用“亚铁磁”策略构筑系列异金属甲酸框架[95]，其中稀有的混价态铁金属甲酸框架在低温下表现出负的磁化率（N- 型亚铁磁体）以及交换偏置等丰富多彩的磁行为，孔道中无序的二甲胺阳离子在低温下变得有序，实现顺电相到反铁电相的转变。通过改变金属框架金属离子的种类以及极性客体的种类可以调控磁有序和电有序的温度，进而探究潜在的磁电耦合体系，这为分子基多铁材料的构筑提供新思路。

程鹏和师唯等发现，异烟酸可以连接 Dy_2 簇来构筑三维框架结构，同时展现出单分子磁体行为。值得注意的是，交换不同的溶剂可以实现不同相 $Dy_2(INO)_4(NO_3)_2 \cdot 2solvent$（solvent = DMF，$CH_3CN$）单晶到单晶的转换，从而有效地调控能垒值（从 Dy_2-DMF 的几乎为零到 Dy_2-CH_3CN 的 $76cm^{-1}$）。Ab initio 算法表明这个明显的差别并不是由 Dy_2 节点内在的能垒不同引起的，而是非相干的量子隧穿使弛豫速率减慢了 2 个数量级造成的[66]。

苏成勇等利用分步组装等方法，在多种 MOF 体系中实现了单组份白光调制，包括 Eu-Ag 异核单组份双中心白光 MOF、稀土共晶型 RGB 三中心白光 MOF、单稀土单相白光 Dy/Pr-MOF 材料等，系统总结了白光调控和能量传递机理[96]。

苏忠民等利用发光性能优异的离子型铱配合物作为客体分子、蓝光金属 - 有机晶态多孔材料作为主体网络，通过主客体之间的静电作用，构筑复合型发光材料。该复合材料的发光随着客体分子的载入量的不同，发光颜色可以从蓝光到白光到黄绿光的调节，从而实现了具有光谱调节性能的发光材料。当掺杂量为 3.5 wt% 时，用 370 nm 的光激发，测得该材料的色坐标为（0.31，0.33），非常接近于纯白光材料的色坐标（0.33，0.33），其发光效率达到 20.4%，是当时已知的白光金属 - 有机晶态材料中的最高值。他们将该材料作为发光粉制备成的 LED 器件具有非常好的显色参数，其中显色指数和色温分别为 80 和 5900 K。这一研究为设计构筑新型发光材料提供了全新的思路[97]。

张健等利用四面体 Cu_4I_4 簇作为基本构筑单元，通过直线型配体三乙烯二胺（dabco）的连接，成功合成了一例具有分子筛型 MTN 拓扑的簇有机框架化合物。该化合物的结构含两种类型的笼结构，笼内径分别达到了 2.6nm 和 2.0nm，具有非常大的孔体积；同时 Cu_4I_4 簇是典型的荧光发光单元，因此该化合物的合成为类分子筛材料的组装以及荧光和高孔性能的成功融合提供了新的思路[98]。

曾明华等提出了以碘分子为前驱模板直接合成多碘 MOF 体系的新策略。获得了含多种碘阴离子客体的新颖 MOF，首次发现了指插及穿插的组合结构新模式，以及多碘释放与部分回复过程中所伴随的多碘阴离子客体分解和加成反应[99]。在这些多碘 MOF 体系中，首次发现由于 I_2 客体与主体双壁 π 电子间的交替电荷转移，导致载碘单晶的电导率比碘单质剧增 440 倍，并呈现各向异性导电性；以实例论证了多碘阴离子对主 - 客体协同导电行为及非线性光学活性的调控效应。该工作率先揭示了利用特定 MOF 体系进行核电站放射性 ^{129}I（半衰期长达 1.5×10^7 年）捕获的可能，引起国内外学者的极大关注。同时该成果也是 MOF 材料在电化学应用研究方面为数不多的早期实例之一，多碘体系为 MOF 复合功能调控提供了新途径。

曾明华等还定向构筑了高稳定、高孔洞率的 Rod-Space 型纳米孔磁体。以晶态 - 晶态转换方式系统研究了多种溶剂对倾斜反铁磁体自旋行为的影响；通过多步串联后合成修饰（配位取代、选择性氧化）首次在晶态材料体系实现四种磁行为（倾斜反铁磁体、单链磁体、亚铁磁体及铁磁体）的逐级转变。上述研究将后合成修饰策略的性能调变延伸至微孔磁体领域，提出了利用磁学表征逆向跟踪后合成修饰完全性的新策略[100]。

八、含能 MOF

过去的两年，由富氮配体与金属离子组装而成的含能 MOF 由于其具有良好的热稳定性、较高的能量密度、较低的感度和优异的爆炸性质成为 MOF 基材料的新功能。

李生华和庞思平等在国际上首次提出“三维含能金属有机框架”这一概念，并成功合成了一类三维含能金属有机框架化合物[101]，其中［Cu（atrz）$_3$（NO_3）$_2$］的爆热是目前世界上含能金属化合物中爆热最高的化合物。与单体炸药 CL-20、ONC 相比，该类物质在250℃左右保持完整的框架，爆热、爆压、爆速等爆炸特性明显提升。该研究为解决含能化合物瓶颈问题（高能量低感度）提供新的思路，也为金属有机框架化合物的应用开辟了一个新的领域。

九、国内外比较分析

总体上，我国在包括 MOF 在内的配位聚合物领域具有扎实的基础和阵容比较强大的研究队伍。最近几年我国科学工作者在该领域的研究中已经取得了非常突出的成绩，在国际上具有举足轻重的学术影响。与国际研究前沿的发展趋势相一致，进一步突出功能化、结构与功能关系研究。因此，我国学者已经取得了一系列创新性、处于国际前沿的研究成果，尤其是在 MOF 设计与合成、二氧化碳捕获、柔性动态、选择性吸附与分离、催化（特别采用 MOF 与纳米复合催化）、传感功能与器件、光磁电性能等研究方面，与国际前沿基本同步，具有一定的特色和优势。

但是，也应该指出，我国发表的论文中还有不少属于低水平重复的工作，这些论文基本上停留在合成与晶体结构表征的层次上，缺乏性能和结构与性能相关性等深度的研究。

十、展望与对策

如前所述，MOF 材料具有广泛和明确的应用前景。因此，有必要继续大力推动这一领域的研究，通过深入挖掘和交叉学科研究，进一步强化结构功能关系研究，大力推动 MOF 化合物的材料化和实用化，突破 MOF 材料在实际应用中面临的稳定性不足、难以实现高效、低成本利用等难题，不仅要为此类材料的实用化打下坚实的理论和实验基础，而且要努力争取完成若干 MOF 材料在吸附、分离、催化等方面的实用化，乃至工业化。

致谢：本报告根据卜显和、崔勇、郭国聪、侯红卫、胡长文、江海龙、金国新、朗建平、李丹、刘伟生、鲁统部、钱国栋、裘式纶、苏成勇、苏忠民、孙为银、唐智勇、王尧宇、王哲明、曾明华、张杰鹏等教授（排名以姓名拼音为序）提供的材料，由笔者汇总、编写而成。借此，笔者对参与本专题报告撰写的各位先生致以衷心的感谢。

— 参考文献 —

[1] Li S Z, Shi W X, Lu G, et al. Unconventional nucleation and oriented growth of ZIF–8 crystals on non–polar surface [J]. Advanced Materials, 2012, 24: 5954–5958.

[2] Tian D, Chen Q, Li Y, et al. A mixed molecular building block strategy for the design of nested polyhedron metal–organic frameworks [J]. Angewandte Chemie International Edition, 2014, 126: 856–860.

[3] Han Y F, Zhang L, Weng L H, et al. H_2–initiated reversible switching between two–dimensional metallacycles and three–dimensional cylinders [J]. Journal of the American Chemical Society, 2014, 136: 14608–14615.

[4] Yao Z J, Yu W B, Lin Y J, et al. Iridium–mediated regioselective B–H/C–H activation of carborane cage: a facile synthetic route to metallacycles with a carborane backbone [J]. Journal of the American Chemical Society, 2014, 136: 2825–2832.

[5] Zhang Y Y, Shen X Y, Weng L H, et al. Octadecanuclear macrocycles and nonanuclear bowl–shaped structures based on two analogous pyridyl–substituted imidazole–4,5–dicarboxylate ligands [J]. Journal of the American Chemical Society, 2014, 136: 1552115524.

[6] Han Y F, Jin G X, Daniliuc C, et al. Reversible photochemical modifications in dicarbene–derived metallacycles with coumarin pendants [J]. Angewandte Chemie International Edition, 2015, 54: 4958–4962.

[7] Han Y F, Jin G X. Half–sandwich iridium– and rhodium–based organometallic architectures: rational design, synthesis, characterization, and applications [J]. Accounts Chemical Research, 2014, 47: 3571–3579.

[8] Li H, Yao Z J, Liu D, et al. Multi–component coordination–driven self–assembly towardheterometallicmacrocycles and cages [J]. Coordination Chemistry Reviews, 2015, 293: 139–157.

[9] Tu B, Pang Q, Wu D, et al. Ordered vacancies and their chemistry in metal–organic frameworks [J]. Journal of the American Chemical Society, 2014, 136: 14465–14471.

[10] Yun R R, Lu Z Y, Pan Y, et al. Formation of a metal–organic framework with high surface area and gas uptake by breaking edges off truncated cuboctahedral cages [J]. Angewandte Chemie International Edition, 2013, 52: 11492–11495.

[11] Du L T, Lu Z Y, Zheng K Y, et al. Fine–tuning pore size by shifting coordination sites of ligands and surface polarization of metal–organic frameworks to sharply enhance the selectivity for CO_2 [J]. Journal of the American Chemical Society, 2013, 135: 562–565.

[12] He C T, Tian J Y, Liu S Y, et al. A porous coordination framework for highly sensitive and selective solid–phase microextraction of non–polar volatile organic compounds [J]. Chemical Science, 2013, 4: 351–356.

[13] Lu C J, Ben T, Xu S X, et al. Electrochemical synthesis of a microporous conductive polymer based on a metal–organic framework thin film [J]. Angewandte Chemie, 2014, 126: 6572–6576.

[14] Fang Q R, Wang J H, Gu S, et al. 3D porous crystalline polyimide covalent organic frameworks for drug delivery [J]. Journal of the American Chemical Society, 2015, 137 (26) : 8352–8355.

[15] Yang G P, Hou L, Luan X J, et al. Molecular braids in metal–organic frameworks [J]. Chemical Society Reviews, 2012, 41: 6992–7000.

[16] Li L, Xiang S, Cao S, et al. A synthetic route to ultralight hierarchically micro/mesoporous Al(III)–carboxylate metal–organic aerogels [J]. Nature Communications, 2013, 4: 1774.

[17] Zhang J, Su C Y. Metal–organic gels: From discrete metallogelators to coordination polymers [J]. Coordination Chemistry Reviews, 2013, 257: 1373–1408.

[18] Zhang J P, Zhang Y B, Lin J B, et al. Metal azolate frameworks: from crystal engineering to functional materials [J]. Chemical. Reviews, 2012, 112: 1001–1033.

[19] He C T, Jiang L, Ye Z M, et al. Exceptional hydrophobicity of a large–pore metal–organic zeolite [J]. Journal of the American Chemical Society, 2015, 137: 7217–7223.

[20] Lin R B, Li T Y, Zhou H L, et al. Tuning fluorocarbon adsorption in new isoreticular porous coordination frameworks for heat

transformation applications [J]. Chemical Science, 2015, 6: 2516–2521.

[21] Zhang W, Hu Y, Ge J, et al. A facile and general coating approach to moisture/water-resistant metal-organic frameworks with intact porosity [J]. Journal of the American Chemical Society, 2014, 136: 16978–16981.

[22] Zhang J P, Liao P Q, Zhou H L, et al. Single-crystal X-ray diffraction studies on structural transformations of porous coordination polymers [J]. Chemical Society Reviews, 2014, 16: 5789–5814.

[23] Liao P Q, Zhou D D, Zhu A X, et al. Strong and dynamic CO_2 sorption in a flexible porous framework possessing guest chelating claws [J]. Journal of the American Chemical Society , 2012, 17380–17383.

[24] He C T, Liao P Q, Zhou D D, et al. Visualizing the distinctly different crystal-to-crystal structural dynamism and sorption behaviors of interpenetration-direction isomeric coordination networks [J]. Chemical Science, 2014, 4755–4762.

[25] Zhang Y B, Zhou H L, Lin R B, et al. Geometry analysis and systematic synthesis of highly porous isoreticular frameworks with a unique topology [J]. Nature Communications, 2012, 3: 642.

[26] Wei Y S, Chen K J, Liao P Q, et al. Turning on the flexibility of isoreticular porous coordination frameworks for drastically tunable framework breathing and thermal expansion [J]. Chemical Science , 2013, 4: 1539–1546.

[27] Zhou H L, Lin R B, He C T, et al. Direct visualization of guest-triggered crystal deformation based on a flexible ultramicroporous framework [J]. Nature Communications, 2013, 4: 2534.

[28] Zhou H L, Zhang Y B, Zhang J P, et al. Supramolecular-jack-like guest in ultramicroporous crystal for exceptional thermal expansion behavior [J]. Nature Communications, 2015, 6: 6917.

[29] Hu F L, Wang S L, Lang J P, et al. In-situ X-ray diffraction snapshotting: Determination of the kinetics of a photodimerization within a single crystal [J]. Science Reports, 2014, 4: 6815.

[30] Chen L, Chen Q H, Wu M Y, et al. Controllable coordination-driven self-assembly: from discrete metallocages to infinite cage-based frameworks [J]. Accounts of Chemical Research, 2015, 48: 201–210.

[31] Luo D, Zhou X P, Li D. Beyond molecules: mesoporous supramolecular frameworks self-assembled from coordination cages and inorganic anions [J]. Angewandte Chemie International Edition, 2015, 54: 6190–6195.

[32] Sun F, Yin Z, Wang Q Q, et al. A new metal organic framework and its tandem post synthetic modifications by thermal elimination and subsequent bromination: effects on absorption properties and photoluminescence [J]. Angewandte Chemie, 2013, 125: 4636–4641.

[33] Mao Y, Li J, Cao W, et al. General incorporation of diverse components inside metal-organic framework thin films at room temperature [J]. Nature Communications, 2014, 5: 5532.

[34] Chen Q, Chang Z, Song W C, et al. A controllable gate effect in cobalt(II) organic frameworks by reversible structure transformations [J]. Angewandte Chemie International Edition, 2013, 52: 11550–11553.

[35] Wang H H, Jia L N, Hou L, et al. A new porous MOF with two uncommon metal-carboxylate-pyrazolate clusters and high CO_2/N_2 selectivity [J]. Inorganic Chemistry, 2015, 54: 1841–1846.

[36] Hu T L, Wang H, Li B, et al. Microporous metal-organic framework with dual functionalities for highly efficient removal of acetylene from ethylene/acetylene mixtures [J]. Nature Communications, 2015, 6: 7328.

[37] Li B Y, Zhang Z J, Li Y, et al. Remarkable selectivity, and high capacity of CO_2 by dual functionalization of a rht-type metal-organic framework [J]. Angewandte Chemie International Edition, 2012, 51: 1412–1416.

[38] Gao X, Zou X Q, Ma H P, et al. Highly selective and permeable porous organic framework membrane for CO_2 capture [J]. Advanced Materials, 2014, 26: 3644–3648.

[39] Kang Z X, Xue M, Fan L L, et al. Highly selective sieving of small gas molecules by using an ultra-microporous metal-organic framework membrane [J]. Energy and Environmental Science, 2014, 7: 4053–4060.

[40] Wang Y L, Liu Z Y, Li Y X, et al. Umbellate distortions of the uranyl coordination environment result in a stable and porous polycatenated framework that can effectively remove cesium from aqueous solutions [J]. Journal of the American Chemical Society, 2015, 137: 6144–6147.

[41] Liao P Q, Chen H Y, Zhou D D, et al. Monodentate hydroxide as a super strong yet reversible active site for CO_2 capture from high-humidity flue gas [J]. Energy and Environmental Science, 2015, 8: 1011–1016.

[42] Liao P Q, Zhu A X, Zhang W X, et al. Self-catalyzed aerobic oxidation of organic linker in porous crystal for on-demand regulation of sorption properties[J]. Nature Communications, 2015, 6: 6350.

[43] Pang J D, Jiang F L, Wu M Y, et al. A porous metal-organic framework with ultrahigh acetylene uptake capacity under ambient conditions[J]. Nature Communications, 2015, 6: 7575.

[44] Huang Y B, Lin Z J, Fu H R, et al. Porous anionic indium-organic framework with enhanced gas and vapor adsorption and separation ability[J]. ChemSusChem, 2014, 7: 2647-2653.

[45] Liu H, Feng J, Zhang J, et al. A catalytic chiral gel microfluidic reactor assembled via dynamic covalent chemistry[J]. Chemical Science, 2015, 26: 2092-2296.

[46] Wei S C, Pan M, Li K, et al. A multistimuli-responsive photochromic metal-organic gel[J]. Advanced Materials, 2014, 26: 2072-2077.

[47] Liu J, Chen L, Cui H, et al. Applications of metal-organic frameworks in heterogeneous supramolecular catalysis[J]. Chemical Society Reviews, 2014, 43: 6011-6061.

[48] Zhang W, Wu Z Y, Jiang H L, et al. Nanowire-directed templating synthesis of metal-organic framework nanofibers and their derived porous doped carbon nanofibers for enhanced electrocatalysis[J]. Journal of the American Chemical Society, 2014, 136: 14385-14388.

[49] Chen Y Z, Wang C, Wu Z Y, et al. From bimetallic metal-organic framework to porous carbon: high surface area and multicomponent active dopants for excellent electrocatalysis[J]. Advanced Materials, 2015, 27: 5010-5016.

[50] Peng Y W, Gong T F, Zhang K, et al. Engineering chiral porous metal-organic frameworks for enantioselective adsorption and separation [J]. Nature Communications, 2014, 5: 4406.

[51] Mo K, Yang Y H, Cui Y. A homochiral metal-organic framework as an effective asymmetric catalyst for cyanohydrin synthesis[J]. Journal of the American Chemical Society, 2014, 136: 1746-1749.

[52] Liu Y, Xi X B, Ye C C, et al. Chiral metal-organic frameworks bearing free carboxylic acids for organocatalyst encapsulation[J]. Angewandte Chemie International Edition, 2014, 53: 13821-13825.

[53] Lin Y J, Huang S L, Andy Hor T, et al. Cp*Rh-based heterometallic metallarectangles: size-dependent borromean link structures and catalytic acyl transfer[J]. Journal of the American Chemical Society, 2013, 135: 8125-8128.

[54] Huang S L, Lin Y J, Li Z H, et al. Self-assembly of molecular borromean rings from bimetallic coordination rectangles[J]. Angewandte Chemie International Edition, 2014, 53: 11218-11222.

[55] Li H, Han Y F, Lin Y J, et al. Stepwise construction of discrete heterometallic coordination cages based on self-sorting strategy[J]. Journal of the American Chemical Society, 2014, 136: 2982-2985.

[56] Jin G X, Han Y F. Cyclometalated[Cp*(X^C) M(III)](X = N, C, O, P; M = Ir, Rh) complexes[J]. Chemical Society Reviews, 2014, 43: 2799-2823.

[57] Wu D, Guo Z, Yin X, et al. Metal-organic frameworks as cathode materials for Li-O_2 batteries[J]. Advanced Materials, 2014, 26: 3258-3262.

[58] Wu X Y, Qi H X, Ning J J, et al. One silver (I) /tetraphosphine coordination polymer showing good catalytic performance in the photodegradation of nitroaromatics in aqueous solution[J]. Applied Catalysis B: Environmental, 2015, 168-169: 98-104.

[59] Li L, Zhang S Q, Xu L J, et al. Effective visible-light driven CO_2 photoreduction via a promising bifunctional iridium coordination polymer[J]. Chemical Science, 2014, 5: 3808-3813.

[60] Lu G, Li S Z, Guo Z, et al. Imparting functionality to a metal-organic framework material by controlled nanoparticle encapsulation[J]. Nature Chemistry, 2012, 4: 310-316.

[61] Zhang W N, Lu G, Cui C L, et al. A family of metal-organic frameworks exhibiting size-selective catalysis with encapsulated noble-metal nanoparticles[J]. Advanced Materials, 2014, 26: 4056-4060.

[62] Zhang W N, Liu Y Y, Lu G, et al. Mesoporous metal-organic frameworks with size-, shape-, and space-distribution-controlled pore structure[J]. Advanced Materials, 2015, 27: 2923-2929.

[63] Zhao M T, Deng K, He L C, et al. Core-shell palladium nanoparticle@metal - organic frameworks as multifunctional catalysts for

cascade reactions [J]. Journal of the American Chemical Society, 2014, 136: 1738–1741.

[64] He L C, Liu Y, Liu J Z, et al. Core–shell noble–metal@metal–organic–framework nanoparticles with highly selective sensing property [J]. Angewandte Chemie International Edition, 2013, 52: 3741–3745.

[65] Liu X, He L C, Zheng J Z, et al. Solar–light–driven renewable butanol separation by core–shell Ag–ZIF–8 nanowires [J]. Advanced Materials, 2015, 27: 3273–3277.

[66] Zhang X J, VieruV, Feng X W, et al. Influence of guest exchange on the magnetization dynamics of dilanthanide single–molecule magnet nodes within a metal–organic framework [J]. Angewandte Chemie International Edition, 2015, 54: 9861–9865.

[67] Liu X H, Ma J G, Niu Z, et al. An Efficient Nanoscale Heterogeneous Catalyst for the Capture and Conversion of Carbon Dioxide at Ambient Pressure [J]. Angewandte Chemie International Edition, 2015, 54: 988–991.

[68] Wu W, Kirillov A M, Yan X, et al. Enhanced separation of potassium ions by spontaneous K+–induced self–assembly of a novel metal–organic framework and excess specific cation– π interactions [J]. Angewandte Chemie International Edition, 2014, 53: 10649–10653.

[69] Dou Z, Yu J, Cui Y, et al. Luminescent metal–organic framework films as highly sensitive and fast–response oxygen sensors [J]. Journal of the American Chemical Society, 2014, 136: 5527–5530.

[70] Cui Y, Xu H, Yue Y, et al. A luminescent mixed–lanthanide metal–organic framework thermometer [J]. Journal of the American Chemical Society, 2012, 134: 3979–3982.

[71] Rao X, Song T, Gao J, et al. A highly sensitive mixed lanthanide metal–organic framework self–calibrated luminescent thermometer [J]. Journal of the American Chemical Society, 2013, 135: 15559–15564.

[72] Cui Y, Zou W, Song R, et al. A ratiometric and colorimetric luminescent thermometer over a wide temperature range based on a lanthanide coordination polymer [J]. Chem. Commun., 2014, 50: 719–721.

[73] Cui Y, Song R, Yu J, et al. Dual–emitting MOF ⊃ Dye composite for ratiometric temperature sensing [J]. Advanced Materials, 2015, 27: 1420–1425.

[74] Lin R B, Li F, Liu S Y, et al. A noble–metal–free porous coordination framework with exceptional sensing efficiency for oxygen [J]. Angewandte Chemie International Edition, 2013, 52: 13429–13433.

[75] Liu S Y, Qi X L, Lin R B, et al. Porous Cu (I) triazolate framework and derived hybrid membrane with exceptionally high sensing efficiency for gaseous oxygen [J]. Advanced Functional Materials, 2014, 24: 5866–5872.

[76] Dong M, Zhao M, Ou S, et al. A luminescent dye@MOF platform: emission fingerprint relationships of volatile organic molecules [J]. Angewandte Chemie International Edition, 2014, 53: 1575–1579.

[77] Chen Y Q, Li G R, Chang Z, et al. A Cu (I) metal–organic framework with 4–fold helical channels for sensing anions [J]. Chemical Science, 2013, 4: 3678–3682.

[78] Guo Y X, Feng X, Han T Y, et al. Tuning the luminescence of metal–organic frameworks for detection of energetic heterocyclic compounds [J]. Journal of the American Chemical Society, 2014. 136: 15485–15488.

[79] Li H W, Feng X, Guo Y X, et al. A malonitrile–functionalized metal–organic framework for hydrogen sulfide detection and selective amino acid molecular recognition [J]. Scientific Reports, 2014, 4: 4366.

[80] Luo F, Fan C B, Luo M B, et al. Photoswitching CO_2 capture and release in a photochromic diarylethene metal–organic framework [J]. Angewandte Chemie International Edition, 2014, 53: 9298–9301.

[81] Li X X, Xu H Y, Kong F Z, et al. A cationic metal–organic framework consisting of nanoscale cages: capture, separation, and luminescent probing of $Cr_2O_7^{2-}$ through a single–crystal to single–crystal process [J]. Angewandte Chemie International Edition, 2013, 52: 13769–13773.

[82] Wang J H, Li M, Li D. A dynamic, luminescent and entangled MOF as a qualitative sensor for volatile organic solvents and a quantitative monitor for acetonitrile vapour [J]. Chemical Science, 2013, 4: 1793–1801.

[83] Yu J, Cui Y, Wu C, et al. Second–order nonlinear optical activity induced by ordered dipolar chromophores confined in the pores of an anionic metal–organic framework [J]. Angewandte Chemie International Edition, 2012, 51: 10542–10545.

[84] Yu J, Cui Y, Xu H, et al. Confinement of pyridinium hemicyanine dye within an anionic metal–organic framework for two–photon–pumped lasing [J]. Nature Communications, 2013, 4: 2179.

[85] Cui Y, Song T, Yu J, et al. Dye encapsulated metal-organic framework for warm-white LED with high color-rendering index [J]. Advanced Functional Materials, 2015, 25: 4796-4802.

[86] Yu J, Cui Y, Wu C, et al. A two-photon responsive metal-organic framework [J]. Journal of the American Chemical Society, 2015, 137: 4026-4029.

[87] Qian K, Huang X C, Zhou C, et al. A single-molecule magnet based on heptacyanomolybdate with the highest energy barrier for a cyanide compound [J]. Journal of the American Chemical Society, 2013, 135: 13302-13305.

[88] Zhao X H, Huang X C, Zhang S L, et al. Cation-dependent magnetic ordering and room-temperature bistability in azido-bridged perovskite-type compounds [J]. Journal of the American Chemical Society, 2013, 135: 16606-16609.

[89] Bao S S, Otsubo K, Taylor J M, et al. Enhancing proton conduction in 2D Co-La coordination frameworks by solid-state phase transition [J]. Journal of the American Chemical Society, 2014, 136: 9292-9295.

[90] Zhou J W, Li R, Fan X X, et al. Rational design of a metal-organic framework host for sulfur storage in fast, long-cycle Li-S batteries [J]. Energy and Environmental Science, 2014, 7: 2715-2724.

[91] Zhou J W, Yu X S, Fan X X, et al. The impact of the particle size of a metal-organic framework for sulfur storage in Li-S batteries [J]. Journal of Materials Chemistry A, 2015, 3: 8272-8275.

[92] Dong X Y, Zang S Q, Mak T C W, et al. Ferroelectric switchable behavior through fast reversible de/adsorption of water spirals in a chiral 3D metal-organic framework [J]. Journal of the American Chemical Society, 2013, 135: 10214-10217.

[93] Shang R, Wang Z M, and Gao S, A 36-fold multiple of unit cell and switchable anisotropic dielectric responses in an ammonium Mg formate framework [J]. Angewandte Chemie International Edition , 2015, 54: 2564-2567.

[94] Shang R, Chen S, Hu K L, et al. Hierarchical cobalt-formate framework series with ($4^{12} \cdot 6^{3}$)($4^{9} \cdot 6^{6}$) n (n=1-3) topologies exhibiting slow dielectric relaxation and weak ferromagnetism [J]. APL Mater, 2014, 2: 124104.

[95] Han S D, Zhao J P, Liu S J, et al. Hydro (solvo) thermal synthetic strategy towards azido/formato-mediated molecular magnetic materials [J]. Coordination Chemistry Reviews, 2015, 289-290: 32-48.

[96] Liu Y, Pan M, Yang Q Y, et al. Dual-emission from a single-phase Eu-Ag metal-organic framework: an alternative way to get white-light phosphor [J]. Chemistry of Materials, 2012, 24: 1954-1960.

[97] Sun C Y, Wang X L, Zhang X, et al. Efficient and tunable white-light emission of metal - organic frameworks by iridium-complex encapsulation [J]. Nature Communications, 2013, 4: 2717.

[98] Kang Y, Wang F, Zhang J, et al. Luminescent MTN-type cluster-organic framework with 2.6 nm cages [J]. Journal of the American Chemical Society, 2012, 134: 17881-17884.

[99] Yin Z, Wang Q X, Zeng M H. Iodine release and recovery, influence of polyiodide anions on electrical conductivity and nonlinear optical activity in an interdigitated and interpenetrated bipillared bilayer metal-organic framework [J]. Journal of the American Chemical Society, 2012, 134: 4857-4863.

[100] Zeng M H, Yin Z, Tan Y X, et al. Nanoporous cobalt (II) MOF exhibiting four magnetic ground states and changes in gas sorption upon post-synthetic modification [J]. Journal of the American Chemical Society, 2014, 136: 4680-4688.

[101] Li S H, Wang Y, Qi C, et al. 3D Energetic metal-organic frameworks: synthesis and properties of high energy materials [J]. Angewandte Chemie International Edition, 2013, 52: 14031-14035.

撰稿人：陈小明　薛　玮

手性催化研究进展

手性是自然界的基本属性，手性科学为医药、农药以及材料和信息科学的迅猛发展提供了科学基础和物质支撑。随着社会的发展与技术的进步，人们对手性材料的需求无论在数量上还是在种类上都不断增长。手性催化可以实现手性增值，是获得手性物质最有效的方法。2001 年的诺贝尔化学奖授予了在手性催化领域取得杰出成就的 3 位科学家，以表彰他们所做出的贡献，说明这一领域本身的重要科学意义以及可能对相关领域将产生的深远影响。我国《中长期科技发展纲要》也明确提出“新物质的创造和转化”是我国基础科学研究领域的重要内容之一，而手性物质的合成和转化则是这一领域中最具有挑战性的前沿性研究课题之一。我国科学家在手性催化领域起步较早，手性金属催化、有机小分子催化以及酶催化等方面都取得了令世人瞩目的成就。得益于近几年来的快速发展，使我国在手性催化领域已经跻身世界先进行列。本章对近几年我国手性催化领域的主要成果进行简要介绍。

一、手性金属配合物催化

金属配合物催化具有催化剂种类庞大、催化模式多样、效率高和选择性好等优点，一直受到学术界和工业界重视。近年来，我国科学家在新型手性配体设计合成、发展新催化反应以及新概念与新方法等方面取得了显著的成绩。

（一）手性配体设计与应用

手性配体在催化反应中既是产生手性的来源，同时又影响金属配合物的催化活性和稳定性。鉴于有机反应的多样性，单一配体不可能适用于所有反应，因此，不断开发新型手性配体一直是手性催化研究中的主题。

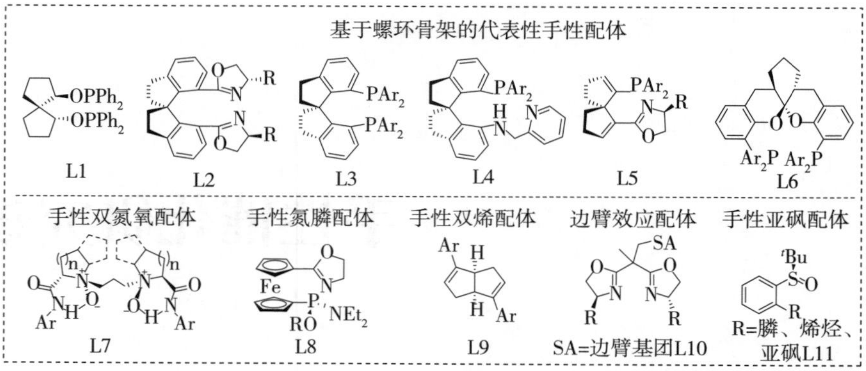

基于螺环骨架的代表性手性配体

L1 L2 L3 L4 L5 L6

手性双氮氧配体 手性氮膦配体 手性双烯配体 边臂效应配体 手性亚砜配体

L7 L8 L9 SA=边臂基团L10 R=膦、烯烃、亚砜L11

图 1 我国化学家自主发展的代表性手性配体

陈新滋和蒋耀忠等人在 1997 年率先开发了基于手性螺环骨架的亚磷酸酯配体 SpirOP（图 1，L1），并应用于不对称氢化反应[1]。周其林等发展了 C2 对称的手性螺二氢茚骨架配体，形成了包括手性螺环双氮配体（L2）、双膦配体（L3）、单膦配体、氮膦配体等丰富种类的配体库，在不对称氢化、不对称碳杂原子键形成等多种类型反应中表现出优异的性质，被公认为是一种优势配体[2]。尤其是手性螺环三齿配体（L4）可以使简单芳基酮的不对称氢化反应的 TON 可以达到 455 万，是目前均相催化剂所达到的最高催化效率[3]。丁奎岭等采用不对称催化氢化 / 环合方法合成了螺缩酮骨架的手性双膦配体（L6），解决了螺环配体本身的“手性”来源问题[4]，并将这类配体应用于钯催化的不对称烯丙基胺化反应中[5]。

前过渡金属、稀土金属和主族金属也能催化众多反应，但是目前与硬金属有很好配位作用的硬配体相对较少。冯小明等合成的手性双氮氧配体便是硬配体中的杰出代表（图1，L7）。这类配体兼具刚性和柔性构象，结构高度可调，突破了对配体刚性骨架的传统要求。其可与钪、铜、镍、镁、铁和铟等二十余种金属形成手性配合物，展现丰富多彩的催化化学，是目前对反应类型和底物最具广谱性的优势手性配体之一，可以在温和条件下催化不对称 Roskamp 反应、胺化反应、环加成反应、Ene 反应、卤胺化反应等[6, 7]。

戴立信与侯雪龙等设计了基于二茂铁骨架的手性氮膦配体（图 1，L8），通过引入不同位阻和电子效应的取代基可以调控反应的立体选择性[8]。该类配体应用于钯催化的不对称烯丙基取代，实现了开链酮、酰胺等羰基 β－碳负离子等“硬”碳负离子的高对映选择性烯丙基烷基化反应，为国际上最好结果。

手性双稀配体在某些反应中表现出比传统氮、膦配体更高的活性和选择性，打破了通常认为的烯烃在反应中只能作为占位配体而不能作为手性诱导配体的观念。林国强等人合成了具有双环刚性骨架的双烯配体（图 1，L9），在铑催化的芳基硼酸对 α、β- 不饱和羰基化合物、磺酰亚胺的加成反应中表现出优异的催化效果[9,10]。

通常认为反应位点距离催化剂的手性中心越近对手性传递就越有利。唐勇等利用独特的“边臂效应”策略发展了三噁唑啉等配体成功实现了手性的远程控制，突破了常规手性催化反应的桎梏（图 1，L10）。边臂基团可以通过配位作用、位阻效应和 π-π 相互作用等方式有效调控反应的化学选择性和立体选择性。在多类催化反应中，“边臂效应”配体均表现出优于双噁唑啉配体的催化性能[11]。

手性亚砜配体内在的硫手性直接与金属催化中心连接，可能更加有利于反应的立体选择性。廖建等合成了以苯环为骨架的 1，2– 双叔丁基亚砜配体，采用该配体的铑配合物首次实现四芳基硼化钠对苯并 – γ – 吡喃酮的不对称催化加成反应[12]。廖健、徐明华等分别将膦配体、烯烃和手性亚砜配体巧妙地结合在一起，发展出有效的杂化手性膦 / 烯亚砜配体（图 1，L11），在不对称加成反应中表现出优异而独特的性质[13，14]。

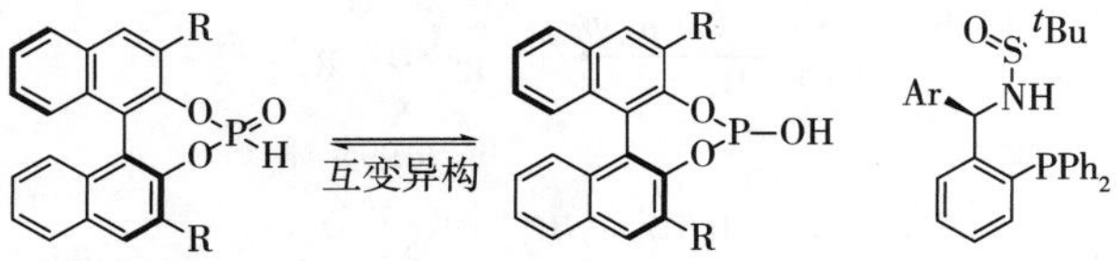

图 2　具有氢键作用的手性膦配体

在膦配体的设计引入氢键作用将是配体设计中的重要发展方向之一。丁奎岭等将亚磷酸酯作为新型的手性配体（图 2，L12），成功应用在铑催化烯基磷酸的不对称氢化反应中，催化剂用量可降到万分之一。配体通过膦原子上的羟基之间的氢键作用形成稳定的双齿配位形式，从而有利于不对称催化过程[15]。张俊良等设计了一种手性亚磺酰胺单齿膦配体（图 2，L13），应用于金催化的环加成反应中，取得良好的效果[16]。手性亚磺酰胺基团并未参与配位，在反应中可能通过与底物之间的氢键作用对反应的对映选择性进行有效的控制。

（二）手性金属配合物催化新反应

目前已经实现的手性催化反应只占到全部发现的有机反应中的冰山一角，即使对于一些比较成熟的反应来说，仍存在适用范围较窄和催化活性不高等有待解决的问题。所以，发展新的不对称反应，拓展新的反应底物仍是目前研究的重要任务。

碳 – 杂原子键（C–X）在自然界中广泛存在，金属卡宾对杂 – 氢键（X–H）的插入反应是构建碳 – 杂原子键最有效的途径之一。周其林等发现铜、铁、钯和螺环双氮配体的络合物在不对称 O–H、S–H、Si–H、N–H、B–H 键插入反应中均表现出优异的对映选择性[17]。其中，首例廉价铁催化的金属卡宾对 O–H 键的高对映选择性插入反应（图 3，Eq–1）可以成功应用到手性药物氯吡格雷的合成中[18]。

烯烃卤胺化可以同时构建两个手性碳杂原子键，但是区域选择性是该反应中的难题。冯小明等采用手性氮氧 –Sc（OTf）$_3$ 配合物催化剂可以实现烯酮、NBS 和 $TsNH_2$ 的三组分的高度区域专一性的溴胺化反应，产物的对映选择性高达 99%ee（图 3，Eq–2）[19]。该催化剂同样适用于氯胺化和碘胺化反应，得到相应卤胺化手性产物。

丁奎岭等将螺缩酮骨架的手性膦配体应用于钯催化 Morita–Baylis–Hillman 加合物的不对称烯丙基胺化反应中，以优异的收率和对映选择性得到 α- 亚甲基 -β- 氨基羧酸产物，并可方便地转化为手性 β- 内酰胺化合物[5]。该方法被应用于手性药物依泽替米贝（Ezetimibe）的不对称合成中，显著提高了合成效率。

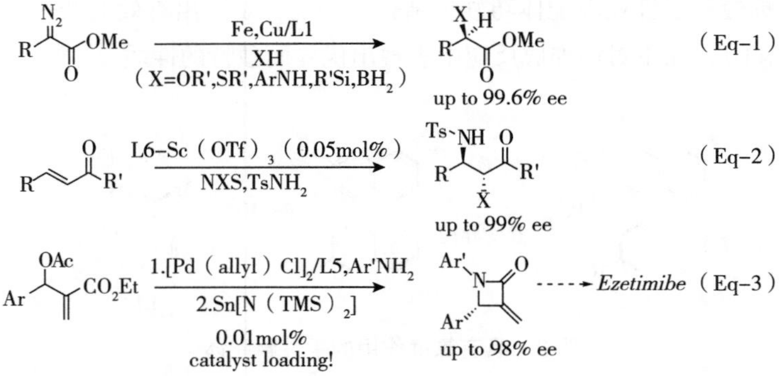

图 3 手性碳杂原子键的高效构建

冯小明等采用手性双氮氧配体首次实现了钪催化重氮化合物对醛的不对称加成反应（图 4），被称为 Roskamp–Feng 反应，列入经典著作 *Organic Synthesis Based on Name Reactions*，成为少数以华人名字命名的人名反应之一[7]。

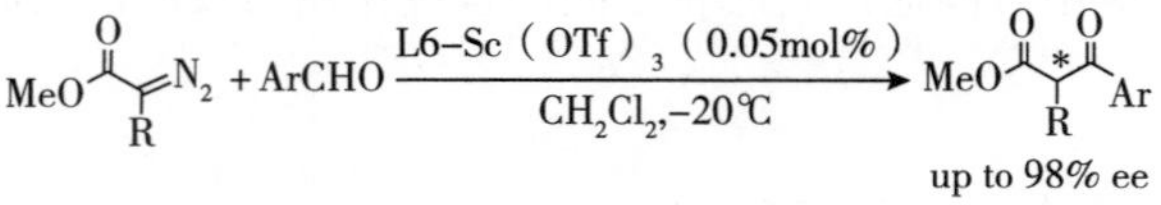

图 4 钪催化重氮和醛的 Roskamp–Feng 反应

不对称催化氢化反应具有极佳的原子经济性和手性经济性，一直受到学术界和工业界的关注，具有良好的工业应用前景。周其林等采用手性钌络合物催化酮酯化合物的不对称氢化，通过氢化动态动力学拆分可同时构建 3 个连续的手性中心（图 5，Eq–1）[20]。周其林等开发的简单酮不对称氢化反应的超高效催化剂 Ir–L4[3] 已被浙江九州制药公司应用于卡巴拉汀（Rivastigmine，治疗老年痴呆症）、克唑替尼（Crizotinib，抗癌药物）以及阿瑞吡坦（Aprepitant，止吐剂）等手性药物的公斤级合成（图 5，Eq–2）。丁奎岭等发展的亚膦酸酯配体与铑形成的配合物对烯基膦酸衍生物、含三氟甲基取代以及 β、β 二芳基取代的 α、β- 不饱和羧酸底物的不对称氢化反应具有非常好的对映选择性（图 5，Eq–3）[21]。张万斌等发展了高对映选择性的 α- 酰氧基芳基乙酮和 β- 氨基芳基乙酮的不对称氢化，可快速合成（*S*）–duloxetine、（*R*）–fluoxetine 和（*R*）–atomoxetine 等手性药物（图 5，Eq–4）[22]。

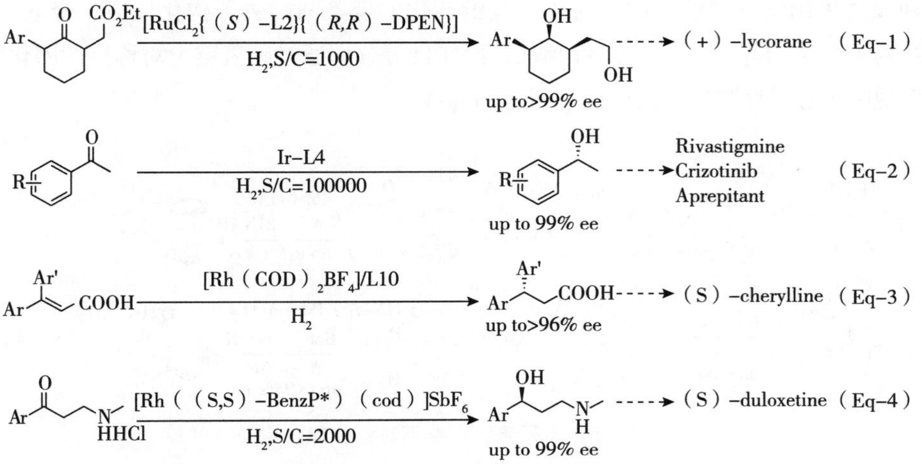

Ar　O　CO_2Et　[$RuCl_2${（*S*）–L2}{（*R,R*）–DPEN}]　H_2,S/C=1000　Ar　OH　OH　up to>99% ee　（+）–lycorane　（Eq–1）

R　O　Ir–L4　H_2,S/C=100000　R　OH　up to 99% ee　Rivastigmine　Crizotinib　Aprepitant　（Eq–2）

Ar'　Ar　COOH　[Rh（COD）$_2BF_4$]/L10　H_2　Ar'　Ar　COOH　up to>96% ee　（S）–cherylline　（Eq–3）

O　Ar　N　HHCl　[Rh（（S,S）–BenzP*）（cod）]SbF_6　H_2,S/C=2000　OH　Ar　N　H　up to 99% ee　（S）–duloxetine　（Eq–4）

图 5　不对称催化氢化反应以及相关工业应用

芳香化合物的不对称转化是合成手性环状分子的有效途径。由于破坏芳香结构需要较大的活化能，温和条件下实现芳香化合物不对称转化可谓充满挑战。周永贵等发展了催化剂活化、底物活化和接力催化等策略实现（异）喹啉、吡啶、吲哚等多种芳香杂环类化合物的不对称催化氢化反应，有效合成多种生物碱[23, 24]。范青华、陈新滋等利用手性钌 / 双氮催化体系也成功实现喹啉、二氮杂萘等芳香化合物的不对称氢化反应[25, 26]。游书力等围绕催化不对称去芳构化反应开展了系统的研究[27]。其独到之处在于将去芳构化过程与不对称官能团化相结合，使用金属催化的不对称烯丙基取代反应、亲电胺化、交叉偶联反应等方法实现了吲哚、吡咯、吡啶和苯酚等简单底物的去芳构化反应，构建了含有季碳手性中心的螺 / 并环结构。（图 6）

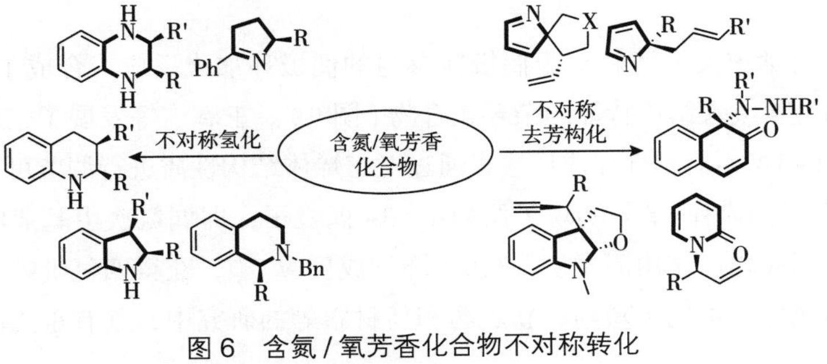

H　N　R'　N　H　R　Ph　N　R　R'　N　H　R　R'　N　H　R　N　Bn　R　不对称氢化　含氮/氧芳香化合物　不对称去芳构化　N　X　N　R　R'　R'　R　N–NHR'　O　R　O　N　N　O　R

图 6　含氮 / 氧芳香化合物不对称转化

碳氢键的不对称直接官能化是目前有机化学研究中最具有挑战性的课题。王细胜等实现了钯催化苯乙酸邻位碳氢键对映选择性官能化，得到手性苯并呋喃酮衍生物（图 7，Eq–1）[28]。游书力、顾正华、刘澜涛等分别采用手性钯配合物实现了二茂铁衍生物分子间 / 内直接芳基化反应，有效地构建面手性分子（图 7，Eq–2）[29–31]。游书力、栾新军等又分别成功采用铑、钯催化的不对称碳氢键活化实现萘酚的去芳构化反应，合成了手性螺环结构（图 7，Eq–3）[32, 33]。韩福社、段伟良等分别通过碳氢键去对称官能团化策略，成功实现膦中心手性膦酰胺的合成（图 7，Eq–4）[34, 35]

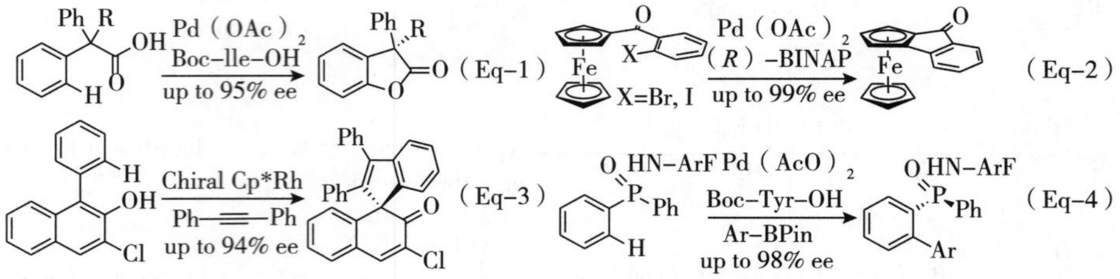

图 7　碳氢键的直接不对称官能化

控制聚合物主链的立体化学可以赋予新材料独特的性能。立体规整聚碳酸酯属于半晶态，机械性能远远优于非立体规整的同类聚碳酸酯材料。吕小兵等采用手性双核 SalenCo 催化剂，有效合成了具有高分子量，全同立规的 PCPC 和 PCHC 材料（图 8），该材料具有较高的结晶度和玻璃化转变温度，从而具有更为优异的机械性能和实用前景[36, 37]。

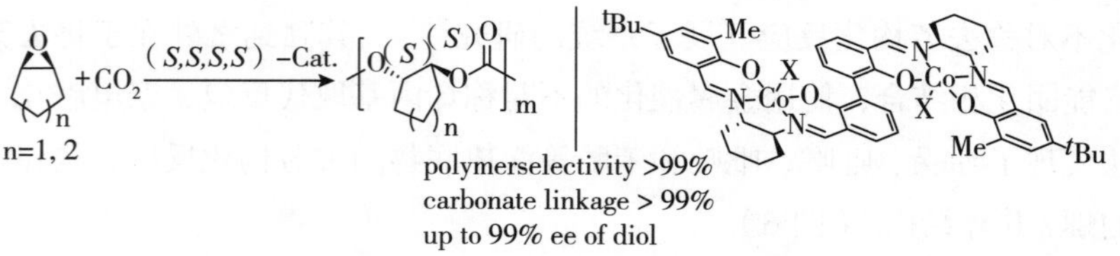

图 8　二氧化碳和环氧烷烃的不对称配位聚合

最近我国科学家发展了新型亲偶极体参与的偶极环加成反应，合成了手性六元环、七元环等新的骨架或者结构特征的杂环化合物（图 9）。王春江等发展了三烯体与亚甲氨基叶立德的［6+3］不对称环加成反应，通过对三烯体结构性质进行调节可获得不同类型的并环结构[38, 39]。胡向平等实现了两种 1，3- 偶极子，即偶氮次甲基亚胺和亚甲胺叶立德，在手性铜催化剂作用下发生［3+3］环加成反应[40]，获得四氢吡唑并三嗪烷化合物。新的环加成反应可用于新药、新农药和新材料等的研究中，具有重要的潜在应用研究价值。

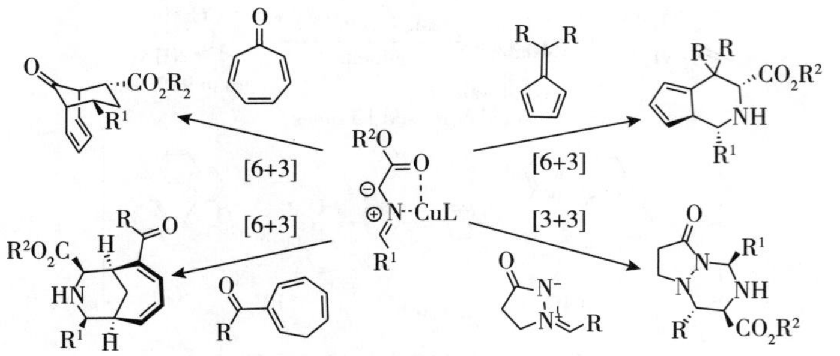

图 9　亚甲氨基叶立德参与的偶极环加成反应

侯雪龙等利用手性钯配合物实现了较为罕见的烯丙基试剂的不对称环丙烷化反应，以优异对映选择性合成含三手性中心的环丙烷化合物（图 10，Eq–1）[41]。唐勇等实现了含推拉电子体系环丙烷底物的动态动力学不对称转化反应，采用外消旋环丙烷底物，以高收率和优异的对映选择性得到开环环加成产物（图 10，Eq–2）[42]。

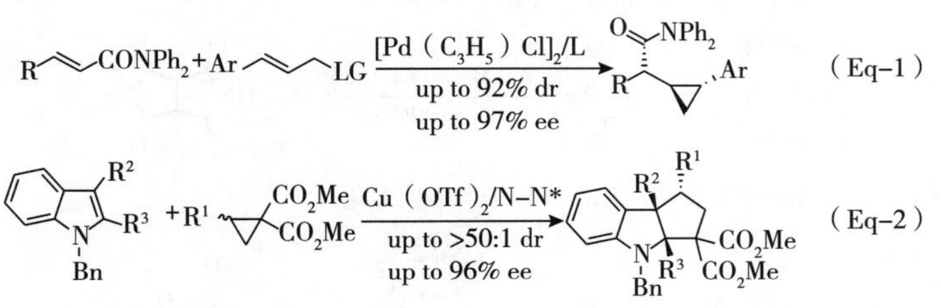

（Eq–1）

（Eq–2）

图 10　环丙烷的不对称合成与动态动力学不对称转化

（三）手性金属配合物催化中的新概念

手性催化需要对反应位点进行精密的控制调节，主要是均相催化。我国科学家发展了一些新概念正在突破这种传统手性催化的类型界限。

丁奎岭等首次提出了手性催化剂的“自负载”概念（图 11）[43]。这类通过配体和金属组装形成的非均相催化剂无需使用任何载体，配位点既是高分子的桥连点又是催化活性位点。能够克服传统负载催化剂的缺点，成功实现了高对映选择性的氢化、氧化等反应，以及催化剂简单回收和再利用。

基于金属 – 有机框架（MOF）材料的手性催化也是一个值得关注的领域。段春迎等构建具有本征手性的金属 – 有机螺旋框架结构，利用空间效应控制中心离子银的空间结构和手性构型，实现对亚胺类化合物特殊的识别和吸附作用，高选择性地催化［3+2］不对称环加成反应（图 12，A）[44]。这在 MOF 研究领域被认为是具有里程碑意义的发现。

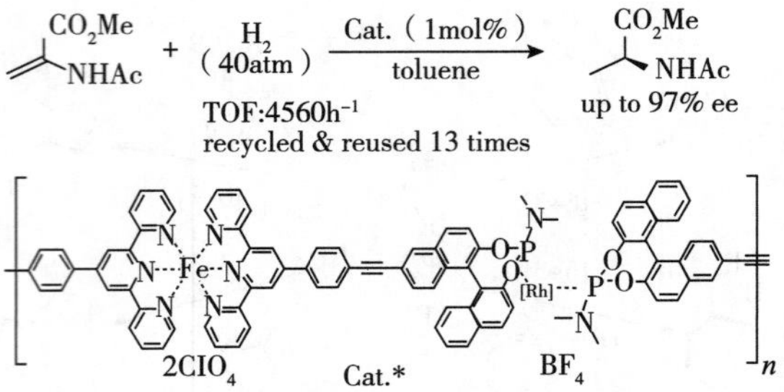

图 11　手性催化剂的自负载

李灿和杨启华等发展了碳纳米管负载铂纳米粒子的手性催化，首次合成了限阈于碳纳米管内的铂纳米粒子，以辛可咛啶为手性修饰剂，成功实现了酮酸酯的对映选择性氢化（图 12，B）[45]。碳纳米管内的手性催化加速现象为发展高效多相手性催化合成提供了一种新的策略。

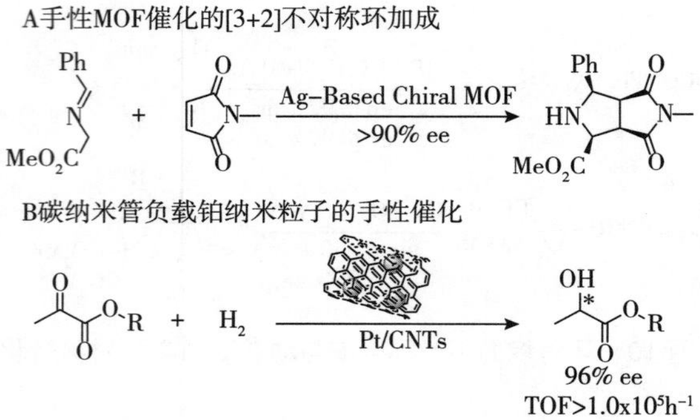

图 12　基于手性纳米材料的不对称催化

高景星等开发了手性 22 元环状胺膦配体与 $Fe_3(CO)_{12}$ 原位生成的催化体系，能有效实现 50 多种酮的不对称催化氢化反应（图 13）[46]。反应中铁仍然以纳米金属团簇形式存在，大环手性配体对金属纳米颗粒的修饰使氢化过程兼具了均相和非均相反应的特性。

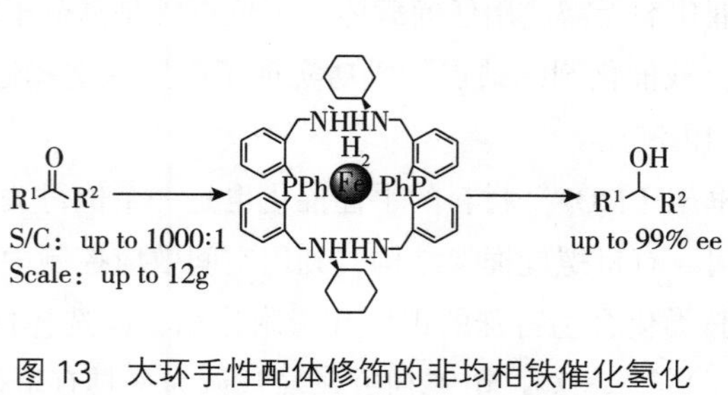

图 13　大环手性配体修饰的非均相铁催化氢化

将有机小分子催化剂和金属催化剂结合进行接力催化，实现单一催化剂无法实现的反应，正成为手性催化的新趋势。龚流柱等将手性磷酸与金催化剂结合分别实现分子内氢胺化 / 转移氢化串联合成四氢喹啉以及烯炔氢化硅氧化 /Diels-Alder 反应串联合成多环化合物（图 14，Eq-1）[47]。游书力等将烯烃复分解催化剂与手性磷酸相结合，发展了烯烃复分解分别与分子内 Friedel-Crafts、Michael 加成等过程的串联反应（图 14，Eq-2），得到手性含氮的多环化合物[48]。

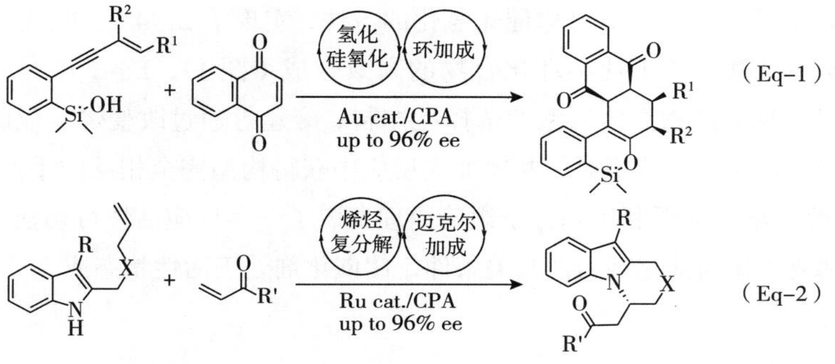

图 14　接力催化

丁奎岭等基于双金属协同催化的设计理念，发展了高效的手性双 Salen-Ti 路易斯酸催化剂，实现 TMSCN 等氰化试剂对醛的不对称加成（图 15）[49]。产物的转化率可达 98%，催化剂用量可降至百万分之五，最高转化数为 172000，显示了良好的工业应用前景。

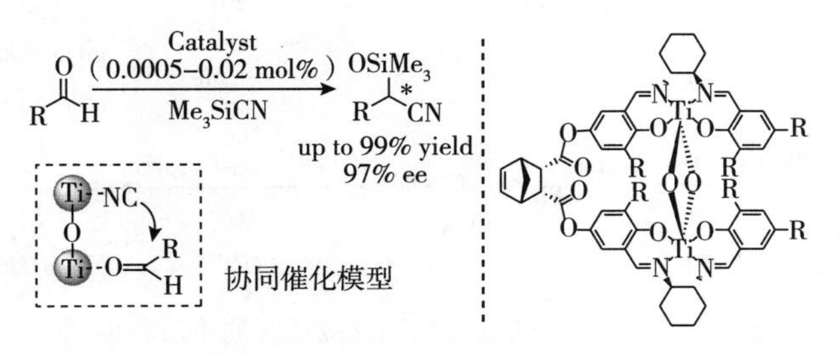

图 15　双金属协同催化

多组分反应可以最大限度地减少化学污染、生成多样性的化合物骨架，在新药设计与合成、组合化学和天然产物合成中具有广泛的应用前景。胡文浩等发展了采用亲电试剂捕捉活泼叶立德或两性离子中间体的多组分新反应（图 16）。在手性布朗斯特酸和金属铑、钯配合物协同催化下实现了对反应选择性的调控，高效构建了多官能团的氨基酸衍生物以及吲哚类衍生物[50, 51]。

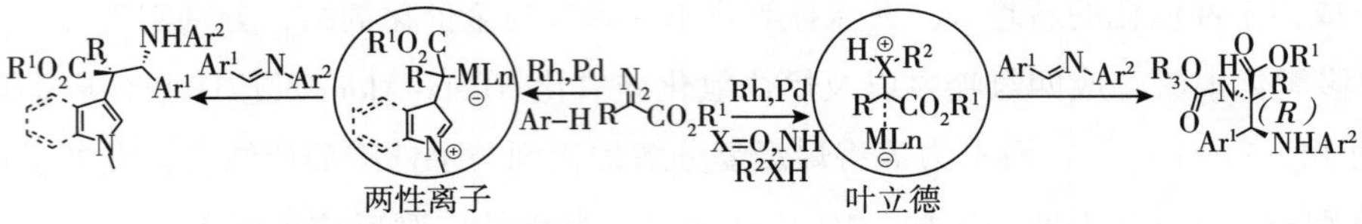

图 16 捕获活性中间体的不对称多组分反应

从单一手性源催化剂出发获得一对对映异构体，可以有效提高不对称催化反应的手性经济性。范青华等首次通过不对称催化氢化的方法，实现了 2，4- 二取代 -2，3，4，5- 四氢 -1H- 苯并二氮杂类手性杂环化合物的高效合成（图 17，Eq-1）[52]，仅改变抗衡阴离子就可以实现对产物立体构型的选择性控制。廖建等通过改变烯 - 亚砜配体双键上取代基的位置，在铑催化的不对称共轭加成反应中获得构型完全相反的手性产物（图 17，Eq-2）[53]。范青华等最近利用超分子组装原理发展了一类反应活性可切换的不对称氢化反应，可由钠离子作为催化剂活性开关条件，使催化剂处于活性状态或失活状态（图 17，Eq-3）[54]。

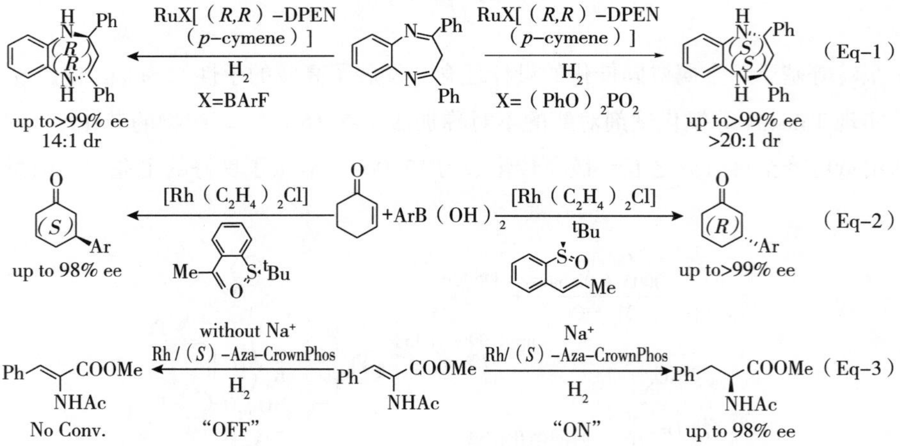

图 17 可切换对映选择性和反应活性的不对称催化

二、有机小分子催化

有机小分子催化已经与酶催化和金属催化并列称为三类最重要手性催化反应，但仍存在效率低、适用性较窄等方面的局限。因此，开发有机催化新体系、新策略和新反应正成为该领域的重要内容。我国在有机小分子催化领域的研究几乎与国际同时起步，近年取得了一系列重要成果。

（一）新型有机小分子催化剂的设计与应用

有机小分子催化体系的催化模式相对单一，发展优势的催化体系仍是当前研究的核心主题。我国在发展优势的催化体系研究方面还有很大不足，需要打破简单依赖底物拓展的累积性发展，开拓新型催化体系和催化模式，实现原始创新。近年来，我国科学家在这方面也做出了系列有益的尝试，并取得了重要的进展（图 18）。

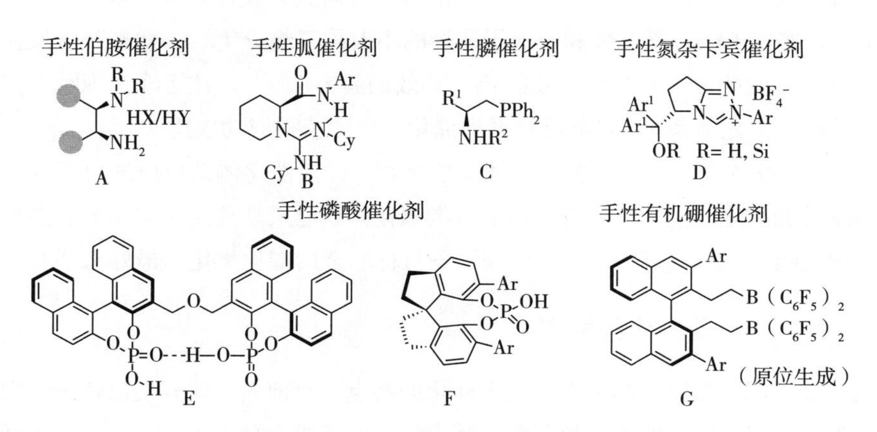

图 18　我国科学家发展的一些代表性有机催化剂

罗三中等设计了一系列伯叔二胺催化剂 A，成功将其应用于不对称 aldol 反应、环氧化反应、环加成反应、Michael 加成反应、质子化反应、胺化反应、烷基化反应和氧化反应等[55]，是反应种类最为丰富的一类氨基催化体系。此外，该课题组将其发展的二胺催化剂与环糊精手性超分子模板相连，发展了新型超分子伯胺催化剂[56]（图 19）。最近，与吴养杰和崔秀灵合作，将二茂铁环蕃结构引入到伯叔二胺催化剂中，并利用二茂铁环蕃的可逆的氧化还原特性，成功实现了氧化还原调控的不对称 aldol 反应[57]（图 19）。

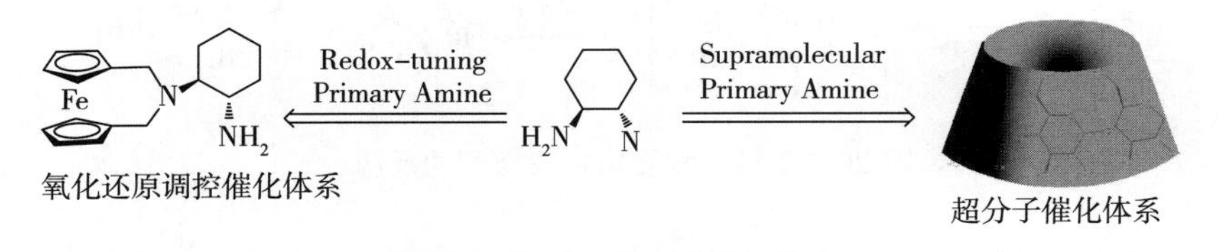

图 19　新型手性伯胺催化剂

冯小明和刘小华等合成的手性胍类催化剂 B 同时具有 Brønsted 酸和 Brønsted 碱特性，作为双功能手性催化剂成功应用于酮酸酯对硝基烯烃的加成反应[58]和反电子需求的杂 Diels-Alder 反应[59]以及不对称羟氨基化反应[60]。

陆熙炎等早在 20 世纪 80 年代就在有机膦催化方面即做出了开拓性的工作，发展了联烯的［3+2］环加成反应，被誉为“陆氏反应”[61]；施敏等发展了手性膦催化剂，用于不对称 Morita–Baylis–Hillman 反应[62]；赵刚等设计的手性氨基酸骨架膦催化剂 C，在联烯的环加成反应中获得成功。

叶松等设计发展了氮杂卡宾催化剂 D，在系列烯酮的环加成反应中获得成功应用。最近他们还发展了含自由羟基的卡宾催化剂，实现了氢键参与的双功能卡宾催化，显示了卡宾催化突破的新方向。

龚流柱等通过对磷酸本身双功能催化剂的特性的研究，设计合成新型桥联手性双磷酸催化剂 E，并实现了醛、氨基酯和缺电子烯烃的不对称三组分 1，3- 偶极环化反应，从而为合成多取代手性四氢吡咯类衍生物提供了高效的新方法[63]。林旭峰在国际上同步发展了螺环手性磷酸催化体系 F，目前已在系列催化反应中获得成功应用[64]。

杜海峰等设计合成了一类新型手性硼催化剂 G，该催化体系可以通过手性双烯和五氟苯基硼烷的硼氢化反应原位生成。目前该类催化体系已成功应用于包括芳香杂环和烯醇硅醚等多种底物的不对称氢化反应，代表了不对称非金属催化氢化的最好水平[65, 66]。

（二）有机小分子催化新反应

有机小分子催化新反应的拓展呈现多样化的特点，目前新反应开发已逐渐从简单的底物拓展到难题和应用导向的方法学开拓。基于不同的有机小分子催化策略，我国学者报道实现了极富特色的新反应。

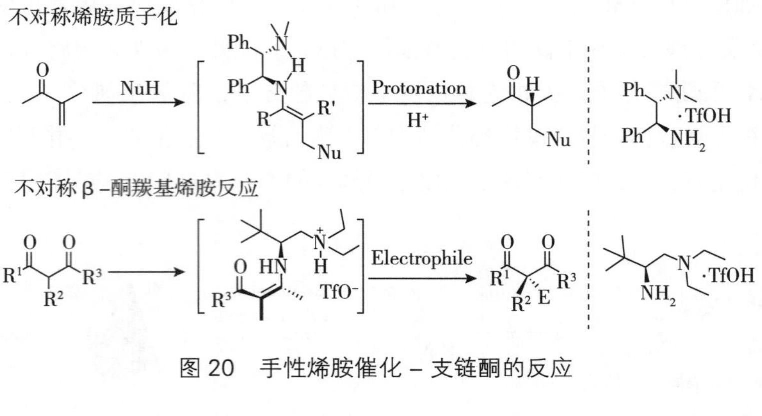

不对称烯胺质子化

不对称 β - 酮羰基烯胺反应

图 20　手性烯胺催化 – 支链酮的反应

胺基催化是醛、酮类羰基化合物不对称催化转化的重要途径。罗三中利用手性伯叔二胺催化剂 A，发展了基于烯胺反应中间体的不对称质子化反应（图 20）[67]，实现系列含 α- 叔碳中心手性酮的不对称合成。该类催化剂也可实现 β- 酮羰基类化合物的不对称胺化反应、不对称氧化反应和不对称烷基化，高效构筑 α- 季碳中心手性酮类化合物（图 20）[68]。涂永强[69]和王锐[70]等利用手性伯胺催化剂也成功实现一系列不对称亚胺催化反应，包括不对称插烯化反应和反电子需求的 Diels–Alder 反应等。

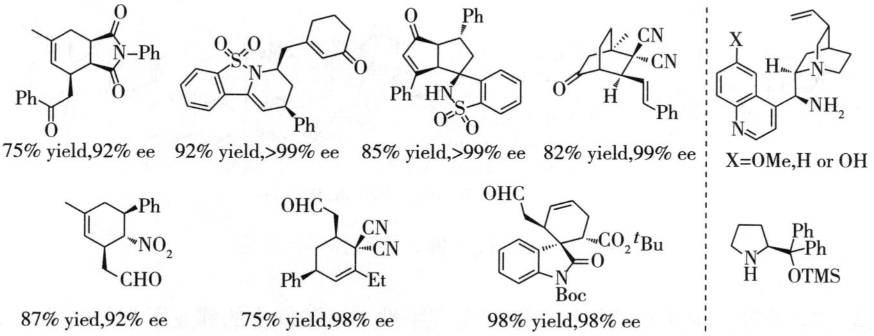

75% yield,92% ee
92% yield,>99% ee
85% yield,>99% ee
82% yield,99% ee
X=OMe,H or OH
87% yied,92% ee
75% yield,98% ee
98% yield,98% ee

图 21　手性伯胺、仲胺催化的不对称环化反应

陈应春等利用烯胺催化的基本原理，提出了全新的二烯胺和三烯胺催化概念，极大拓展了烯胺催化的应用范围，通过二烯胺或三烯胺反应催化中间体，发展了多类不对称催化环加成反应（图 21），包括：不对称 Diels–Alder 反应[71]、hetero–Diels–Alder 反应[72]和［5+3］[73]环加成反应等，都取得十分优异的结果。

龚流柱等实现了手性磷酸催化的不对称 Biginelli 反应和 Biginelli–Like 反应，通过对催化剂结构的改变能实现反应对映选择性的翻转[74]。涂永强等报道了手性磷酸催化不对称半片哪醇重排扩环反应[75]，石枫等报道了邻亚甲基苯醌与 3– 甲基 –2– 乙烯基吲哚的不对称反电子需求的氧杂 –Diels–Alder 反应[76]。游书力[77]和黄汉民[78]发现，手性磷酸催化剂也可以实现分子内和分子间吲哚的 N– 烷基化反应。游书力等实现了手性磷酸催化的萘酚[79]和吡啶的去芳构化反应。此外，石枫[80]和张晓梅[81]等分别报道了手性磷酸催化的醌亚胺缩酮和醌单亚胺启动的取代吲哚去芳构化反应。（图 22）

Biginelli Reaction
Intramolecular N–alkylation
Intermolecular N–alkylaiton
Dearomatization of Pyridine
Dearomatization of β–Naphthols

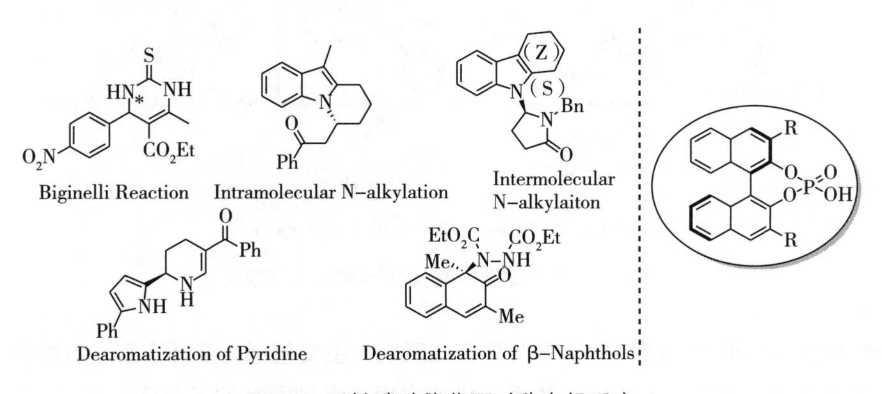

图 22　手性磷酸催化不对称有机反应

王锐等利用手性叔胺硫脲不对称催化吲哚醌与异硫氰酸酯的 aldol– 环化反应，在 K2CO3 和 MeI 的作用下，最终生成具有良好生物活性的双螺环硫代氨基甲酸酯化合物（图 23）[82，83]。

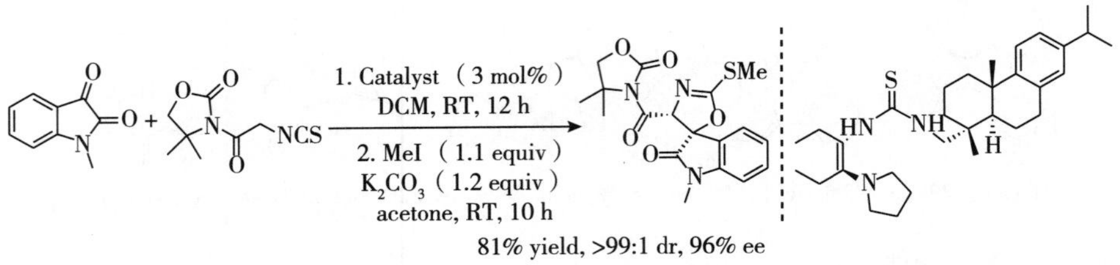

图 23　手性硫脲催化不对称环化反应

刘龚和李灿等利用油水两相催化策略实现手性方酰胺催化的邻亚甲基苯醌的巯基加成反应，作者发现使用油水两相体系是十分必要的，在无水的条件下反应难以进行（图 24）[84]。

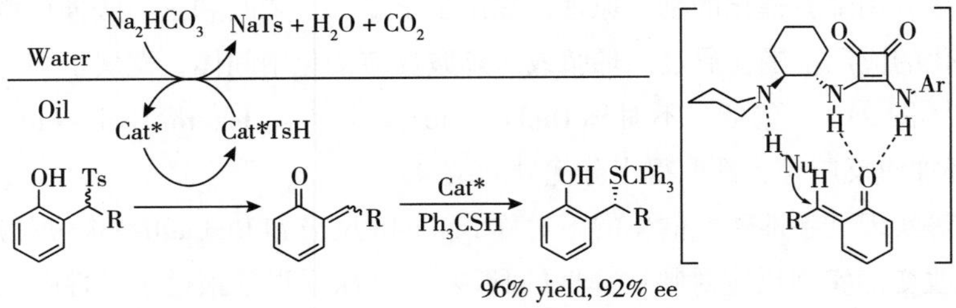

图 24　手性芳酰胺两相催化不对称巯基化反应

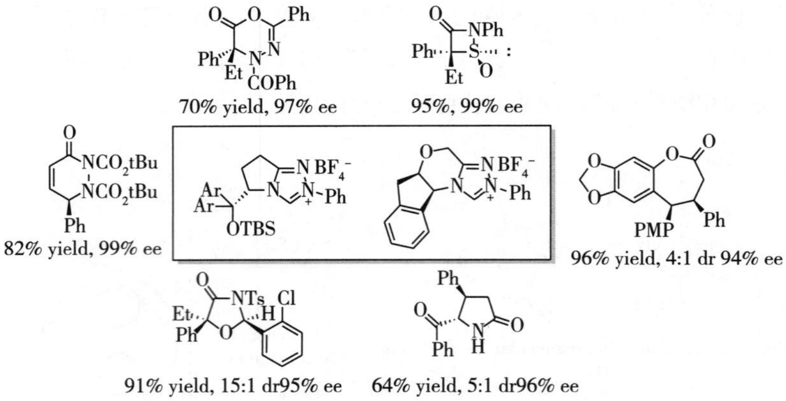

图 25　手性氮杂卡宾催化不对称成环反应

手性路易斯碱催化广泛应用于不对称合成反应，主要包括氮杂环卡宾、叔胺和叔膦等。叶松等利用其自主开发的卡宾催化体系，成功实现了多种类型的不对称环加成反应[85, 86]。手性氮杂卡宾催化剂在杂－安息香缩合反应[87]，以及脂肪醛的氧化 α－氟化反应等也取得了优异的结果[88]。

周剑等利用金鸡纳碱催化剂，实现了吲哚酮的不对称 MBH 反应[89]；朱成建等利用金鸡纳碱衍生物催化 MBH 产物与重氮酯的不对称亲核取代反应[90]；施敏[91]、叶松[92]

等人分别利用手性金鸡纳碱衍生物实现了一系列的不对称［4+2］环加成反应，高立体选择性合成了手性六元环化合物。

赵刚等设计合成了由氨基酸衍生的 N- 芳酰胺基二苯基膦催化剂，并将其成功应用于苯亚甲基丙二腈和联烯的不对称［3+2］反应［93］（图 26）。该类型催化体系也可成功应用于不对称 Rauhut-Currier 反应[94]和不对称 Mannich 反应[95]（图 26）。

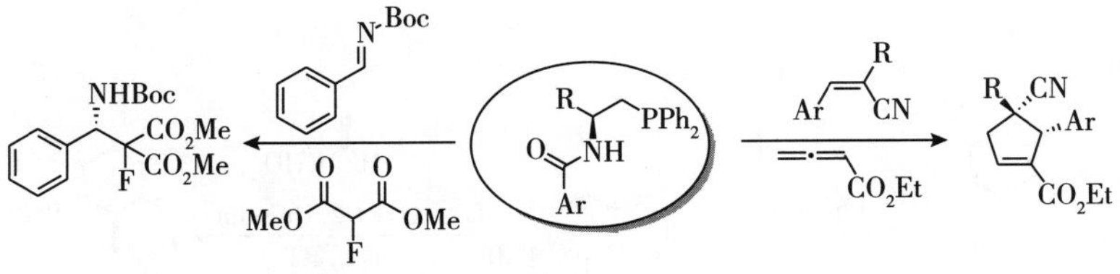

图 26　手性膦催化有机反应

多组分反应是构筑多样性杂环化合物的高效绿色途径，有机小分子催化高度的官能团兼容性为发展多组分反应提供了良好的契机。肖文精等发展了基于硫叶立德的多组分方法学，构筑系列活性手性杂环化合物[96]；周剑等报道了多组分反应中废弃物催化利用的新策略[97]。

（三）有机小分子催化新策略与新方法

随着方法学研究的逐步深入，新策略和新方法不断涌现，提高了催化效率和立体选择性，增强反应适用性；同时，对催化反应的机制和规律认识也不断得到加强，为新催化剂和新反应的设计与发展提供理论指导。

程津培和李鑫等建立了系列有机小分子催化剂的 pKa 数据库，并建立了若干催化体系与活性和选择性线性自由能关系，成功地指导了新催化剂的鉴定和发现，为进一步拓展和理性设计新型催化体系奠定了理论基础[98, 99]。

超分子催化是近年来新兴起的有机小分子催化新策略。许鹏飞等利用手性氨基催化剂、三氟乙酸和手性硫脲混合形成超分子组装体，实现了比单一氨基催化剂更好的活性和立体选择性[100]。刘鸣华将脯氨酸衍生的手性两亲分子与 CO_2 形成手性纳米粒子组装体成功应用在不对称 aldol 反应中，CO_2 气体压力对反应的立体选择性有很大的影响（图 27）[101]。

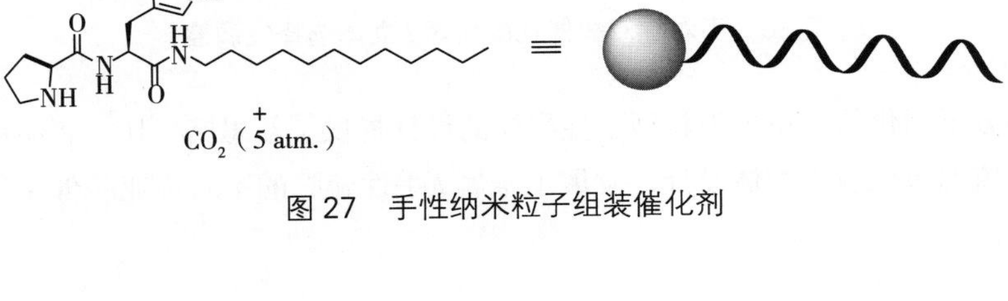

图 27　手性纳米粒子组装催化剂

金属催化与有机催化相结合的策略能够充分利用二者的优势，实现单独催化模式无法实现的新型反应。王锐报道了手性氨基催化与金属协同催化体系，将有机小分子催化与金属促进的 C–H 官能化反应相结合，成功实现了不对称的氧化 aza–Morita–Baylis–Hillman 反应[102]、不对称氧化烯胺 Mannich 反应[103]（图 28）。罗三中等将过渡金属 CuCl 促进有氧氧化与手性伯胺催化相结合，成功实现了 N- 保护羟胺衍生物对 1，3- 二羰基化合物的高选择性不对称 α－胺化反应[104]。（图 29）

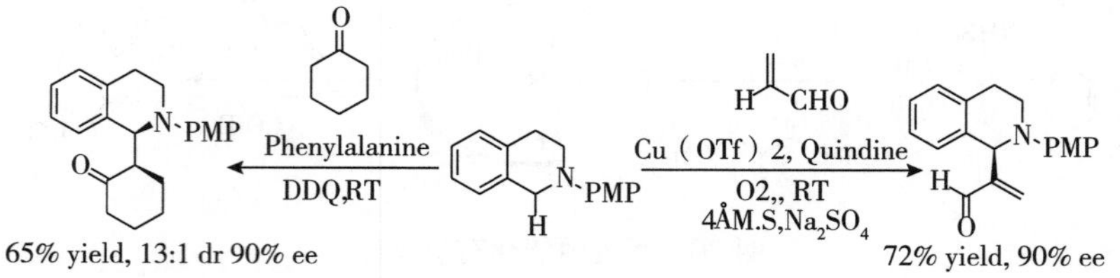

图 28　Cu（OTf）$_2$/ 手性胺催化 C（sp^3）–H 官能化反应

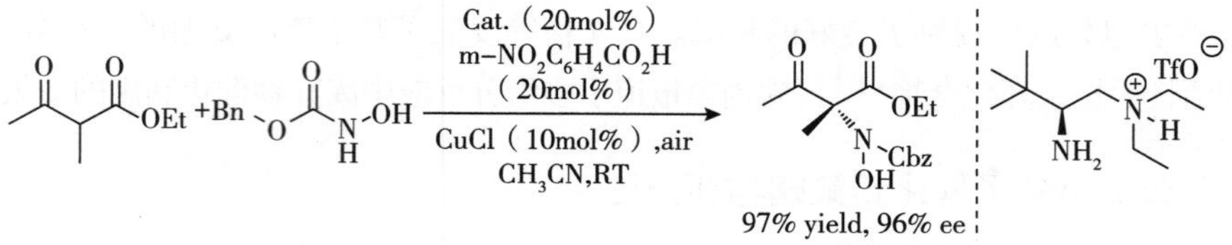

图 29　CuCl/ 手性伯胺催化 1,3- 二羰基化合物的不对称 α－胺化反应

罗三中等发展了基于 Lewis 酸和手性磷酸组合的不对称双酸催化策略[105, 106]。在双酸催化体系中，手性磷酸同时作为强酸和中性配体，可以通过对改变抗衡阴离子、抗衡阳离子成功实现对反应的区域选择性、非对映选择性的调控（图 30）。

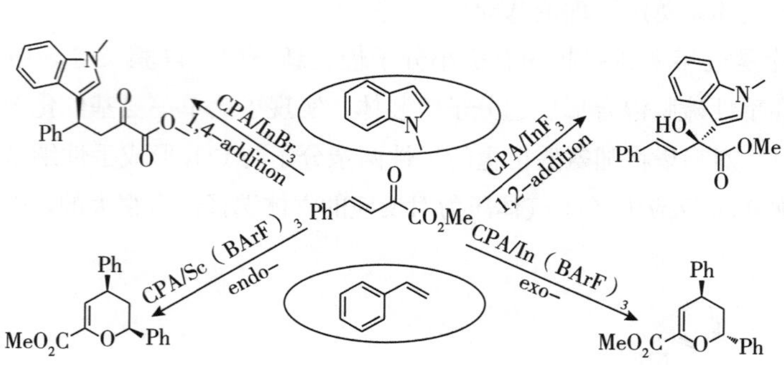

图 30　不对称双酸催化的化学 / 立体选择性调控

有机小分子催化的策略也为新型手性配体的设计提供了新思路，比如张绪穆等将经典的氢键给体硫脲单元引入配体设计，发展了金属 / 手性硫脲的不对称亚胺催化氢化新体系（图 31）[107]。

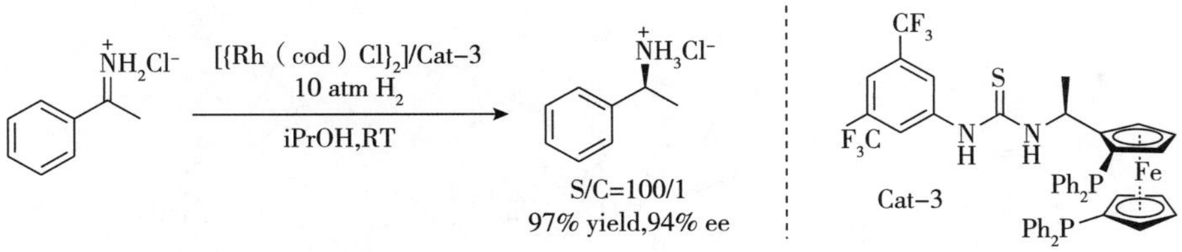

图 31　金属 / 手性硫脲的不对称亚胺催化氢化反应

肖文精[108]、佟振合、吴骊珠[109]等利用有机染料作为光敏剂，实现了系列光促新反应，代表了光催化研究发展的新方向。在发展不对称光催化方面，我国研究相对滞后。罗三中等将伯胺催化剂与光催化相结合，发展了不对称羰基自由基 α－烷基化反应，从而实现了开链全季碳手性中心的构筑（图 32）[110]。

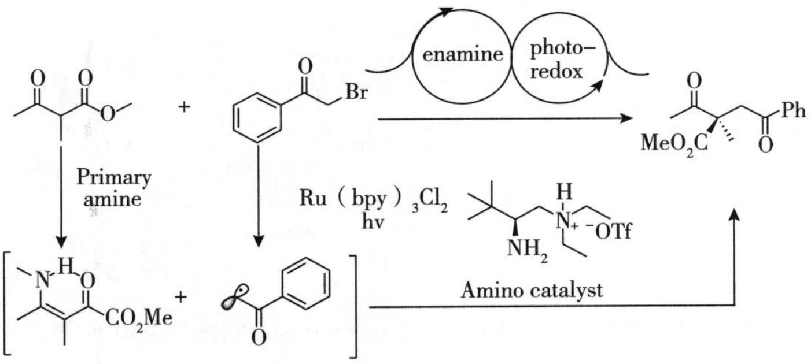

图 32　手性伯胺与光催化剂结合催化

（四）有机催化在天然产物和手性药物合成中的应用

天然产物的不对称合成是有机化学中最具挑战性的分支学科之一。近年来，利用有机催化实现一些天然产物及关键手性药物及其中间体的合成逐渐受到关注。

环状色胺生物碱是一类包含六氢吡咯［2，3，–b］吲哚母体结构的重要的吲哚类生物碱。龚流柱等以 3- 羟基吲哚酮为起始物，手性磷酸催化的烯酰胺对 3- 羟基吲哚酮的不对称烷基化反应（82% 产率，91%ee）作为关键步骤，以 12 步反应实现（+）–Folicanthine 的全合成，最终产率为 3.7%[111]。马大为等从色胺出发，以手性磷酸催化色胺的不对称溴胺化反应为关键步骤（96% 产率，95% ee），仅用 3 步即实现了（–）–chimonanthinede 的全合成，产率为 27%［112］（图 33）。

美国 FDA 在 1999 年就批准神经氨（糖）酸苷酶抑制剂扎那米韦（Zanamivir）作为抗流感药物上市。马大为等以 D- 异抗坏血酸为起始物，手性硫脲催化丙酮与 2- 硝基乙烯基氨基甲酸叔丁酯的 Michael 加成反应为关键步骤，经过 13 步反应成功实现了该药物的不对称全合成（图 34）[113]，最终可以获得 3.5g 扎那米韦。

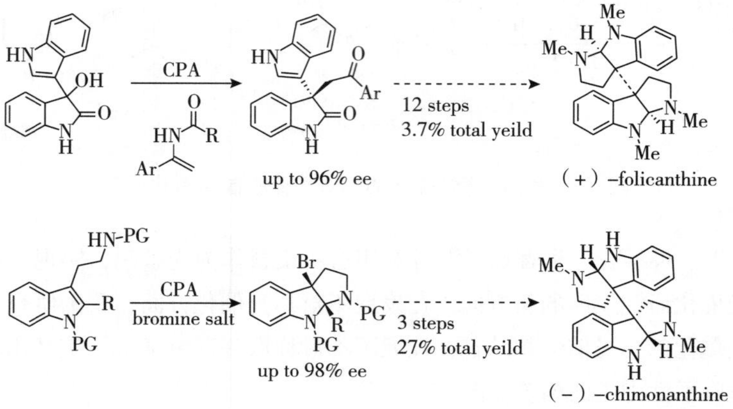

图 33　环状色胺生物碱的全合成

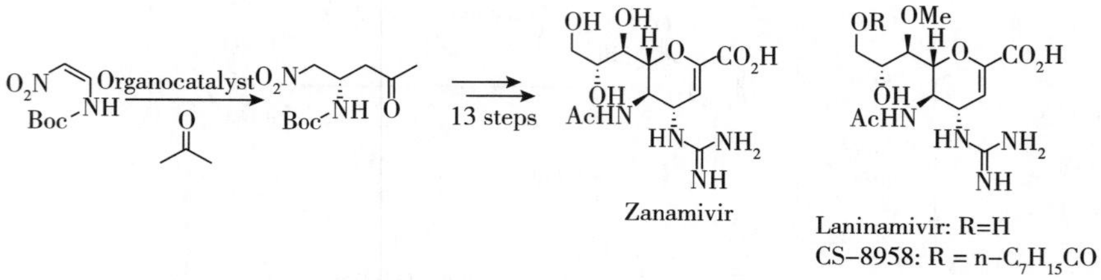

图 34　抗流感药物 Zanamivir、Laninamivir 和 CS-8958 的合成

三、生物手性催化反应的新进展

生物手性催化是迄今为止最为高效、最具有选择性且环境最为友好的温和生物体系（如细胞或酶）。该方法可以获得大量高纯度且常规方法难以合成的手性医药、农药及其中间体在内的手性产物，在某种程度上与化学不对称合成可以很好地形成互补。近年来，我国科学家在生物催化羰基还原反应及腈和酰胺的高立体选择性反应等方面取得了一些重要进展。许建和等研究了携带羰基还原酶和葡萄糖脱氢酶基因的微生物细胞 *E. coli* 可以高效选择性的不对称催化不同类型的羰基化合物（如芳基或脂肪类酮酸酯、3- 奎宁环状酮等）氢化还原生成手性醇化合物[114, 115]。最近，该课题组通过对不同亚胺还原酶的筛选，实现了对环状亚胺化合物的不对称氢化还原，高活性、高选择性地得到多取代二氢吲哚衍生物[116]。近年来，王梅祥等报道了微生物细胞 *Rhodococcuserythropolis* AJ270 不对称催化不同取代基酰胺、腈基等化合物的立体选择性生物转化反应[117, 118]。

四、我国手性催化的研究现状、发展趋势和展望

单从研究论文的数量和整体质量上看，我国在不对称催化领域已经步入世界一流行列。但是，我们与国际上的顶尖水平仍然存在一定距离，真正开创性的研究成果还是太少，工作的厚度和系统性有待进一步加强。另外，我们对手性催化研究成果的产业转化还不够重视，在药物的工艺合成路线中还鲜见我们自己发展的催化剂或催化反应。我国科学家正逐步地重视研究的原创性，新概念、新方法和新配体不断涌现，在有些方向已经居于国际领先的地位。只要勇于打破固有思维的禁锢，不断锐意创新，我国在手性催化领域一定会取得更大的成就。

手性金属催化将在（但不限于）以下几个方面得到进一步的发展。一是手性配体。除了继续发展新骨架以及刚性结构和富电子配体之外，手性配体的研究还应该拓展到以下几方面：①针对调控基元反应的配体要求设计发展配体。缺电子配体对涉及还原消除和转金属化两个基元反应的不对称反应是通常是有利的，因此缺电子手性配体的开发应该是将来手性配体发展的一个方向。②含氮、氧和卡宾等硬配体的发展。前过渡金属、稀土金属和主族金属也能催化众多反应，与之有很好配位作用的硬配体却相对较少，因此设计开发优势硬配体非常必要。③在配体设计中引入新的配位基团和原子。手性双烯就是其中的代表，发展这类新型手性配合物将大大拓展配体设计与合成的空间。④配体的立体和电子效应便于精细调节。针对具体手性反应要求设计发展配体和催化剂，对于特定的产品实现催化剂的“个性定制”。二是中心金属。金属元素在手性催化研究中的利用度还远远不够。采用廉价、低毒的金属更加符合绿色化学的历史潮流，廉价金属催化不对称反应应该获得重视。三是新不对称反应。①气体小分子参与的不对称反应通常操作简单，易于后处理，容易实现工业应用。应该大力开发二氧化碳、一氧化碳、二氧化硫、乙炔和乙烯等气体小分子参与的不对称反应。②应该针对碳氢官能化的基元反应发展新的手性配体和催化剂体系，尤其是 sp^3 不对称碳氢官能化。③不对称可见光催化是真正的绿色化学。发展将光反应中心、催化中心、手性中心合而为一的新型金属催化剂将成为这一领域的新思路。四是新概念和新方法。①基于手性金属有机骨架（MOF）和共价有机骨架材料（COF）的不对称催化是一个新兴的研究领域。手性 MOF 和 COF 材料通过独特的孔道结构来调整反应物分子的空间取向，从而控制对映选择性。②采用手性配体对结构明确的纳米粒子进行手性修饰，例如金簇、钯簇化合物等，实现新的多相手性催化。

从基础和应用两个方面考虑，有机小分子催化领域应该着重发展的以下几个（但不限于）方向。一是新型手性有机小分子催化剂体系的设计：①发展具有新型优势骨架的手性催化剂，建立一套有效的理论模型，为寻找高效、高选择性催化体系提供理论支持；②发展超分子催化体系，结合超分子化学和有机小分子催化的基本原理建立更为丰富多样催化剂库；③发展新型手性有机光催化体系，将有机发光材料与有机催化剂相结合，摒弃金属

光敏剂的使用，实现高效绿色有机小分子催化光促反应。二是不对称有机小分子催化新反应与新方法：①有机催化不对称 C–H 官能化反应，尤其是不对称 C（sp^3）–H 官能化反应是未来发展值得关注的领域。②将有机催化与金属催化、可见光催化、电化学等相结合，实现惰性底物的不对称转化反应，尤其是化学和立体选择性可调可控的自由基反应是今后发展的方向与难点。三是产业应用导向的有机小分子催化方法学。针对实际应用的问题，发挥有机小分子催化的独特优势，提供绿色、高效、实用的手性合成技术路线是值得关注的研究方向；四是有机小分子催化的生物学关联研究。对生物酶的结构和功能进行模拟，发展有机小分子 / 超分子催化体系，仍是值得关注的研究方向；反之，以小分子催化为起点，自下而上实现对生物酶的催化能力和效率进行精巧调控，对于解构复杂酶催化体系和实现超越分子的“合成细胞”功能意义重大；同时，探讨生物活性分子的催化功能和有机小分子催化剂的生物功能也是颇具诱惑的研究方向。

—— 参考文献 ——

[1] Chan A S C, Hu W, Pai C C, et al. Novel spiro phosphinite ligands and their application in homogeneous catalytic hydrogenation reactions [J]. Journal of the American Chemical Society, 1997, 119（40）: 9570–9571.

[2] Xie J H, Zhou Q L. Chiral diphosphine and monodentate phosphorus ligands on a spiro scaffold for transition–metal catalyzed asymmetric reactions [J]. Accounts of Chemical Research, 2008, 41（5）: 581–593.

[3] Xie J H, Liu X Y, Xie J B, et al. An additional coordination group leads to extremely efficient chiral iridium catalysts for asymmetric hydrogenation of ketones [J]. Angewandte Chemie International Edition, 2011, 50（32）: 7329 –7332.

[4] Wang X, Han Z, Wang Z, et al. Catalytic asymmetric synthesis of aromatic spiroketals by spinphox/iridium（i）–catalyzed hydrogenation and spiroketalization of α, α'–bis（2–hydroxy– arylidene）ketones [J]. Angewandte Chemie International Edition, 2012, 51（4）: 936–940.

[5] Wang X, Meng F, Wang Y, et al. Aromatic spiroketal bisphosphine ligands: palladium– catalyzed asymmetric allylic amination of racemic Morita–Baylis–Hillman adducts [J]. Angewandte Chemie International Edition, 2012, 51（37）: 9276–9282.

[6] Liu X H, Lin L L, Feng X M. Chiral N,N'–dioxides: new ligands and organocatalysts for catalytic asymmetric reactions [J]. Accounts of Chemical Research, 2011, 44（8）: 574–587.

[7] Li W, Wang J, Hu X, et al. Catalytic asymmetric roskamp reaction of α–alkyl– α– diazoesters with aromatic aldehydes: highly enantioselective synthesis of α–alkyl– α–keto esters [J]. Journal of the American Chemical Society, 2010, 132（25）: 8532–8533.

[8] Dai L X, Tu T, You S L, et al. Asymmetric Catalysis with Chiral Ferrocene Ligands [J]. Accounts of Chemical Research, 2003, 36（9）: 659–667.

[9] Wang Z Q, Feng C G, Xu M H, et al. Design of C2–symmetric tetrahydropentalenes as new chiral diene ligands for highly enantioselective Rh–catalyzed arylation of N–tosylarylimines with arylboronic acids [J]. Journal of the American Chemical Society, 2007, 129（17）: 5336–533.

[10] Cui Z, Yu H J, Yang R F, et al. Highly enantioselective arylation of n–tosylalkyl–aldimines catalyzed by rhodium–diene complexes [J]. Journal of the American Chemical Society, 2011, 133（32）: 12394–12397.

[11] Liao S, Sun X L, Tang Y. Side arm strategy for catalyst design: modifying bisoxazolines for remote control of enantioselection and related [J]. Accounts of Chemical Research, 2014, 47（8）, 2260–2272.

[12] Chen J, Chen J, Lang F, et al. A C2–symmetric chiral bis–sulfoxide ligand in a rhodium– catalyzed reaction: asymmetric 1,4–addition of

sodium tetraarylborates to chromenones [J]. Journal of the American Chemical Society, 2010, 132 (13) : 4552–4553.

[13] Wang J, Wang M, Cao P, et al. Rhodium-catalyzed asymmetric arylation of β, γ-unsaturated α-ketoamides for the construction of nonracemic γ, γ-diarylcarbonyl compounds [J]. Angewandte Chemie International Edition, 2014, 53 (26) : 6673–6677.

[14] Wang H, Jiang T, Xu M-H. Simple branched sulfur-olefins as chiral ligands for Rh-catalyzed asymmetric arylation of cyclic ketimines: highly enantioselective construction of tetrasubstituted carbon stereocenters [J]. Journal of the American Chemical Society, 2013, 135 (3) : 971–974.

[15] Dong K, Wang Z, Ding K. Rh (I) -Catalyzed enantioselective hydrogenation of α-substituted ethenylphosphonic acids [J]. Journal of the American Chemical Society, 2012, 134 (30) : 12474–1247.

[16] Zhang Z M, Chen P, Li W, et al. A new type of chiral sulfinamide monophosphine ligands: stereodivergent synthesis and application in enantioselective Gold (I) -catalyzed cycloaddition reactions [J]. Angewandte Chemie International Edition, 2014, 53 (17) : 4350–4354.

[17] Zhu S F, Zhou Q L. Transition-metal-catalyzed enantioselective heteroatom-hydrogen bond insertion reactions [J]. Accounts of Chemical Research, 2012, 45 (8) : 1365–1377.

[18] Zhu S-F, Cai Y, Mao H-X, et al. Enantioselective iron-catalysed O-H bond insertions. Nature Chemistry, 2010, 2: 546–551.

[19] Cai Y F, Feng X M. Catalytic asymmetric bromoamination of chalcones: highly efficient synthesis of chiral α-bromo-β-amino ketone derivatives [J]. Angewandte Chemie International Edition, 2010, 49 (35) : 6160–6164.

[20] Liu C, Xie J H, Li Y L, et al. Asymmetric hydrogenation of α, α'-disubstituted cycloketones through dynamic kinetic resolution: an efficient construction of chiral diols with three contiguous stereocenters [J]. Angewandte Chemie International Edition, 2013, 52 (2) : 593–596.

[21] Li Y, Dong K, Wang Z, et al. Rhodium (I) -catalyzed enantioselective hydrogenation of substituted acrylic acids with sterically similar β, β-diaryls [J]. Angewandte Chemie International Edition, 2013, 52 (26) : 6748–6752.

[22] Hu Q, Zhang Z, Liu Y, et al. $ZnCl_2$ Promoted asymmetric hydrogenation of β-secondary- amino ketones catalyzed by a P-chiral Rh-bisphosphine complex [J]. Angewandte Chemie International Edition, 2015, 54 (7) : 2260 –2264.

[23] Wang D S, Chen Q A, Lu S M, et al. Asymmetric hydrogenation of heteroarenes and arenes [J]. Chemical Reviews, 2012, 112 (4) : 2557–2590.

[24] Duan Y, Li L, Chen M W, et al. Homogenous Pd-catalyzed asymmetric hydrogenation of unprotected indoles: scope and mechanistic studies [J]. Journal of the American Chemical Society, 2014, 136 (21) : 7688–7700.

[25] Wang T, Zhuo L G, Li Z, et al. Highly enantioselective hydrogenation of quinolines using phosphine-free chiral cationic ruthenium catalysts: scope, mechanism, and origin of enantioselectivity [J]. Journal of the American Chemical Society, 2011, 133 (25) : 9878–989.

[26] Zhang J, Chen F, He Y M, et al. Asymmetric ruthenium-catalyzed hydrogenation of 2,6-disubstituted 1,5-naphthyridines: access to chiral 1,5-diaza-cis-decalins [J]. Angewandte Chemie International Edition, 2015, 54 (15) : 4622–4625.

[27] Zhuo C X, Zhang W, You S L. Catalytic asymmetric dearomatization reactions [J]. Angewandte Chemie International Edition, 2012, 51 (51) : 12662–12686.

[28] Cheng X F, Li Y, Su Y M, et al. Pd (II) -catalyzed enantioselective C-H activation/C-O Bond formation: synthesis of chiral benzofuranones [J]. Journal of the American Chemical Society, 2013, 135 (4) : 1236–1239.

[29] Gao D W, Shi Y C, Gu Q, et al. Enantioselective synthesis of planar chiral ferrocenes via palladium-catalyzed direct coupling with arylboronic acids [J]. Journal of the American Chemical Society, 2013, 135 (1) : 86–89.

[30] Deng R, Huang Y, Ma X, et al. Palladium-catalyzed intramolecular asymmetric C-H functionalization/cyclization reaction of metallocenes: an efficientapproach toward the synthesis of planar chiral metallocenecompounds [J]. Journal of the American Chemical Society, 2014, 136 (13) , 4472–4475.

[31] Liu L, Zhang A A, Zhao R J, et al. Asymmetric synthesis of planar chiral ferrocenes by enantioselective intramolecular C-H arylation of N-(2-haloaryl) ferrocenecarboxamides [J]. Organic Letters, 2014, 16 (20) : 5336–5338.

[32] Zheng J, Wang S B, Zheng C, et al. Asymmetric dearomatization of naphthols via a rh-catalyzed C (sp^2) -H functionalization/

annulation reaction [J]. Journal of the American Chemical Society, 2015, 137 (15) : 4880–4883.

[33] Yang L, Zheng H, Luo L, et al. Palladium-catalyzed dynamic kinetic asymmetric transformation of racemic biaryls: axial-to-central chirality transfer [J]. Journal of the American Chemical Society, 2015, 137 (15) : 4876–4879.

[34] Du Z-J, Guan J, Wu G J, et al. Pd (II) -catalyzed enantioselective synthesis of p-stereo- genic phosphinamides via desymmetric C-H arylation [J]. Journal of the American Chemical Society, 2015, 137 (2) : 632–635.

[35] Lin Z Q, Wang W Z, Yan S B, et al. Palladium-catalyzed enantioselective C-H arylation for the synthesis of P-stereogenic compounds [J]. Angewandte Chemie International Edition, 2015, 54 (21) : 6265–6269.

[36] Lu X B, Ren W M, Wu G P. CO_2 copolymers from epoxides: catalyst activity, product selectivity, and stereochemistry control [J]. Accounts of Chemical Research, 2012, 45 (10) : 1721–1735.

[37] Liu Y, Ren W M, Liu J, et al. Asymmetric copolymerization of CO_2 with meso-epoxides mediated by dinuclear cobalt (III) complexes: unprecedented enantioselectivity and activity [J]. Angewandte Chemie International Edition, 2013, 52 (44) : 11594–11598.

[38] Teng H L, Yao L, Wang C J. Cu (I) -catalyzed regio- and stereoselective [6+3] cycloaddition of azomethine ylides with tropone: an efficient asymmetric access to bridged azabicyclo [4.3.1] decadienes [J]. Journal of the American Chemical Society, 2014, 136 (10) : 4075–4080.

[39] Li Q H, Wei L, Wang C J. Catalytic asymmetric 1,3-dipolar [3+6] cycloaddition of azomethine ylides with 2-acyl cycloheptatrienes: efficient construction of bridged heterocycles bearing piperidine moiety [J]. Journal of the American Chemical Society, 2014, 136 (24): 8685–8692.

[40] Guo H, Liu H, Zhu F L, et al. Enantioselective copper-catalyzed [3+3] cycloaddition of azomethine ylides with azomethine imines [J]. Angewandte Chemie International Edition, 2013, 52 (48) : 12641–12645.

[41] Liu W, Chen D, Zhu X Z, et al. Highly diastereo- and enantioselective Pd-catalyzed cyclopropanation of acyclic amides with substituted allyl carbonates [J]. Journal of the American Chemical Society, 2009, 131 (25) : 8734–8735.

[42] Xiong H, Xu H, Liao S, et al. Copper-catalyzed highly enantioselective cyclopenta- nnulation of indoles with donor-acceptor cyclopropanes [J]. Journal of the American Chemical Society, 2013, 135 (21) :7851–7854.

[43] Wang Z, Chen G, Ding K. Self-supported catalysts [J]. Chemical Reviews, 2009, 109 (2) : 322–359.

[44] Jing X, He C, Dong D, et al. Homochiral crystallization of metal-organic silver frameworks: asymmetric [3+2] cycloaddition of an azomethine ylide [J]. Angewandte Chemie International Edition, 2012, 51 (40) : 10127–10131.

[45] Chen Z, Guan Z, Li M, et al. Enhancement of the performance of a platinum nanocatalyst confined within carbon nanotubes for asymmetric hydrogenation [J]. Angewandte Chemie International Edition, 2011, 50 (21) : 4913 –4917.

[46] Li Y, Yu S, Wu X, et al. Iron catalyzed asymmetric hydrogenation of ketones [J]. Journal of the American Chemical Society, 2014, 136 (10) : 4031–4039.

[47] Chen D F, Han Z Y, Zhou X L, et al. Asymmetric organocatalysis combined with metal catalysis: concept, proof of concept, and beyond [J]. Accounts of Chemical Research, 2014, 47 (8) : 2365–2377.

[48] Cai Q, Zheng C, You S L. Enantioselective intramolecular aza-Michael additions of indoles catalyzed by chiral phosphoric acids [J]. Angewandte Chemie International Edition, 2010, 49 (46) : 8666 –8669.

[49] Zhang Z, Wang Z, Zhang R, et al. An efficient titanium catalyst for enantioselective cyanation of aldehydes: cooperative catalysis [J]. Angewandte Chemie International Edition, 2010, 49 (38) : 6746–6750.

[50] Qiu H, Li M, Jiang L Q, et al. Highly enantioselective trapping of zwitterionic intermediates by imines [J]. Nature Chemistry, 2012, 4(9): 733–738.

[51] Guo X, Hu W. Novel multicomponent reactions via trapping of protic onium ylides with electrophiles [J]. Accounts of Chemical Research, 2013, 46 (11) : 2427–2440.

[52] Ding Z Y, Chen F, Qin J, et al. Asymmetric hydrogenation of 2,4-disubstituted 1,5-benzodiazepines using cationic ruthenium diamine catalysts: an unusual achiral counteranion induced reversal of enantioselectivity [J]. Angewandte Chemie International Edition, 2012, 51 (23) : 5706–5710.

[53] Chen G, Gui J, Li L, et al. Chiral sulfoxide-olefin ligands: completely switchable stereoselectivity in rhodium-catalyzed asymmetric

conjugate additions[J]. Angewandte Chemie International Edition, 2011, 50 (33): 7681–7685.

[54] Ouyang G H, He Y M, Li Y, et al. Cation–triggered switchable asymmetric catalysis with chiral azacrownphos[J]. Angewandte Chemie International Edition, 2015, 54 (14): 4334–4337.

[55] Zhang L, Luo S. Bio–inspired chiral primary amine catalysis[J]. Synlett, 2012, 23 (11), 1575–1589.

[56] Hu S, Li J, Xiang J, et al. Asymmetric supramolecular primary amine catalysis in aqueous buffer: connections of selective recognition and asymmetric catalysis[J]. Journal of the American Chemical Society, 2010, 132 (20): 7216–7228.

[57] Zhang Q, Cui X, Zhang L, et al. Redox tuning of a direct asymmetric aldol reaction[J]. Angewandte Chemie International Edition, 2015, 54: 5210–5213.

[58] Yu Z, Liu X, Zhou L, et al. Bifunctional guanidine via an amino amide skeleton for asymmetric Michael reactions of –ketoesters with nitroolefins: a concise synthesis of bicyclic –amino acids[J]. Angewandte Chemie International Edition, 2009, 48 (44): 5195–5198.

[59] Dong S, Liu X, Chen X, et al. Chiral bisguanidine–catalyzed inverse–electron–demand hetero–Diels–Alder reaction of chalcones with azlactones[J]. Journal of the American Chemical Society, 2010, 132 (31): 10650–10651.

[60] Dong S, Liu X, Zhu Y, et al. Organocatalytic oxyamination of azlactones; kinetic resolution of oxaziridines and asymmetric synthesis of oxazolin–4–ones[J]. Journal of the American Chemical Society, 2013, 135 (27): 10026–10029.

[61] Lu X, Zhang C, Xu Z, Reactions of electron–deficient alkynes and allenes under phosphine catalysis[J]. Accounts of Chemical Research, 2001, 34 (7): 535–544.

[62] Wei Y, Shi M. Multifunctional chiral phosphine organocatalysts in catalytic asymmetric Morita–Baylis–Hillman and related reactions[J]. Accounts of Chemical Research, 2010, 43 (7): 1005–1018.

[63] He L, Chen X H, Wang D N, et al. Binaphthol–derived bisphosphoric acids serve as efficient organocatalysts for highly enantioselective 1,3–dipolar cycloaddition of azomethineylides to electron–deficient olefins[J]. Journal of the American Chemical Society, 2011, 133 (34): 13504–13518.

[64] Xu F, Huang D, Han C, et al. SPINOL–derived phosphoric acids: synthesis and application in enantioselective Friedel–Crafts reactions of indoles with imines[J]. The Journal of Organic Chemistry, 2010, 75 (24), 8677–8680.

[65] Zhang Z, Du H. A Highly cis–selective and enantioselective metal–free hydrogenation of 2,3–disubstituted quinoxalines[J]. Angewandte Chemie International Edition, 2015, 54 (2): 623–626.

[66] Wei S, Du H. A highly enantioselective hydrogenation of silyl enol ethers catalyzed by chiral frustrated lewis pairs[J]. Journal of the American Chemical Society, 2014, 136 (35): 12261–12264.

[67] Fu N, Zhang L, Li J, et al. Chiral primary amine catalyzed enantioselectivie protonation via an enamine intermediate[J]. Angewandte Chemie International Edition, 2011, 50 (48): 11451–11455.

[68] Zhang L, Fu N, Luo S. Pushing the limits of aminocatalysis: enantioselective transformations of α–branched –ketocarbonyls and vinyl ketones by chiral primary amines[J]. Accounts of Chemical Research, 2015, 48: 986–997.

[69] Zhang E, Fan C A, Tu Y Q, et al. Organocatalytic asymmetric vinylogous α–ketol rearrangement: enantioselective construction of chiral all–carbon quaternary stereocenters in spirocyclicdiketones via semipinacol–type 1,2–carbon migration[J]. Journal of the American Chemical Society, 2009, 131 (41): 14626–14627.

[70] Jiang X, Shi X, Wang S, et al. Diels–Alder reactions: highly efficient in situ substrate generation and activation to construct azaspirocylclic skeletons[J]. Angewandte Chemie International Edition, 2012, 51 (9): 2084–2087.

[71] Xiong X F, Zhou Q, Gu J, et al. Trienamine catalysis with 2,4–dienones: development and application in asymmetric Diels–Alder reaction[J]. Angewandte Chemie International Edition, 2012, 51 (18): 4401–4404.

[72] Feng X, Zhou Z, Ma C, et al. Trienamines derived from interrupted cyclic 2,5–dienones: remote δ,–C=C bond activation for asymmetric inverse–electron–demand Aza–Diels–Alder reaction[J]. Angewandte Chemie International Edition, 2013, 52 (52): 14173–14176.

[73] Yin X, Zheng Y, Feng X, et al. Asymmetric [5+3] formal cycloadditions with cyclic enones through cascade dienamine–dienamine catalysis[J]. Angewandte Chemie International Edition, 2014, 53 (24): 6245–6248.

[74] Li N, Chen X H, Song J, et al. Highly enantioselective organocatalytic Biginelli and Biginelli–like condensations: reversal of the

stereochemistry by tuning the 3,3'–disubstituents of phosphoric acids [J]. Journal of the American Chemical Society, 2009, 131(42): 15301–15310.

[75] Zhang Q W, Fan C A, Zhang H J, et al. Brønsted acid catalyzed enantioselective semipinacol rearrangement for the synthesis of chiral spiroethers [J] . Angewandte Chemie International Edition, 2009, 48 (45) : 8572–8574.

[76] Zhao J J, Sun S B, He S H, et al. Catalytic asymmetric inverse–electron–demand Oxa–Diels–Alder reaction of in situ generated ortho–quinonemethides with 3–methyl 2–vinylindoles [J] . Angewandte Chemie International Edition, 2015, 54 (18) : 5460–5464.

[77] Cai Q, Zheng C, You S L. Enantioselective intramolecular aza–Michael additions of indoles catalyzed by chiral phosphoric acids [J] . Angewandte Chemie International Edition, 2011, 50: 5682–5686.

[78] Xie Y, Zhao Y, Qian B, et al. Enantioselective N–H Functionalization of indoles with α ,–unsaturated γ –lactams catalyzed by chiral Brønsted acids [J] . Angewandte Chemie International Edition, 2011, 50 (25) : 5682–5686.

[79] Wang S G, Yin Q, Zhuo C X, et al. Asymmetric dearomatization of –naphthols through an amination reaction catalyzed by a chiral phosphoric acid [J] . Angewandte Chemie International Edition, 2015, 54 (2) : 647–650.

[80] Zhang Y C, Zhao J J, Jiang F, et al. Organocatalytic asymmetric arylative dearomatization of 2,3–disubstituted indoles enabled by tandem reactions [J] . Angewandte Chemie International Edition, 2014, 53 (50) : 13912–13915.

[81] Liao L, Shu C, Zhang M, et al. Highly enantioselective [3+2] coupling of indoles with quinonemonoimines promoted by a chiral phosphoric acid [J] . Angewandte Chemie International Edition, 2014, 53 (39) : 10471–10475.

[82] Cao Y, Jiang X, Liu L, et al. Enantioselective Michael/cyclization reaction sequence: scaffold–inspired synthesis of spirooxindoles with multiple stereocenters [J] . Angewandte Chemie International Edition, 2011, 50 (39) : 9124–9127.

[83] Cao Y M, Shen F F, Zhang F T, et al. Catalytic asymmetric 1,2–addition of α –isothiocyanato phosphonates: synthesis of chiral –hydroxy– or –amino–substituted α –amino phosphonic acid derivatives [J]. Angewandte Chemie International Edition, 2014, 53 (7) : 1862–1866.

[84] Guo W, Wu B, Zhou X, et al. Formal asymmetric catalytic thiolation with a bifunctional catalyst at a water–oil interface: synthesis of benzyl thiols [J] . Angewandte Chemie International Edition, 2015, 54 (15) : 4522–4526.

[85] Chen X Y, Gao Z H, Song C Y, et al. N–Heterocyclic Carbene catalyzed cyclocondensation of α ,–unsaturated carbocylic acids: enantioselective synthesis of pyrrolidinone and dihydropyridinone derivatives [J] . Angewandte Chemie International Edition, 2014, 53 (43) : 11611–11615.

[86] Lv H, Jia W Q, Sun L H, et al. N–Heterocyclic carbene catalyzed [4+3] annulation of enals and o–quinonemethides: highly enantioselective synthesis of benzo––lactones [J] . Angewandte Chemie International Edition, 2013, 52 (33) : 8607–8610.

[87] Sun L H, Liang Z Q, Jia W Q, et al. Enantioselective N–heterocyclic carbene catalyzed aza–benzoin reaction of enals with activated ketimines [J] . Angewandte Chemie International Edition, 2013, 52 (22) : 5803–5806.

[88] Li F, Wu Z, and Wang J. Oxidative enantioselective α –fluorination of aldehydes enabled by n–heterocyclic carbene catalysis [J] . Angewandte Chemie International Edition, 2015, 54 (2) : 656–659.

[89] Liu Y L, Wang B L, Cao J J, et al. Organocatalytic asymmetric synthesis of substituted 3–hydroxy–2–oxindoles via Morita–Baylis–Hillman reaction [J] . Journal of the American Chemical Society, 2010, 132 (43) : 15176–15178.

[90] Mao H, Lin A, Shi Y. Construction of enantiomerically enriched diazo compounds using diazo esters as nucleophiles: chiral Lewis base catalysis [J] . Angewandte Chemie International Edition, 2013, 52 (24) : 6288–6292.

[91] Pei C K, Jiang Y, Wei Y, et al. Enantioselective synthesis of highly functionalized phosphonate–substituted pyrans of dihydropyrans through asymmetric [4+2] cycloaddition of , γ –unsaturated α –ketophosphonates with allenic esters [J] . Angewandte Chemie International Edition, 2012, 51 (45) : 11328–11332.

[92] Shen L T, Jia W Q, Ye S. Catalytic [4+2] cyclization of α ,–unsaturated acyl chlorides with 3–alkylenyloxindoles: highly diastereo– and enantioselective synthesis of spirocarbocyclic oxindoles [J] . Angewandte Chemie International Edition, 2013, 52 (2) : 585–588.

[93] Xiao H, Chai Z, Zheng C W, et al. Asymmetric [3+2] cycloadditions of allenoates and dual activated olefins catalyzed by simple bifunctional n–acyl aminophosphines [J] . Angewandte Chemie International Edition, 2010, 49 (26) : 4467–4470.

[94] Dong X, Liang L, Li E, et al. Highly enantioselective intermolecular cross Rauhut–Currier reaction catalyzed by a multifunctional lewis

base catalyst [J]. Angewandte Chemie International Edition, 2015, 54 (5) : 1621–1624.

[95] Wang H, Zhang K, Zhang C W, et al. Asymmetric dual–reagent catalysis: Mannich–type reactions catalyzed by ion pair [J]. Angewandte Chemie International Edition, 2015, 54 (6) : 1775–1779.

[96] Lu L Q, Chen J R, Xiao W J. Development of cascade reactions for the concise construction of diverse heterocyclic architectures [J]. Accounts of Chemical Research, 2012, 45 (8) : 1278–1293.

[97] Cao J J, Zhou F, Zhou J. Improving the atom efficiency of the Wittig reaction by a "waste as catalyst/co–catalyst" strategy [J]. Angewandte Chemie International Edition, 2010, 49, 4976–4980.

[98] Li Z, Li X, Ni X, et al. Equilibrium acidities of proline derived organocatalysts in DMSO [J]. Organic Letters, 2015, 17 (5) : 1196–1199.

[99] Li X, Deng H, Zhang B, et al. Physical organic study of structure– activity–enantioselectivity relationships in asymmetric bifunctional thiourea catalysis: hints for the design of new organocatalysts [J]. Chemistry–A European Journal, 2010, 16 (2) : 450–455.

[100] Wang Y, Yu T Y, Zhang H B, et al. Hydrogen–bond–mediated supramolecular iminium ion catalysis [J]. Angewandte Chemie International Edition, 2012, 51 (49) : 12339–12342.

[101] Qin L, Zhang L, Jin Q, et al. Supramolecular assemblies of amphiphilic l–proline regulated by compressed CO_2 as a recyclable organocatalyst for the asymmetric aldol reaction [J]. Angewandte Chemie International Edition, 2013, 52 (30) : 7761–7765.

[102] Zhang G, Ma Y, Wang S, et al. Enantioselective metal/organo–catalyzed aerobic oxidative sp^3 C–H olefination of tertiary amines using molecular oxygen as the sole oxidant [J]. Journal of the American Chemical Society, 2012, 134 (30) : 12334–12337.

[103] Zhang G, Ma Y, Wang S, et al. Chiral organic contact ion pairs in metal–free catalytic enantioselective oxidative cross–dehydrogenative coupling of tertiary amines to ketones [J]. Chemical Science, 2013, 4 (6) : 2645–2651.

[104] Xu C, Zhang L, Luo S, et al. Merging aerobic oxidation and enamine catalysis in the asymmetric α–amination of –ketocarbonyls using n–hydroxycarbamates as nitrogen sources [J]. Angewandte Chemie International Edition, 2014, 53 (16) : 4149–4153.

[105] Lv J, Zhang L, Zhou Y, et al. Asymmetric binary acid catalysis: a regioselectivity switch between enantioselectivie 1,2– and 1,4–addition through different counter anions of InIII [J]. Angewandte Chemie International Edition, 2011, 50 (29) : 6610–6614.

[106] Lv J, Zhang L, Luo S, et al. Switchable diastereoselectivity in enantioselective [4+2] cycloadditions with simple olefins by asymmetric binary acid catalysis [J]. Angewandte Chemie International Edition, 2013, 52 (37) : 9786–9790.

[107] Zhao Q, Wen J, Tan R, et al. Rhodium–catalyzed asymmetric hydrogenation of unprotected NH imines assisted by a thiourea [J]. Angewandte Chemie International Edition, 2014, 53 (32) : 8467–8470.

[108] Guo W, Lu L Q, Wang Y, et al. Metal–free, room–temperature, radical alkoxycarbonylation of aryldiazonium salts through visible–light photoredox catalysis [J]. Angewandte Chemie International Edition, 2015, 54 (7) : 2265–2269.

[109] Meng Q Y, Zhong J J, Liu Q, et al. A cascade cross–coupling hydrogen evolution reaction by visible light catalysis [J]. Journal of the American Chemical Society, 2013, 135 (51) : 19052–19055.

[110] Zhu Y, Zhang L, Luo S, et al. Asymmetric α–photoalkylation –ketocarbonyls by primary amine catalysis: facile access to acyclic all carbon quaternary stereocenters [J]. Journal of the American Chemical Society, 2014, 136: 14642–14645.

[111] Guo C, Song J, Huang J Z, et al. Core–stucture–oriented asymmetric organocatalytic substitution of 3–hydroxyoxindoles: application in the enantioselective total synthesis of (+) –Folicanthine [J]. Angewandte Chemie International Edition, 2012, 51 (4) : 1046–1050.

[112] Xie W, Jiang G, Liu H, et al. Highly enantioselective bromocyclization of tryptamines and its application in the synthesis of (–) –Chimonanthine [J]. Angewandte Chemie International Edition, 2013, 52 (49) : 12924–12927.

[113] Tian J, Zhong J, Li Y, et al. Organocatalytic and scalable synthesis of the anti–influenza drugs Zanamivir, Laninamivir, and CS–8958 [J]. Angewandte Chemie International Edition, 2014, 53 (50) : 13885–13888.

[114] Zhang W X, Xu G C, Huang L, et al. Highly efficient synthesis of (R) –3–quinuclidinol in a space–time yield of 916g L–1d–1 using a new bacterial reductase ArQR [J]. Organic Letters, 2013, 15 (19) : 4917–4919.

[115] Huang L, Ma H M, Yu H L, et al. Altering the substrate specificity of reductase cgkr1 from candida glabrata by protein engineering for bioreduction of aromatic α–keto esters [J]. Advanced Synthesis and Catalysis, 2014, 356 (9) :1943–1948.

[116] Li H, Luan Z J, Zheng G W, et al. Efficient synthesis of chiral indolines using an imine reductase from paenibacillus lactis [J]. Advanced Synthesis and Catalysis, 2015, 357 (8) : 1692–1696.

[117] Chen P, Gao M, Wang D X, et al. Enantioselective biotransformations of racemic and meso pyrrolidine–2,5–dicarboxamides and their application in organic synthesis [J]. The Journal of Organic Chemistry, 2012, 77 (8) , 3103–3310.

[118] Ao Y F, Wang D X, Zhao L, et al. Biotransformations of racemic 2,3–allenenitriles in biphasic systems: synthesis and transformations of enantioenriched axially chiral 2,3–allenoic acids and their derivatives [J]. The Journal of Organic Chemistry, 2014, 79 (7) : 3103–3310.

撰稿人：周永贵　罗三中　冯小明

绿色化学研究进展

化学在人类社会发展中具有不可替代的作用。然而，许多化学过程造成严重的资源浪费和环境污染。如何实现化学工业的可持续发展是一重大难题。绿色化学的核心是从源头消除污染。绿色化学的主体思想是采用无毒无害的原料、采用原子经济性的反应，生产环境友好的产品，并且经济合理。在解决经济、资源、环境三者矛盾的过程中，绿色化学将发挥越来越重要的作用。绿色化学已成为学术界、企业界和政府共同关注的重大领域。

一、我国发展现状和近期成果

我国人口多，资源浪费和环境污染严重，因此发展绿色化学对我国具有特殊意义。我国在绿色化学研究方面起步较早。1995 年中国科学院化学部设立了“绿色化学与技术”的院士咨询课题。1997 年 5 月召开了以“可持续发展对科学的挑战—绿色化学”为主题的第 72 次香山科学会议；2014 年 3 月，又召开了以“可持续发展能源化工的科学基础：绿色碳科学与绿色氢科学”为主题的第 485 次香山科学会议；我国学者积极开展和促进绿色化学的学术交流。1998 年召开了首届中国绿色化学国际研讨会，至今此系列性会议已举办 9 次；从 2004 年开始，每两年一次的中国化学会学术年会设立了绿色化学分会；2007 年中国化学会成立了绿色化学专业委员会；2009 年我国成功举办了第四届国际绿色与可持续化学大会。此外，我国学者参加组织多个绿色化学方面重要学术会议，出版了“绿色化学化工丛书”等多部专著，不少人在国际相关学术组织和期刊任职。十多年来，国家自然科学基金委员会、国家科技部、中国科学院等设立不同类型的相关项目。我国绿色化学得到长足发展，近期一些重要成果简要介绍如下。

（一）原子经济反应与合成方法学

传统合成化学的主要目的是追求化学合成过程的产率。然而，即使产率接近 100% 的反应，也往往产生大量的废物。因此，发展原子经济性反应，探索新的合成方法和路线是绿色化学的重要内容。

丁奎岭课题组利用碳酸乙烯酯为原料，以易于合成且结构稳定的金属有机钳型钌络合物为催化剂，在较温和条件下实现了碳酸乙烯酯的氢化，高选择性地同时获得两类重要化工原料甲醇和乙二醇[1]。该反应具有催化活性高、选择性好等特点，并具有 100% 的原子经济性。

氮杂七元环类化合物广泛存在于天然产物和药物分子中。对其合成，利用传统的方法需要多步合成才能实现，且存在底物普适性不好、反应条件苛刻等缺点。张俊良等发现，[Rh（NBD）$_2$] $^+BF_4^-$ 可在室温下高效地催化烯基氮杂环丙烷－炔类底物的杂［5+2］环加成反应，为含氮杂七元环的多环并环类化合物的合成提供了一条绿色合成路线。更重要的是利用“手性转移”策略，原料的手性可完全在产物中保持，从而实现了对这类手性化合物的高效不对称合成[2]。

江焕峰课题组报道了一种新颖的合成炔烃的方法，他们以亚铜盐作为催化剂，以腙作为炔烃的前体，用氧气选择性氧化 C（sp^3）–H 键合成含炔基化合物[3]。该反应具有很多特点，如实现了铜催化氧化条件下的 C（sp^3）–H 键的活化，反应具有良好的区域选择性，避免了传统方法中过量的胺类化合物、配体以及昂贵炔基试剂的使用，为含有炔基化合物的合成提供了一种新思路。

惰性化学键 C–H 键的活化和官能团化是功能分子重要的合成方法，具有原子经济性高、环境友好等特点。2– 杂芳基喹唑啉酮化合物是重要的医药合成中间体，也是许多天然产物的关键结构单元。尹双凤课题组研究发现，在铜催化剂的作用下，以氧气为氧化剂，氮－杂芳基甲烷和 2– 氨基苯甲酰发生 sp^3C–H 键的有氧氨化反应，实现了 2– 杂芳基喹唑啉酮化合物的高效合成[4]。

喹嗪酮及苯并喹嗪酮是许多天然产物和具有显著生物活性化合物的结构骨架。已有合成方法存在需使用贵金属催化剂、原料难得、合成步骤繁琐等问题。王键吉等研究表明[5]，以乙醇为反应介质，通过 1– 苄基 –2，3– 联烯酮与吡啶在室温条件下进行缩合反应，可高效合成 2H– 喹嗪 –2– 酮类化合物；通过控制反应条件，2H– 喹嗪 –2– 酮可以进一步转化为喹嗪 –2– 酮。若以喹啉或异喹啉为原料，该方法还可用于合成苯并喹嗪酮。另外，反应所用溶剂乙醇容易循环使用。该路线具有良好的应用前景。

2– 联苯酚是一种重要的有机合成中间体，通常是在钯催化下由邻碘苯酚与苯硼酸的偶联反应制得。该方法存在原子经济性较低、使用贵金属催化剂，并且损失了等当量的硼酸和碘等问题。范学森等研究表明[6]，通过 1– 苄基 –2，3– 联烯酮与活泼亚甲基化合物的串联反应，可以高效合成 2– 联苯酚类化合物。这一新的合成方法具有原子经济性高、反应条件温和、无需使用贵金属催化剂等优势。进一步的研究结果表明，上述合成2-联苯酚的串联反应还可与后续的C-H键活化和羰基化反应相结合，可成功实现从1-苄基联烯酮向二苯并吡喃酮的一锅转化。这一合成方法有望在功能有机小分子的制备方面得到应用。

α-芳基酯/腈类化合物是一类重要的合成中间体。这类化合物传统的合成方法存在需要使用有毒试剂、催化剂昂贵、条件比较苛刻等问题。最近王剑波课题组利用廉价易得的α-氨基酸酯/腈作为偶联组分，在无过渡金属参与条件下实现了其与芳基硼酸的脱氨偶联反应，建立了α-芳基酯/腈类化合物合成的新方法[7]。该方法操作简单，反应条件温和、效率高，具有优良的官能团容忍性，具有潜在的实际应用价值。

甲酸具是一种良好的液体氢源或C1结构单元。傅尧课题组以甲酸为C1源，发展了非贵金属催化的胺甲基化反应，该反应利用丰富的硼元素［$B(C_6F_5)_3$］与聚甲基氢硅氧烷相结合，高效、高选择性地实现了一系列不同结构芳香胺或脂肪胺的N-甲基化反应，并成功地将该方法应用于药物分子布替萘芬的绿色合成，产率达91%[8]。这种经济、绿色、环保的新方法有望取代传统方法，实现N-甲基取代胺类化合物的绿色合成。

（二）绿色催化

大多数化学反应需要使用催化剂。采用储量丰富、便宜易得的原料设计和制备具有活性高、选择性好、性能稳定、成本低、无毒无害、容易回收利用等特点绿色催化体系是发展绿色化学的重要内容。

酮类经Baeyer-Villiger氧化合成内酯化合物是重要反应，传统方法主要依赖于有机过氧酸为氧化剂的化学剂量反应，该过程副产醋酸、间氯苯甲酸等。采用双氧水为氧化剂的Baeyer-Villiger氧化催化反应是一条合成内酯的绿色途径。骨架含锗的杂原子分子筛具有晶体结构和孔道结构的多样性，但普遍存在水热稳定性差的问题。吴鹏等发展了酸性条件下硅物种与骨架锗同晶取代的方法，解决了硅锗分子筛结构的稳固问题，得到了兼具高热稳定性和抗酸处理的一系列分子筛材料。进一步利用其骨架中锗离子的Lewis酸性质，同时活化酮和双氧水分子，实现了酮类与双氧水Baeyer-Villiger氧化制备内酯反应，在温和条件下得到很高的转化率和选择性[9, 10]。

张涛研究组发展了单原子催化剂，其中活性组分原子效率达到最大，且活性位点组成和结构均一，因此可极大提高反应速率以及目标产物的选择性[11]。此外，单原子催化剂还可以循环使用，因而具有均相和多相催化的共同优点。在芳香硝基化合物选择性加氢反应中，根据-C=C和$-NO_2$加氢对催化剂结构要求的差异，他们设计开发了单原子和准单原子Pt/FeO_x催化剂，实现了一系列含可还原基团硝基化合物的高效、高选择性加氢制备芳香胺[12]，其中对3-硝基苯乙烯的选择性高达99%，为文献报道的最高值。此外，催化剂可以进行磁性分离和循环使用。

针对均相催化剂催化活性大幅下降的问题，何静等提出构筑具有限域结构的手性催化材料，利用表面协同催化提高催化活性的思路。他们利用阴离子层状材料水滑石的层板表面羟基提供碱性位，作为固体碱替代外加液体碱，在铑催化的 C–H 活化反应中，与铑中心协同启动 C–H 活化反应，在提高区域选择性的同时获得了远高于文献报道的收率[13]。他们还以介孔载体表面固有的硅羟基作为酸中心，载体表面负载手性胺作为碱中心，表面非手性硅羟基与手性碱中心协同催化，不仅实现了简单的不对称直接 aldol 加成反应，还实现了单一碱中心在均相体系无法催化的 Henry–Michael 一锅不对称反应[14]。

生物质基平台分子 5- 羟甲基糠醛转化为液体燃料、材料单体和有机化学品是一重要研究课题。郭庆祥等针 5- 羟甲基糠醛的催化转化，发展了双金属催化剂 Ni–W/C，实现了 5- 羟甲基糠醛到含氧燃料二甲基呋喃的高效催化氢化反应[15]。此外，他们通过使用不同的有机含氮配体络合金属钴，再经热解制备出各种结构可调的氮杂碳基钴催化剂，成功地实现了 5- 羟甲基糠醛一步催化氧化制备生物基材料单体呋喃二甲酸酯[16]。这些反应采用了新型非贵金属催化剂，使反应更加高效、绿色、经济，深化了对生物质基平台分子氧化还原反应机理的认识。

均相催化剂的分离与回收一直是催化研究领域的挑战之一，同时也是绿色化学研究的重要内容。范青华课题组选择性能优异的手性小分子磷配体为研究对象，通过共价键或弱相互作用，在国际上率先发展了以催化活性中心为核的系列手性树状分子催化剂新体系，深入系统地研究了载体结构与催化性能的关系，发现了明显的树状分子载体效应，综合了传统均相催化与异相催化的优点。基于核 / 壳结构树状分子的特殊溶解性能，建立了潜在两相不对称催化和温控相变不对称催化两个新体系，发展了催化剂分离与回收的新方法。研究证明，树状分子载体不仅简化了催化剂的分离与回收，而且更重要的是可以调控催化剂的催化活性和立体选择性、提高催化剂的稳定性能，为负载手性催化剂的设计开辟了新途径[17]。

罗三中课题组以酶催化中多官能团协同催化的思想为指导，结合自然界伯胺催化的原理，成功开发了以伯胺—叔胺类二胺为骨架的手性伯胺催化剂，成功模拟了自然界 6 种不同的羟醛缩合酶的立体选择性催化。在此基础上重点探索了 α – 取代酮的烯胺催化过程，实现了 α – 取代 1，3- 二羰基化合物的不对称 α – 胺化、α – 氧化等反应。同时，将过渡金属催化氧化以及可见光催化成功引入该烯胺催化体系，实现了 α – 取代酮类底物的不对称氧化胺化和自由基烷基化等极具挑战性的反应过程。该类有机小分子催化剂突破了传统氨基催化的局限性，为目前适用性最为广泛的一类氨基催化体系[18]。

2，5- 呋喃二甲醛是一种应用范围十分广泛的呋喃化合物，通常由 5- 羟甲基糠醛选择性氧化制得，但由于 5- 羟甲基糠醛价格高，迄今没有实现工业化。胡常伟课题组开发了含钼杂多酸及其铯盐多功能催化剂，实现了由果糖不经分离 5- 羟甲基糠醛合成 2，5- 呋喃二甲醛[19]，为实现由碳水化合物先脱水生成 5- 羟甲基糠醛中间体，在不分离的情况下使其转化为下游产品提供了新途径。

李浩然等用廉价金属 Co 替代贵金属 Pd 与氮掺杂的多孔炭形成复合催化剂，实现了硝基苯及其衍生物的高效、高选择性加氢[20]。基于廉价金属 Co 的碳基复合催化剂还在电催化水分解反应中表现出接近 Pt 基催化剂的催化活性[21]。该催化剂的开发为非贵金属催化剂催化电解水提供了新方法。

聚甲醛二甲醚是一种新型的甲醇衍生物，可作为柴油添加剂使用。王建国等通过调变分子筛孔道结构和表面酸性，使分子筛成为更为廉价有效的聚甲醛二甲醚合成催化剂[22]，深入研究了催化性能与 Si/Al 等不同因素的关系。他们用具有高比表面积和导电能力的石墨烯作为载体制备催化剂。Au–Pd/ 石墨烯催化剂具有良好的甲醇选择氧化制甲酸甲酯的催化性[23]。

（三）绿色溶剂性质与应用研究

化学过程使用大量有毒有害的挥发性溶剂，造成环境污染和浪费。利用水、离子液体、超临界流体等绿色溶剂替代传统的有害溶剂，利用其特性优化反应和材料合成过程、开发新技术是绿色化学的主要研究内容之一。

离子液体作为一类新型介质为开发高效绿色过程提供了新机遇。张锁江等将离子液体基础研究与技术开发紧密结合，在深入认识离子液体中氢键 – 静电耦合作用基础上，提出不同于常规氢键的 Z 键概念，从分子水平阐明了离子液体与熔盐和分子溶剂的区别[24]，为深入认识离子液体构效关系及性能调控规律提供了科学基础。他们还研究了离子液体团簇形成和解离的动态过程，获得了相关体系的变化规律。采用原位实验与模拟计算相结合，建立了结构导向的反应和分离过程调控新方法。将表达离子液体中气泡曳力系数、粘度动态变化及传质模型引入流体动力学模型中，阐明了离子液体中气泡流动、变形规律[25, 26]。

离子液体作为绿色溶剂，在化学反应和材料合成等领域有广阔的应用前景。然而，同时实现化学反应、产物分离和离子液体的循环使用是关键性难题。王键吉等通过离子液体的构效关系研究，设计、合成了一系列由羟基功能化的铵离子与吡唑、咪唑等阴离子构成的新型离子液体。研究表明，CO_2 可以作为开关控制这些离子液体的水溶性[27]。这些离子液体与水互不相溶，通入 CO_2 后两者完全互溶，然后通入空气或 N_2，体系又恢复为互不相溶的两相。在此基础上，这些离子液体 –CO_2 体系成功用于金纳米多孔膜的均相制备、异相分离和离子液体循环使用的有效耦合，这一成果对于发展绿色化学过程具有重要的意义。

水是无毒无害的介质。李灿等利用水相原位生成的邻亚甲基苯醌与硫醇的加成反应，在手性叔胺 – 方酰胺杂交的双官能有机酸 – 碱催化剂作用下，实现了高选择性的不对称苯酚苄位硫化反应，对于烷基取代和芳基取代的邻亚甲基苯醌底物，反应均具有很高的产率和对映选择性[28]。该方法利用水油两相在催化反应中的优势，通过水相中无机碱和油相中的手性碱及油溶性底物的空间分离，避免了酸碱中和并降低了无机碱带来的副反应，实现了水相中以氢键活化方式进行的高选择性不对称催化反应，为基于原位生成邻亚甲基苯醌的手性催化反应提供了新的策略，也为发展水油两相反应提供了新的思路。

渠瑾课题组研究发现，热水能够促进烯丙醇的 1，3- 重排反应以及共轭多烯醇的 1，5、1，7 甚至 1，9- 重排反应[29]，在水和六氟异丙醇的混合溶剂中实现了溶剂促进的烯丙醇的分子内串联环化反应，用于绿色、高效地合成多环化合物[30]。他们还对水中的环加成反应、环氧化合物的胺解反应、Diels-Alder 反应等进行了深入研究，在水促进有机反应的机理研究方面取得进展。

周剑等人发展了无催化剂条件下水促进的二氟烯醇硅醚与羰基化合物的 Mukaiyama-aldol 反应以及与活泼，*β*- 不饱和化合物的 Mukaiyama Michael 加成反应，高效合成了一系列含二氟甲基的化合物[31]，提出了水促进反应的机理。刘利等利用金属 - 氮杂卡宾络合物对空气和水稳定的特点，在水中实现了 Pd- 氮杂卡宾催化下硅基乙炔和碳酸酯的直接偶联反应。反应在纯水中比在一般有机溶剂中有更高的产率[32]。该方法为 1，4- 烯炔类化合物的制备提供了一条绿色简便的合成路线。

β- 丁内酯作为关键母核结构单元广泛存在于具有生理活性的天然产物以及药物分子中。然而，已报道的合成方法中，在某种程度上存在着反应条件苛刻、使用有毒溶剂或催化剂以及底物官能团兼容性窄等缺点。最近，江焕峰课题组以离子液体为介质，发展了以氯化钯启动的烯烃串联双官能团化反应，构建了系列饱和的 *β* 或 *γ*- 丁内酯类化合物。反应介质离子液体的使用，使得条件温和、操作简单、产物分离容易、反应适应范围广、区域和立体选择性高，为新型药物研发提供了一种高效、简便的合成策略[33]。

酸催化的亲核取代反应是合成化学中构建化学键的基本反应之一。极性非质子溶剂对该类反应的中间体——碳正离子具有较好的稳定化作用，因此是该类取代反应必不可少的溶剂。顾彦龙等在磺酸功能化离子液体骨架结构中导入强极性的砜基，由此发展的含砜基六元环状季铵盐酸性离子液体可以作为一种催化剂应用于二苯甲醇和苯乙炔之间的亲核取代反应合成丙炔醇。该离子液体与有机相不混溶，从而构建了一种液 - 液两相催化体系。离子液体相中不但有磺酸催化中心，且受砜基影响具有强极性的微环境，为碳正离子的生成和稳定化提供了适宜的条件，因此模型反应得以高效地完成[34]。他们还借助该离子液体催化剂实现了吲哚与苯乙酮的直接脱水烷基化反应，得到C3-烯基化吲哚类化合物[35]。

在离子液体的 CO_2 捕集中，传统方法是利用离子液体阴离子上电负性氮或电负性氧与 CO_2 的单位点作用。为了提高离子液体的吸收容量，王从敏课题组在功能化的阴离子上引入一个含氮的位点吡啶，设计合成了几种不同结构的羟基吡啶型离子液体和咪唑吡啶型离子液体，应用于 CO_2 的吸收中[36]。结果表明，含羟基吡啶阴离子的功能化离子液体，每摩尔离子液体可捕集 1.6 mol CO_2。他们还设计合成了高效吸附 SO_2 气体的功能离子液体[37]。这些离子液体循环使用性能好，具有良好的工业应用潜力。

超临界或压缩 CO_2 和离子液体结合具有许多优点，有广阔的应用前景。牟天成课题组用压缩 CO_2 从离子液体中沉淀出壳聚糖和纤维素[38]。用压缩 CO_2 辅助在离子液体中制备了高分散的壳聚糖 - 钯纳米材料，对苯乙烯加氢有很好的催化效果[39]。这些成果将压缩 CO_2 与离子液体这两种常见的绿色溶剂相结合应用于生物质的处理，为生物质的处理提供了新方法，也为复合绿色溶剂的使用开辟了新思路。

刘志敏课题组通过设计功能化离子液体，发展了温和条件下炔醇水合反应合成 α－羟基酮类化合物的离子液体（[Bu_4P][Im]）/CO_2 绿色催化体系，实现了一系列含不同取代基的炔醇高效水合转化[40]。研究发现，CO_2 和离子液体相互协同缺一不可，离子液体的阴离子可活化 CO_2 形成氨基甲酸盐，在水合反应体系中也检测到这一关键中间体。该离子液体能够在常压温和条件下催化 CO_2 与炔醇反应生成 α- 亚烷基环状碳酸酯，该酯又可以在离子液体作用下快速水解生成 α- 羟基酮，并释放出 CO_2。在这一反应中，发现并证实了 CO_2 的助催化作用，拓宽了 CO_2 的应用范围。

超临界或压缩 CO_2 在有机溶剂中具有良好的溶解性，通过 CO_2 压力调节，可对溶剂体系的各种性质进行有效调控[41]。基于此原理，张建玲等[42]报道了一种无模板法合成介孔金属－有机骨架材料的方法，这种方法利用 CO_2 膨胀液体作为可调节的溶剂，在其中自组装生成尺寸为 13 ~ 23nm 的介孔金属－有机骨架材料，孔尺寸调控可以通过控制 CO_2 的压力实现。合成的介孔金属－有机骨架材料在芳香醇氧化反应中具有很高的催化活性，并且适合不同分子量和结构的底物。他们还在 CO_2 调控的乳液中制备了具有大孔－介孔结构的聚合物材料。以这种多孔聚合物为载体的纳米 Pd 催化剂，对苯乙烯加氢反应和 Suzuki 偶联反应具有很高的催化活性[43]。

赵凤玉等[44]设计了一种同时具有大孔和介孔的三维碳材料作为基底，采用超临界 CO_2 沉积方法，在其表面均匀沉积一层 Fe_3O_4 纳米粒子，制备了一种新型结构的锂离子电池负极材料—Fe_3O_4/ 三维碳材料复合材料。三维碳材料碳基底无需预氧化处理即可直接使用，借助于超临界 CO_2 溶剂作用，Fe_3O_4 粒子可均匀地负载到三维碳材料上，Fe_3O_4 的负载量可以通过改变金属硝酸盐浓度精确调控。

韩布兴等发现无机盐可以诱导离子液体形成热力学稳定的水凝胶，并且可以制备多孔离子液体水凝胶。在此基础上，提出了利用离子液体多孔水凝胶一步合成负载型金属纳米催化材料的方法[45]。这种方法具有普适性好、操作简单等优点，载体可以是无机材料、有机高分子材料、有机无机杂化材料等。利用此方法制备的催化剂具有金属纳米粒子尺寸小、尺寸分布很窄、载体具有多级孔结构等特点。这一新颖方法在高效负载型纳米催化材料制备方面具有良好的应用前景。

（四）无毒无害及可再生原料利用

目前，绝大多数有机化学品主要原料是化石资源，其中许多有毒有害，并且这些原料资源不可再生，储量越来越少。采用无毒无害、可再生的原料是绿色化学的重要内容，也是化学工业可持续发展的重要途径。

纤维素催化转化制乙二醇等大宗化学品具有重要意义。张涛研究组在该领域取得了系列研究成果。他们以葡萄糖为模型化合物，研究了逆羟醛缩合反应与加氢反应的动力学[46, 47]，发现在钨基催化剂作用下葡萄糖逆羟醛缩合反应具有较高活化能，而 Ru 催化乙醇醛及葡萄糖加氢反应活化能较低。钨催化剂不仅促进 C–C 断键，同时对葡萄糖和乙醇醛的加氢反应具有显著抑制作用，特别是对葡萄糖加氢抑制作用更强，从而更有利于获得高的乙二醇选择性。

闫立峰等采用碱性水介质作为绿色溶剂溶解纤维素，并进而进行降解及加工研究。他们直接采用纤维素的水溶液为原料，经过无金属催化剂的低温水热反应，高效率地实现了纤维素的降解，纤维素的降解效率可达 100%，其中小分子有机酸的产率高达 82% 以上，特别是具有高附加值的丙二酸与乳酸是其主要产物[48]。该过程具有简单、高效等特点，对发展新的纤维素转化利用技术具有重要参考价值。

基于纤维素的结构特点，刘海超等设计构筑了特定结构的 Al_2O_3 负载 Pt–SnOx 和 Ni–SnO_x 的双功能催化剂，在较温和条件下，实现了调控纤维素的绿色高效水解，同时通过葡萄糖中间体的加氢速率，利用 SnO_x 物种的弱碱性中心催化葡萄糖异构为果糖以及果糖反羟醛缩合反应，从而选择性地断裂其 C–C 键制备羟基丙酮，发展了从纤维素直接制备重要化学品羟基丙酮的新方法[49]。

赵凤玉等[50]发现 ZSM–5 负载的孪晶镍催化剂对于氢解纤维素制备六元醇具有良好的催化性能，并研究了镍表面电子结构的变化对反应物吸附及活化的影响，提出了镍孪晶形成的机理。Al 能够从 ZSM–5 的骨架中脱出形成 Al_2O_3 包覆在氧化镍的表面，在晶核生长过程中起到抑制镍纳米粒子快速生长的作用，同时促进镍孪晶的形成。由 {111} 暴露面组成的孪晶镍具有更强的 CO 吸附能力，使六碳糖上的羰基易于吸附、活化以及被活性氢进攻。这一成果为更加合理设计生物质氢解的镍基催化剂提供了重要依据。

最近，谢海波等基于有机碱、醇与 CO_2 反应形成离子化合物的原理，提出“捕获 CO_2 用于纤维素溶解加工与转化”的概念，实现了温和条件下纤维素非衍生化溶解过程及 CO_2 衍生化溶解过程，提出了其溶解机制[51, 52]。研究发现，强有机碱既作为溶解纤维素的溶剂，又作为原位有机功能催化剂，催化纤维素羟基的衍生化反应。基于此，成功制备出不同取代度的纤维素酯、纤维素接枝聚乳酸等热塑性材料，为纤维素衍生材料制备提供了一个重要的绿色有效途径。

胡常伟针对生物质中纤维素、半纤维素和木质素的结构特性和分布及其相互作用规律，利用溶剂与生物质组分可能的相互作用，开展了对生物质原料利用研究，发现乙醇溶剂可优先溶解毛竹中的木质素，并获得木质素中化学键断键次序[53]。在水溶液中，可进一步提高木质素转化率（89.8%），获得高收率的单酚单体（24.3%）[54]。这些成果对原生生物质资源高选择性转化利用具有重要指导意义。

生物质定向转化为平台化合物是实现生物质高效规模化利用的关键。马隆龙等将生物质表面毛细凝结作用与无机酸式盐的潮解 – 再结晶作用耦合，构建含不凝气水蒸气流动下纤维固体表面动态酸性液膜转化体系，提出了通过酸性液膜解聚纤维素同时通过液膜动态更新及边界层厚度调控高活泼平台化合物相际分子扩散输运的动态液膜理论，与传统水解法相比，平台化合物选择性提高 3 倍[55, 56]。此方法避免了矿物酸及大量有机溶剂的使用、实现了生物质高效定向转化为平台化合物。

赵宗宝课题组利用造纸行业副产物木质素磺酸为催化剂，以木质素基4–甲基愈创木酚为原料，成功制备了木质素基双酚单体，双酚单体再继续与甘油基环氧氯丙烷组合，制备了木质素/甘油基双环氧、双环碳酸酯单体。同时，基于此类单体，成功制备了生物基聚碳酸酯材料、非异腈酸酯基聚氨酯材料，探讨了新型生物基聚碳酸酯材料、聚氨酯材料结构与物理化学性质关系[57, 58]。这些工作为设计新型生物基高分子材料单体分子、构建新型聚合物材料和调控生物基高分子材料的性能奠定了科学基础。

CO_2是主要的温室气体，同时也是一种廉价易得、无毒无害的可再生C1资源，将其转化为高附加值的化学品和能源产品对可持续发展具有重要意义。丁奎岭课题组针对CO_2的化学转化，开发了一种钌络合物催化剂，以CO_2、H_2与有机胺为原料高效合成甲酰胺类化合物的方法[59]。该方法反应条件温和、催化效率高、选择性好、底物适用范围较广。特别是在N，N–二甲基甲酰胺的合成反应中实现了催化剂的重复利用，显示了该催化体系优异的催化性能及良好的应用前景。这一工作为CO_2资源的利用提供了新的思路和方法。

何良年课题组采用碳酸银与磷配体形成的配合物作为催化剂，实现了常压室温条件下α–亚甲基环状碳酸酯类化合物的合成，克服了传统方法中使用高压CO_2、高催化量、额外添加碱等缺点，而且银催化体系表现出很高的催化活性和选择性。同时，该催化体系具有广泛的反应类型适用性[60]。该成果为温和条件下CO_2的化学转化反应研究提供了新的思路。他们采用钨酸银作为双功能催化剂，实现了室温、常压、无配体条件下CO_2为羰基源的端炔羧化酯化反应，高效地合成了炔丙酸酯类化合物，避免了传统方法中使用高压CO_2、额外添加有机碱以及较高的反应温度等限制条件[61]。该催化体系适用范围广，对于多种含不同吸电子和供电子基团取代的芳香或脂肪族末端炔烃均能高效率地得到相应的炔酸酯。该成果为低压下CO_2的化学利用研究提供了新的方法。

烷基化胺是一类重要的化工中间体。石峰等以非贵金属铜基多相催化剂实现了CO_2/H_2为甲基源，胺、硝基苯、腈等化合物为原料的一步胺甲基化反应[62]，实现了不同甲基化胺高效合成，为CO_2的资源化利用提供了一条新的途径。他们还设计出一类对胺醇烷基化制备烷基化胺具有优良催化性能的碳基纳米催化材料。该类碳基材料可以在不使用任何过渡金属条件下催化不同结构的胺和醇反应制备烷基化胺，同时对经由氢转移机理的硝基苯、羰基化合物催化还原具有优良的性能[63]。

吴鹏等[64]设计合成了新型有机–无机杂化分子筛材料。研究表明，这些催化材料对于催化CO_2与环氧化合物环加成反应具有很高的活性和稳定性。吴海虹等设计制备了介孔分子聚合物负载的功能化离子液体，用于催化此类反应。研究表明，在无助催化剂、无溶剂条件下，此类聚合物材料对这类反应具有很好的催化性能，并且容易回收和循环利用[65]。这些新型高效催化剂的设计为CO_2为原料制备环状碳酸酯开辟了新的途径，具有良好的应用前景。

刘志敏课题组设计合成一种双功能离子液体，发展了常温常压下 CO_2 与邻氨基苯腈类化合物反应合成喹唑啉 -2，4（1H，3H）- 二酮类化合物的新型催化体系[66]。研究发现，离子液体的阴离子可活化 CO_2 分子，其阳离子通过氢键作用共同活化邻氨基苯腈底物分子，最终导致产物生成。在这一工作中，他们利用离子液体的可设计性，通过阴阳离子的协同作用实现了 CO_2 在常温常压下的无金属催化转化，为温和条件下 CO_2 的化学转化开辟了一条新的设计思路。

马珺等发现一些质子性离子液体能够高效催化常压 CO_2 和炔胺类化合物生成噁唑烷酮衍生物，反应在无溶剂、无金属参与条件下得到高产率的目标产物。这一绿色、廉价的离子液体在循环使用 5 次后催化活性和选择性无明显改变。用密度泛函理论研究了反应机理，表明离子液体的阴阳离子通过协同作用高效催化反应[67]。文章发表后，美国《科学》杂志对相关成果进行了介绍。

聚氨酯材料具有广泛用途，聚氨酯生产的主要原料之一异氰酸酯，目前 90% 以上的异氰酸酯工业生产为光气路线。光气剧毒，并副产氯化氢，增加设备腐蚀和纯化回收成本。因此，非光气生产异氰酸酯过程受到世界各国的关注，并投入大量的研发力量开发相关技术。邓友全课题组采用离子液体 + 超细催化剂为反应体系实现热裂解制异氰酸酯，具有反应温度低、聚合副产物少、普适性好等特点，为非光气生产异氰酸酯提供了一条新的路线。该方法获得美国专利授权[68]。相关中试放大工作正在进行。

空气氧化反应是精细化学品生产过程中非常重要的反应。李浩然课题组研究了以邻苯二甲酰亚胺为代表的 N- 羟基亚胺类以及 2，2，6，6- 四甲基哌啶氧化物作为有机催化剂的空气氧化反应。采用密度泛函理论与实验相结合的方法，系统研究了 β- 异佛尔酮氧化过程，提出了新的底物自氧化机理，解释了其氧化产物选择性分布和关键中间体过氧化物难以直接检测等现象的主要原因[69]。

5- 羟甲基糠醛是重要平台化合物。2，5- 呋喃二甲醛是重要的化学中间体。使用分子氧绿色氧化剂，5- 羟甲基糠醛选择氧化合成 2，5- 呋喃二甲醛具有重要意义。刘海超等采用活性炭负载纳米 Ru 催化剂，在温和反应条件下，实现了 5- 羟甲基糠醛催化氧化高效合成 2，5- 呋喃二甲醛，其收率高达 96%[70]。为解决贵金属 Ru 的高成本等问题，他们又进一步发展了具有八面体分子筛晶体结构的廉价 MnO_2 基非贵金属催化剂，获得了同样的 2，5- 呋喃二甲醛合成效率，并揭示了催化剂结构与性能之间的关系以及反应机理[71]。

（五）绿色产品研究与开发

目前生产的许多化学品和材料有毒有害、破坏生态环境，对人类的健康有害。设计和生产性能优良、对环境友好的产品是绿色化学的重要组成部分。

纤维素是自然界中储量最大的天然高分子。通过纤维素上丰富的羟基基团进行不同反应，制备各种类型的纤维素衍生物是高效利用天然纤维素资源的重要途径。近年来，张军课题组以离子液体为介质，通过均相酯化、醚化和接枝反应，将不同柔性、长度和体积的功能基团引入纤维素链中，得到多种环境友好、具有特定功能的纤维素材料[72, 73]。与传统非均相纤维素衍生化方法相比，以离子液体为介质的均相反应方法表现出显著优势，如易于调控产物结构、溶剂易回收等。

闫立峰等采用纤维素的均相水溶液与碳量子点进行复合，而后再生的方法，制备得到了无金属的纤维素 / 碳量子点复合膜，该膜具备高透明性、高力学强度、高荧光特性，可以用于新型纤维素膜基、水凝胶基、及纤维基产品的开发，产物为全碳材料，具有很好的生物可降解特性及无金属残余特征[74]。

王勇等提出了一种活化生物质的方法。此方法直接利用生物质碳源和 $KHCO_3$ 进行煅烧得到了具有丰富大孔 - 介孔 - 微孔的高比表面，高孔容炭基材料可用于超级电容器电极材料，该方法的原料成本低，过程简单，为生物质的绿色化应用提供了一条途径[75]，该成果发表后被英国 *Chemsitry World* 撰文报道。

邱学青等通过对工业木质素进行改性，然后通过自组装等方法制备一系列木质素纳米颗粒，提升木质素的附加值，并探索在不同领域的应用。例如，他们将无序碱木质素乙酰化改性后溶解于有机溶剂，然后加水制备了有序木质素纳米胶体球，进一步探索了包埋农药，形成了抗光解农药制剂，载药量高。同时，因为特殊的自组装结构以及规则纳米粒子的光学效应，木质素纳米胶体球颜色明显变淡，有利于工业木质素在更广泛的领域应用[76, 77]。他们用植物中提取的木质素及其纳米粒子制备了天然高分子广谱防晒剂，应用于防晒护肤领域。向商品防晒霜中添加少量木质素，防晒霜的防晒性能大幅度提升[78]。该研究成果被英国皇家化学会作为亮点新闻报道，同时被美国 *Scientific American* 等全篇转载报道。

宋金良等以来源于植物的植酸为原料与 ZrCl4 反应，设计合成了多孔性催化剂植酸锆。研究表明，所制备的植酸锆催化剂对生物质平台化合物乙酰丙酸及酯通过 Meerwein-Ponndorf-Verley 反应制备 γ - 戊内酯表现出非常高的活性和选择性。进一步研究表明，催化剂中锆和磷酸根基团是催化剂具有高活性的原因[79]。这一工作成功实现了由天然化合物植酸合成催化剂用于生物质平台化合物乙酰丙酸及酯的高效转。

高分子量的 CO_2 基塑料是重要的生物降解塑料，但是重金属含量的控制一直是难题。王献红等发明了中心金属低毒或无毒的萨林钛系和卟啉铝催化体系，实现了高分子量 CO_2 共聚物的高效合成，该类催化剂具有可堆肥的特征，因此无须进行分离，可使合成 CO_2 共聚物的能耗降低 30% ~ 40%[80, 81]。尤其是单组元双功能卟啉铝催化剂体系，对 CO_2 和环氧丙烷的共聚显示了很高的催化活性和较高的聚合物选择性，聚合物的分子量高，且聚合物中的碳酸酯含量超过 99%。这类新一代催化体系绿色催化剂有望实现工业应用。

新型 CO_2 捕集材料的设计合成具有重要意义。王键吉等合成了与传统纤维状 SBA-15 分子筛形貌不同的层状短通道扩孔二氧化硅纳米材料，并通过硅烷化反应，将有机胺接枝到纳米材料上，得到了不同胺化程度的胺基功能化分子筛[82]。这种层状短通道扩孔二氧化硅纳米材料显著提高了吸附剂胺的负载量和对 CO_2 的吸附效果，且具有良好的再生性能和稳定性。何良年等研究发现，邻苯二甲酰亚胺钾盐是一种高效的 CO_2 吸收剂，吸收速率快且可达到等摩尔吸附容量。而且，氨基甲酸钾盐可以不经过解吸直接转化为烯基噁唑啉酮类化合物和甲酸等高附加值产品[83]。

多元聚阴离子化合物通常具有优异的电化学性能。目前多元聚阴离子化合物的合成方法主要为高温固相法，特别是氟磷酸钒钠盐的合成，而储能电池的正极材料的合成成本是储能电池成本的重要因素。刘会洲课题组将酸碱耦合萃取剂的路线与水热法结合，将二元化合物的制备发展到多元化合物，低温下合成了一系列氟磷酸钒钠盐[84]。在此基础上，实现了从水热到室温，从有机溶剂体系到水相体系的绿色合成[85]。

生物质高效转化为清洁的液体燃料是可持续绿色能源的重要方向。马隆龙等针对木质纤维素及非粮生物质聚合结构高度规律性及功能性的特点，提出了基于糠醛、5-羟甲基糠醛和乙酰丙酸交叉缩合可控增碳的水热催化转化合成生物航空燃油的全合成转化途径，避免了外加丙酮等有机原料进行增碳的路线的缺点[86]。基于该路径，已建成 150t/a 纤维素生物航空燃油中试系统，生物航空燃油品质已达到国际 ASTM7566 标准。

王艳芹等构建了多功能的 Pd/$NbOPO_4$ 催化剂，使得生物质的衍生物在温和的条件下直接催化转化为液态烷烃，产物收率高，催化剂寿命长。生成的长链烷烃通过催化异构化即可得到高辛烷值的液体燃料[87]。该工作利用液态烷烃作为溶剂既避免了后续的分离过程，同时生成的产物可作为溶剂循环使用，实现了液态燃料制备的绿色化。在上述工作的基础上，他们进一步研制了 Pd/Nb_2O_5-SiO_2 复合催化剂，并成功用于棕榈酸，硬脂酸三甘油酯的脱氧加氢，在温和条件下获得了很高的长链烷烃收率[88]。相关成果对于生物质及其衍生物催化脱氧加氢制备生物汽油、生物航煤和生物柴油具有重要的意义。

农药绿色化具有重要的意义。以吡虫啉为代表的新烟碱杀虫剂是目前国际上最大的杀虫剂种类，由于其大量频繁地使用，也带来抗性难题。华东理工大学钱旭红等成功建立了顺硝烯新烟碱杀虫剂的结构框架，研究历时十多年，使之在国际上成为代表性的新方向，形成了系列具有自主知识产权的新化合物，其中环氧虫啶尤最为突出，于 2015 年获得新农药登记，申请了 PCT 专利，并进入美国、日本、欧盟、澳大利亚等 31 个指定国，目前已经获得 8 个国家的专利授权。环氧虫啶是目前唯一一个可商品化的超高活性的烟碱乙酰胆碱受体 nAChR 拮抗剂，具有良好的性能。

植物抗病激活剂的特点是通过激活植物自身抗病活性以抵抗各种病害的影响，其特点是广谱性、持久性、无毒或低毒，并且不会引起抗药性，是典型的绿色植物保护方法。钱旭红等依据绿色化学和氟化学方法，设计创制了植物诱抗剂氟唑活化酯（FBT），于 2015 年获得新农药登记。FBT 具有许多特点，如具有广谱抗病害效果，具有抗土传病害效果和优良抗虫效果，性能优于专门杀虫的商品虫螨腈，拓宽了植物诱抗剂的应用前景，为生态型农药的发展提供了启示[89]。

鱼尼丁受体是一类配体门控通道，是一个有效的杀虫剂靶标。目前商品化的鱼尼丁受体杀虫剂有邻苯二甲酰胺类和邻甲酰氨基苯甲酰胺类，它们是广谱、超高效、对环境生态十分安全的新一代防治鳞翅目害虫的有效杀虫剂，具有全新的作用机制。李正名课题组引领这个前沿领域的研究，针对鱼尼丁受体靶标，首次在国内建立配套的昆虫神经细胞电生理微量钙离子流监控技术，近年设计合成多系列近千个新化合物，从中发现新型含碳硫双手性邻苯二甲酰胺类、含硝基苯基吡唑的邻甲酰氨基苯甲酰胺类等新结构对粘虫表现出高效杀虫活性，尤其一些新颖手性结构对小菜蛾的药效超过商品化杀虫剂氟虫酰胺 2 个以上数量级[90, 91]。其中碳硫双手性原子引入鱼尼丁受体杀虫剂的构效关系规律总结是首次报道。这项新科研成果对于绿色杀虫剂的创制研究具有重要理论意义。他们近期研究发现，设计合成的新型含芳基取代嘧啶基磺酰脲衍生物，以及 2– 甲基 –6– 氯 / 硝基苯磺酰脲衍生物具有高效除草活性和突出的植物真菌抑制活性[92, 93]。这一成果对新磺酰脲类化合物在绿色农药开发中的应用具有重要意义。

（六）绿色过程与技术

目前许多化工技术造成严重的污染，绿色化学对可持续发展的实际贡献最终体现在绿色化学技术的应用，绿色过程与技术开发是绿色化学核心内容之一。

以液化气为原料生产高辛烷值、无硫、无烯、无芳清洁汽油的碳四烷基化工艺是清洁燃料生产的重要技术。传统工艺以浓硫酸或氢氟酸为催化剂，存在严重的设备腐蚀及潜在的环境污染和安全隐患。中国石油大学徐春明等设计合成了兼具高活性和选择性的“双阴离子”新型复合离子液体催化剂，发明了催化剂活性监测方法和再生技术，开发了复合离子液体碳四烷基化新工艺。研制了新型管道式反应器、旋液分离器等专用设备，建成世界首套 10 万 t/a 复合离子液体碳四烷基化工业装置。工业运行表明，烯烃转化率 100%，烷基化油辛烷值高达 97 以上，吨烷基化油的催化剂消耗 5kg。该技术实现了产品和工艺的双绿色化，为汽油的清洁化和全面质量升级提供了一种新的解决方案。已授权国际发明专利 20 余项、中国发明专利 10 件。于 2014 年获中国石油和化学工业联合会的技术发明特等奖，并入选 2014 年度中国高等学校十大科技进展。

中国科学院上海高等研究院低碳重点实验室针对现代煤化工过程中的高压 CO_2 捕获问题，开展了高性能分子筛膜的制备、表征及其在气体分离中的应用研究，形成了一系列具有自主知识产权的分子筛膜制备与放大、膜组件的设计与优化、模试装置的设计与加工等成套技术及工艺包，实现了 $50m^3/h$ 的膜分离装置的 1000 h 稳定运转，性能达到国际最新报道的水平。他们通过构筑纳米化铜基催化剂，成功实现了催化剂活性组分高分散以及活性组分在反应过程中的高稳定性，相对国内外 CO_2 加氢制甲醇催化剂，催化剂活性和稳定性均得到了显著提高。目前，已完成催化剂生产放大及定型，正合作开展工业单管验证。

乙炔氢氯化反应是我国生产聚氯乙烯塑料的重要反应过程，在我国有近 2000 万 t/a 生产能力，用于该反应的传统汞催化剂存在着环境污染及人身伤害严重、汞资源匮乏等诸多问题，急需寻找可替代的新型绿色催化剂。魏飞等发展了通过添加协同金属、引入配体及优化载体处理等方法解决金催化剂易被氢气还原失活等问题，提高金催化剂性能的工作[94–96]。开发的催化剂活性高，稳定性好。与企业合作，进行工业催化剂的侧线试验

8000h 以上考查，催化剂保持 97% 以上的转化率。该成果有望得到应用，推动中国聚氯乙烯行业向绿色、高效方向发展。

张锁江等人深入研究了氢键－静电协同催化羰基化反应过程的机理及反应－分离过程的调控机制，开发了负载和聚合离子液体催化剂，及气液两相列管固定床反应器，解决了离子液体催化剂循环回收的难题，形成了乙二醇 / 碳酸二甲酯生产新工艺。他们设计开发了以石油裂解碳 4 或生物质含氧衍生物为原料的离子液体协同催化烷基化绿色新过程，获得了高辛烷值产品。进一步基于离子液体特性，开发了高倍率、高压、高低温离子液体电解液，并探索了离子液体用于聚对苯二甲酸乙二醇酯降解、角蛋白溶解纺丝等多项新技术[97]。

邻苯类增塑剂年消费量约 600 万 t，普遍具有毒性。开发环保无毒型增塑剂是当前迫切需要解决的难题。三醋酸甘油酯具有优良的生物降解性能，是一类性能安全、环保无毒型增塑剂。北京化工大学宋宇飞等针对三醋酸甘油酯传统生产工艺采用无机酸为催化剂，存在腐蚀设备、易爆炸等环保和安全问题，通过创制多酸插层结构催化剂，开发新型旋转液膜反应器，保证优良的催化性能。通过解决连续酯化和分水等技术难题，开发了与催化剂匹配的连续化清洁生产工艺，形成了自主知识产权，实现了三醋酸甘油酯总产能 55000t/a，此工艺节能环保，取得了良好的经济效益与社会效益。该项成果于 2014 年获得中国石油和化学工业联合会科技进步一等奖。

二、国内外发展比较和我国发展趋势与对策

绿色化学是化学化工发展的必然趋势。它涉及化学的各个方面，包括环境友好产品的设计、新的合成路线及方法学、绿色溶剂、绿色催化、绿色原料、绿色过程等。20 年来，我国绿色化学得到了长足发展，取得一批重要成果，形成了一支在国际上具有重要影响的科技队伍，整体处于国际先进水平。我国人口众多，技术相对落后，资源浪费和环境污染严重，因此发展绿色化学对我国具有特殊意义。

绿色化学属于起步阶段，其原理、内涵、内容和目标将不断充实和完善。发展绿色化学是一项长期的工作，有许多重大科学和技术难题有待研究和解决，需要政府、学术界、企业界共同努力。绿色化学的发展将使化学化工生产方式发生变革，逐步走向可持续发展的道路。

三、结束语

由于篇幅和作者水平所限，加之绿色化学领域发展很快，此报告中无法包括所有重要成果，也难免出现错误，敬请广大同仁谅解和批评指正。另外，报告编写过程中，许多同仁提供了相关材料，作者深表谢意。

参考文献

[1] Han Z B, Rong L C, Wu J, et al. Catalytic hydrogenation of cyclic carbonates: A practical approach from CO_2 and epoxides to methanol and diols [J]. Angewandte Chemie International Edition, 2012, 51(52):13041–13045.

[2] Feng J J, Lin T Y, Wu H H, et al. Transfer of chirality in the rhodium–catalyzed intramolecular formal hetero– [5+2] cycloaddition of vinyl aziridines and alkynes: stereoselective synthesis of fused azepine derivatives [J]. Journal of the American Chemical Society, 2015, 137(11):3787–3790.

[3] Li X W, Liu X H, Chen H J, et al. Copper–catalyzed aerobic oxidative transformation of ketone - derived N - tosyl hydrazones: An entry to alkynes [J]. Angewandte Chemie International Edition, 2014, 53(52):14485–14489.

[4] Li Q, Huang Y, Chen T Q, et al. Copper–catalyzed aerobic oxidative amination of sp^3 C–H bonds:efficient synthesis of 2–hetarylquinazolin–4(3H)–ones [J]. Organic Letters, 2014,16(14): 3672–3675.

[5] Fan X S, He Y, Zhang X Y, et al. Sustainable and selective synthesis of 3,4–dihydroquinolizin–2–one and quinolizin–2–one derivatives via the reactions of penta–3,4–dien–2–ones [J]. Green Chemistry, 2014, 16(3):1393–1398.

[6] He Y, Zhang X Y, Fan X S. One–pot cascade reactions of 1–arylpenta–3,4–dien–2–ones leading to 2–arylphenols and dibenzopyroanones [J]. Chemical Communications, 2014, 50(95): 14968–14970.

[7] Wu G J, Deng Y F, Wu C Q, et al. Synthesis of α–aryl esters and nitriles: deaminative coupling of α–aminoesters and α–aminoacetonitriles with arylboronic acids [J]. Angewandte Chemie International Edition, 2014, 53(39),10510–10514.

[8] Fu M C, Shang R, Cheng W M, et al. Boron–catalyzed N–alkylation of amines using carboxylic acids [J]. Angewandte Chemie International Edition, 2015, 54(31): 9042–9046.

[9] Xu H, Jiang J G, Yang B T, et al. Post–synthesis treatment gives highly stable siliceous zeolites through the isomorphous substitution of silicon for germanium in germanosilicates [J]. Angewandte Chemie International Edition, 2014, 53(5): 1355–1359.

[10] Xu H, Jiang J G, Yang B T, et, al. Effective Baeyer–Villiger oxidation of ketones over germanosilicates [J]. Catalysis Communications, 2014, 55(19):83–86.

[11] Zhang J Y, Hou B L, Wang A Q, et al. Kinetic study of retro–aldol condensation of glucose to glycolaldehyde with ammonium metatungstate as the catalyst [J]. AIChE Journal, 2014, 60(11): 3804–3813.

[12] Wei H S, Liu X Y, Wang A Q, et al. FeO_x–supported platinum single–atom and pseudo–single–atom catalysts for chemoselective hydrogenation of functionalized nitroarenes [J]. Nature Communications, 2014, 5:5634.

[13] Liu H, An Z, He J. Nanosheet–enhanced Rhodium(III)–catalysis in C–H activation [J]. ACS Catalysis, 2014, 4(10):3543–3550.

[14] An Z, He J, Dai Y, et al. Enhanced heterogeneous asymmetric catalysis via the acid–base cooperation between achiral silanols of mesoporous supports and immobilized chiral amines [J] .Journal of Catalysis, 2014,317:105–113.

[15] Huang Y B, Chen M Y, Yan L, et al. Nickel–Tungsten carbide catalysts for the production of 2,5–dimethylfuran from biomass–derived molecules [J]. ChemSusChem, 2014, 7(4): 1068–1072.

[16] Deng J, Song H J, Cui M S, et al. Aerobic oxidation of hydroxymethylfurfural and furfural by using heterogeneous Co_xO_y–N@C catalysts [J]. ChemSusChem, 2014, 7(12):3334–3340.

[17] He Y M, Feng Y, Fan Q H. Asymmetric hydrogenation in the core of dendrimers [J]. Accounts of Chemical Research, 2014, 47(10):2894–2906.

[18] Zhang L, Fu N K, Luo S Z. Pushing the limits of aminocatalysis: enantioselective transformations of α–branched β–ketocarbonyls and vinyl ketones by chiral primary amines [J]. Accounts of Chemical Research, 2015, 48(4):986–997.

[19] Liu Y, Zhu L F, Tang J Q, et al. One–pot, one–step synthesis of 2,5–diformylfuran from carbohydrates over Mo–containing keggin heteropolyacids [J]. Chemsuschem, 2014, 7(12): 3541–3547.

[20] Wei Z Z, Wang J, Mao S J, et al. In situ generated Co^0–Co_3O_4/N–doped carbon nanotubes hybrids as efficient and chemoselective

catalysts for hydrogenation of nitroarenes [J]. ACS Catalysis, 2015, 5(8):4783–4789.

[21] Jin H Y, Wang J, Su D F, et al. In situ cobalt-cobalt oxide/N-doped carbon hybrids as superior bifunctional electrocatalysts for hydrogen and oxygen evolution [J] .Journal of the American Chemical Society, 2015, 137(7):2688–2694.

[22] Wu J B, Zhu H Q, Wu Z W, et al. High Si/Al ratio HZSM-5 zeolite:an efficient catalyst for the synthesis of polyoxymethylene dimethyl ethers from dimethoxymethane and trioxymethylene [J]. Green Chemistry, 2015, 17:2353–2357.

[23] Wang R Y, Wu Z W, Chen C M, et al. Graphene-supported Au-Pd bimetallic nanoparticles with excellent catalytic performance in selective oxidation of methanol to methyl formate [J]. Chemical Communications, 2013, 49(74):8250–8252.

[24] Dong K, Zhang S J, Wang Q. A new class of ion-ion interaction: Z-bond [J]. SCIENCE CHINA Chemistry, 2015, 58(3):495–500.

[25] Bao D, Zhang X, Dong H F, et al. Numerical simulations of bubble behavior and mass transfer in CO_2 capture system with ionic liquids [J]. Chemical Engineering Science, 2015, 135: 76–88.

[26] Zhang X, Bao D, Huang Y, et al, Gas-liquid mass-transfer properties in CO_2 absorption system with ionic liquids [J]. AIChE Journal, 2014, 60(8): 2929–2939.

[27] Xiong D Z, Cui G K, Wang J J, et al. Reversible Hydrophobic-hydrophilic transition of ionic liquids driven by carbon dioxide [J]. Angewandte Chemie International Edition, 2015, 54(25): 7265–7269.

[28] Guo W G, Wu B, Zhou X, et al. Formal asymmetric catalytic thiolation with a bifunctional catalyst at a water-oil interface: synthesis of benzyl thiols [J]. Angewandte Chemie International Edition, 2015, 54(15):4522–4526.

[29] Li P F, Wang H L, Qu J. 1, n-Rearrangement of allylic alcohols promoted by hot water: application to the synthesis of navenone B, a polyene natural product [J]. Journal of Organic Chemistry, 2014, 79(9):3955–3962.

[30] Zhang F Z, Tian Y, Li G X, et al. Intramolecular etherification and polyene cyclization of π-activated alcohols promoted by hot water [J]. Journal of Organic Chemistry, 2014, 80(2):1107–1115.

[31] Yu J S, Liu Y L, Tang J, et al. Highly efficient "On water" catalyst-free nucleophilic addition reactions using difluoroenoxysilanes: dramatic fluorine effects [J]. Angewandte Chemie International Edition, 2014, 53(36): 9512–9516.

[32] Li Y X, Liu L, Kong D L, et al. Palldium-catalyzed alkynylation of Morita-Baylis-Hillman carbonates with (triisopropylsilyl)acetylene on water [J]. Journal of Organic Chemistry, 2015, 80 (12): 6283–6290.

[33] Li J X, Yang W F, Yang S R, et al. Palladium-catalyzed cascade annulation to construct functionalized β- and γ-Lactones in ionic liquids [J]. Angewandte Chemie International Edition, 2014, 53(28): 7219–7222.

[34] Taheri A, Pan X J, Liu C H, et al. Brønsted acid ionic liquid as a solvent-conserving catalyst for organic reactions [J]. ChemSusChem, 2014, 7(8): 2094–2098.

[35] Taheri A, Liu C H, Lai B B, et al. Brønsted acid ionic liquid catalyzed facile synthesis of 3-vinylindoles through direct C3 alkenyllation of indoles with simple ketones [J]. Green Chemistry, 2014, 16(8): 3715–3719.

[36] Luo X Y, Guo Y, Ding F, et al. Significant improvements in CO_2 capture by pyridine-containing anion-functionalized ionic liquids through multiple-site cooperative interactions [J]. Angewandte Chemie International Edition, 2014, 53(27): 7053–7056.

[37] Cui G K, Zheng J J, Luo X Y, et al. Tuning anion-functionalized ionic liquids for improved SO_2 capture [J]. Angewandte Chemie International Edition, 2013, 52(40), 10620–10624.

[38] Sun X F, Chi Y L, Mu T C. Studies on staged precipitation of cellulose from an ionic liquid by compressed carbon dioxide [J]. Green Chemistry, 2014, 16(5): 2736–2744.

[39] Xue Z M, Sun X F, Li Z H, et al. CO_2 as a regulator for the controllable preparation of highly dispersed chitosan-supported Pd catalysts in ionic liquids [J]. Chemical Communications, 2015, 51(54): 10811–10814.

[40] Zhao Y F, Yang Z Z, Yu B, et al. Task-specific ionic liquid and CO_2-cocatalysed efficient hydration of propargylic alcohols to α-hydroxy ketones [J]. Chemical Science, 2015, 6(4): 2297–2301.

[41] Zhang J L, Han B X. Supercritical or compressed CO_2 as a stimulus for tuning surfactant aggregations [J]. Accounts of Chemical Research, 2013, 46(2): 425–433.

[42] Peng L, Zhang J L, Xue Z M, et al. Highly mesoporous metal-organic framework assembled in a switchable solvent [J]. Nature Communication, 2014, 5: 5465.

[43] Peng L, Zhang J L, Li J S, et al. Macro– and mesoporous polymers synthesized by a CO_2–in–ionic liquid emulsion–templating route [J]. Angewandte Chemie International Edition, 2013, 52(6): 1792–1795.

[44] Wang L Y, Zhuo L H, Zhang C, et al. Supercritical carbon dioxide assisted deposition of Fe_3O_4 nanoparticles on hierarchical porous carbon and their LithiumStorage performance [J] . Chemistry–A European Journal, 2014, 20(15), 4308–4315.

[45] Kang X C, Zhang J L, Shang W T, et al. One–step synthesis of highly efficient nanocatalysts on the supports with hierarchical pores using porous ionic liquid–water gel [J] . Journal of the American Chemical Society, 2014, 136(10): 3768–3771.

[46] Zhang J Y, Hou B L, Wang A Q, et al. Kinetic study of Retro–Aldol condensation of glucose to glycolaldehyde with ammonium metatungstate as the catalyst [J] . AIChE Journal, 2014, 60(11): 3804–3813.

[47] Zhang J Y, Hou B L, Wang A Q, et al. Kinetic study of the competitive hydrogenation of glycolaldehyde and glucose on Ru/C with or without AMT [J] . AIChE Journal, 2015, 61(1): 224–238.

[48] Yan L F, Qi X Y, Degradation of cellulose to organic acids in its homogeneous alkaline aqueous solution [J] . ACS Sustainable Chemis try & Engineering, 2014, 2 (4): 897–901.

[49] Deng T Y, Liu H C. Direct conversion of cellulose into acetol on bimetallic Ni–SnOx/Al_2O_3 catalysts [J] . Journal of Molecular Catalyst A–Chemical, 2014, 388: 66–73.

[50] Liang G F, He L M, Cheng H Y, et al. ZSM–5–supported multiply–twinned nickel particles: formation, surface properties, and high catalytic performance in hydrolytic hydrogenation of cellulose [J] . Journal of Catalysis, 2015, 325, 79–86.

[51] Yang Y L, Song L C, Peng C, et al. Activating cellulose via its reversible reaction with CO_2 in the presence of 1,8–diazabicyclo [5.4.0] undec–7–ene for the efficient synthesis of cellulose acetate [J] . Green Chemistry, 2015, 17(5): 2758–2763.

[52] Xie H B, Yu X, Yang Y L, et al. Capturing CO_2 for cellulose dissolution. Green Chemistry, 2014, 16(5): 2422–2427.

[53] Hu L B, Luo Y P, Cai B, et al. The degradation of the lignin in Phyllostachys heterocycla cv. pubescensin an ethanol solvothermal system [J] . Green Chemistry, 2014, 16(6): 3107–3116.

[54] Jiang Z C, He T, Li J M, et al. Selective conversion of lignin in corncob residue to monophenols with high yield and selectivity [J] , Green Chemistry, 2014, 16(9): 4257–4265.

[55] Shi N, Liu Q Y, Zhang Q, et al. High yield production of 5–hydroxymethylfurfural from cellulose by high concentration of sulfates in biphasic system [J] . Green Chemistry, 2013, 15(7): 1967–1974.

[56] Shi N, Liu Q Y, Ma L L, et al. Direct degradation of cellulose to 5–hydroxymethylfurfural in hot compressed steam with inorganic acidic salts [J] . RSC Advances, 2014, 4(10): 4978–4984.

[57] Chen Q, Gao K K, Peng C, et al. Preparation of lignin/glycerol–based bis(cyclic carbonate) for the synthesis of polyurethanes [J] . Green Chemistry, 2015, 17(9): 4546–4551.

[58] Chen Q, Huang W, Chen P, et al. Synthesis of lignin–derived bisphenols catalyzed by lignosulfonic acid in water for polycarbonate synthesis [J] . ChemCatChem, 2015, 7(7): 1083–1089.

[59] Zhang L, Han Z B, Zhao X Y, et al. Highly efficient Ruthenium–catalyzed N–Formylation of Amines with H_2 and CO_2 [J] . Angewandte Chemie International Edition, 2015, 54(21): 6186–6189.

[60] Song Q W, Chen W Q, Ma R, et al. Bifunctional silver(I) complex–catalyzed CO_2 conversion at ambient conditions: synthesis of α –methylene cyclic carbonates and derivatives [J] . ChemSusChem, 2015, 8(5): 821–827.

[61] Guo C X, Yu B, Xie J N, et al. Silver tungstate: a single–component bifunctional catalyst for carboxylation of terminal alkynes with CO_2 in ambient conditions [J] . Green Chemistry, 2015, 17(1): 474–479.

[62] Cui X, Dai X, Zhang Y, et al. Methylation of amines, nitrobenzenes and aromatic nitriles with carbon dioxide and molecular hydrogen [J]. Chemical Science, 2014, 5(2): 649–655.

[63] Yang H, Cui X, Dai X, et al. Carbon–catalysed reductive hydrogen atom transfer reactions [J] . Nature Communications, 2015, 6: 6478.

[64] Li C G, Xu L, Wu P, et al. Efficient cycloaddition of epoxides and carbon dioxide over novel organic–inorganic hybrid zeolite catalysts [J]. Chemical Communications, 2014, 50(99): 15764–15767.

[65] Zhang W, Wang Q X, Wu H H, et al. A highly ordered mesoporous polymer supported imidazolium–based ionic liquid: an efficient

catalyst for cycloaddition of CO_2 with epoxides to produce cyclic carbonates [J]. Green Chemistry, 2014, 16(11): 4767–4774.

[66] Zhao Y F, Yu B, Yang Z Z, et al. A protic ionic liquid catalyzes CO_2 conversion at atmospheric pressure and room temperature: synthesis of quinazoline–2,4–(1H,3H)–diones [J]. Angewandte Chemie International Edition, 2014, 53(23): 5922–5925.

[67] Hu J Y, Ma J, Zhu Q G, et al. Transformation of atmospheric CO_2 catalyzed by protic ionic liquids: efficient synthesis of 2–oxazolidinones [J]. Angewandte Chemie International Edition, 2015, 54(18): 5399–5403.

[68] Deng Y, Guang X, Shi F, et al. USP 8809574, 2014.

[69] Jia L, Chen K X, Wang C M, et al. Unexpected oxidation of β–isophorone with molecular oxygen promoted by TEMPO [J]. RSC Advances, 2014, 4(30): 15590–15596.

[70] Nie J F, Xie J H, Liu H C. Efficient aerobic oxidation of 5–hydroxymethylfurfural to 2,5–diformylfuran on supported Ru catalysts [J]. Journal of Catalysis, 2013, 301: 83–91.

[71] Nie J F, Liu H C. Efficient aerobic oxidation of 5–hydroxymethylfurfural to 2,5–diformylfuran on manganese oxide catalysts [J]. Journal of Catalysis, 2014, 316: 57–66.

[72] Chen J, Zhang J M, Feng Y, et al. Synthesis, characterization, and gas permeabilities of cellulose derivatives containing adamantane groups [J]. Journal of Membrane Science, 2014, 469: 507–514.

[73] Xiao P, Zhang J M, Feng Y, et al. Synthesis, characterization and properties of novel cellulose derivatives containing phosphorus: cellulose diphenyl phosphate and its mixed esters [J]. Cellulose, 2014, 21(4): 2369–2378.

[74] Zeng J, Yan L F. Metal–free transparent luminescent cellulose films [J]. Cellulose, 2015, 22(1):729–736.

[75] Deng J, Xiong T Y, Xu F, et al. Inspired by bread leavening: one–pot synthesis of hierarchically porous carbon for supercapacitors [J]. Green Chemistry, 2015, 17(7): 4053–4060.

[76] Qian Y, Deng Y H, Qiu X Q, et al. Formation of uniform colloidal spheres from lignin, a renewable resource recovered from pulping spent liquor [J]. Green Chemistry, 2014, 16(4): 2156–2163.

[77] Qian Y, Deng Y H, Li H, et al. Reaction–free lignin whitening via a self–assembly of acetylated lignin [J]. Industrial & Engineering Chemistry Research, 2014, 53 (24): 2156–2163.

[78] Qian Y, Qiu X Q, Zhu S P. Lignin: a nature–inspired sun blocker for broad–spectrum sunscreens [J]. Green Chemistry, 2015, 17(1): 320–324.

[79] Song J L, Zhou B W, Zhou H C, et al. Porous zirconium–phytic acid hybrid: a highly efficient catalyst for meerwein–ponndorf–verley reductions [J]. Angewandte Chemie International Edition, 2015, 54(32): 9399–9403.

[80] Wang Y, Qin Y S, Wang X H, et al. Trivalent titanium salen complex: thermally robust and highly active catalyst for copolymerization of CO_2 and cyclohexene oxide [J]. ACS Catalysis, 2015, 5(1): 393–396.

[81] Wu W, Sheng X F, Qin Y S, et al. Bifunctional aluminum porphyrin complex: Soil tolerant catalyst for copolymerization of CO_2 and propylene oxide [J]. Journal of Polymer Science Part A: Polymer Chemistry, 2014, 52(16): 2346–2355.

[82] Zhou L Y, Fan J, Cui G K, et al. Highly efficient and reversible CO_2 adsorption by amine–grafted platelet SBA–15 with expanded pore diameters and short mesochannels [J]. Green Chemistry, 2014, 16(8): 4009–4016.

[83] Zhang S, Li Y N, Zhang Y W, et al. Equimolar carbon absorption by potassium phthalimide and in situ catalytic conversion under mild conditions [J]. ChemSusChem, 2014, 7(5): 1484–1489.

[84] Zhao J M, Mu L Q, Qi Y R, et al. A phase–transfer assisted solvo–thermal strategy for low–temperature synthesis of $Na_3(VO_{1-x}PO_4)_2F_{1+2x}$ cathodes for sodium–ion batteries [J]. Chemical Communications, 2015, 51(33): 7160–7163.

[85] Qi Y R, Mu L Q, Zhao J M, et al. Superior Na–storage performance of low–temperature–synthesized $Na_3(VO_{1-x}PO_4)_2F_{1+2x}$ (0<=x<=1) nanoparticles for Na–ion batteries [J]. Angewandte Chemie International Edition, 2015, 54(34): 9911–9916.

[86] Wang T J, Li K, Liu Q Y, et al. Aviation fuel synthesis by catalytic conversion of biomass hydrolysate in aqueous phase [J]. Applied Energy, 2014, 136(31): 775–780.

[87] Xia Q N, Cuan Q, Liu X H, et al. Pd/$NbOPO_4$ multifunctional catalyst for the direct production of liquid alkanes from aldol adducts of furans [J]. Angewandte Chemie International Edition, 2014, 53(37): 9755–9760.

[88] Shao Y, Xia Q N, Liu X H, et al. Pd/Nb_2O_5/SiO_2 catalyst for the direct hydrodeoxygenation of biomass–related compounds to liquid

alkanes under mild conditions [J]. ChemSusChem, 2015, 8(10): 1761–1767.

[89] Du Qi S, Zhu W P, Zhao Z J, et al. Novel benzo–1,2,3–thiadiazole–7–carboxylate derivatives as plant activators and the development of their agricultural applications [J]. Journal of Agricultural and Food Chemistry, 2012, 60(1): 346–353.

[90] Zhou S, Jia Z H, Xiong L X, et al. Chiral dicarboxamide scaffolds containing a sulfiliminyl moiety as potential ryanodine receptor activators [J]. Journal of Agricultural and Food Chemistry, 2014, 62(27): 6269–6277.

[91] Zhou S, Gu Y C, Liu M, et al. Insecticidal activities of chiral N–trifluoroacetyl sulfilimines as potential ryanodine receptor modulators [J]. Journal of Agricultural and Food Chemistry, 2014, 62(46): 11054–11061.

[92] 陈伟，魏巍，周莎，等 . 新型含苯基取代嘧啶基磺酰脲衍生物的设计、合成及生物活性 [J]. 高等学校化学学报，2015, 36(4): 672–681.

[93] 陈伟，魏巍，李玉新，等 . 2– 甲基 –6– 硝基苯磺酰脲衍生物的合成及生物活性 [J]. 高等学校化学学报，2015, 36(5): 907–913.

[94] Zhou K, Jia J, Li C, et al. A low content Au–based catalyst for hydrochlorination of C_2H_2 and its industrial scale–up for future PVC processes [J]. Green Chemistry, 2015, 17(1): 356–364.

[95] Zhou K, Wang W, Zhao Z, et al. Synergistic gold–bismuth catalysis for non–mercury hydrochlorination of acetylene to vinyl chloride monomer [J]. ACS Catalysis, 2014, 4(9): 3112–3116.

[96] Zhou K, Li B, Zhang Q, et al. The catalytic pathways of hydrohalogenation over metal–free nitrogen–doped carbon nanotubes [J]. ChemSusChem, 2014, 7(3): 723–728.

[97] Zhang S J, Sun J, Zhang X C, et al. Ionic liquid–based green processes for energy production [J]. Chemical Society Reviews, 2014, 43(22): 7838–7869.

撰稿人：何鸣元　刘海超　韩布兴

仿生特殊浸润性多尺度界面材料研究进展

仿生特殊浸润性多尺度界面材料是20世纪90年代末以来迅速发展起来的一类新型功能材料，仿生特殊浸润性多尺度界面材料自发展以来所取得的成就及对各个领域的影响和渗透一直引人关注，并且将对社会可持续发展产生深远而积极的影响。

仿生特殊浸润性多尺度界面材料属多学科交叉性强的研究领域，涉及物理学、材料学、化学、生物等多个学科。进入21世纪，其研究体系的内涵不断扩大、领域逐渐拓宽。突出的特点是基础研究和应用研究密切结合、仿生理念与材料制备技术密切结合。向自然学习，通过揭示生命体系内具有超浸润界面性质的机理，为超浸润材料的研发提供科学依据，开拓了一系列材料制备新方法和技术。例如，超浸润防污材料、超浸润分离材料、超浸润资源富集材料等。对超浸润材料的研发及产业化涉及了材料科学的前沿研究、传统产业关键技术的更新换代、新兴产业重大关键技术（产品）开发，为国民经济和社会发展主要领域提供持续性的支撑和引领。

近年来，研究人员以当今世界在能源、环境、资源以及健康等领域的重大需求为导向，以二元协同纳米界面材料为设计思想，围绕仿生特殊浸润性多尺度界面材料的构筑与应用中的若干关键科学问题开展深入研究，取得一系列有特色、创新意义的研究成果，形成了一批跨区域、跨行业、跨领域的新兴学科和产业增长点。其应用地域覆盖西部干旱地区雾水收集、北方寒冷地区防覆冰、海洋防污、资源富集及海洋油污吸附等；涉及产业涵盖智能制造、组织工程、能源材料、资源高效分离富集等众多行业。例如，绿色打印技术已引领传统印刷行业的更新换代，并已在国内形成规模应用。在本章中，我们将介绍近年来所取得的一些进展：①仿生智能化的设计理念。以生命体系中具有的超疏水特性、各向异性浸润性和黏附特性等为原型，实现原理仿生的智能界面材料体系的制备。②仿生智能界面材料的设计及功能调控。通过对生命体系特殊功能结构进行仿制，构筑具有智能响应特性的多尺度功能界面材料体系，包括仿生智能纳米通道的制备，智能界面材料应用于荧光检测以及智能防覆冰表面材料的制备。③基于新原理、新概念的智能界面材料体系在先进能源转换、重大疾病早期检测以及受生物启发的特殊浸润性原理应用于绿色直接打印制版材料和技术的创造。上述研究成果丰富了特殊浸润性材料的设计思想和理论，为拓展其应用领域打下了一定的理论基础。

一、仿生智能化的设计理念

（一）沙漠耐旱植物仙人掌多尺度结构与雾水收集

在自然界，一些生物经过了亿万年的进化选择，发展出了特殊的生存技巧。通过对生长在美洲吉娃娃沙漠的仙人掌（黄毛掌）进行观察研究发现覆盖其表面的仙人掌刺具有分级的复杂结构。通过人工模拟雾气流的实验发现这些分级的结构具有从清晨雾气中高效收集和输运水分的协同作用。此研究从微观层面阐释自然界生物生存的奥秘，对于解决干旱少雨地区的用水问题具有深远的意义。这一结果以全文形式发表在国际顶级期刊 *Nat. Commun.* 上[1]，并被 *Science* 以“News of the Week”的形式进行了特别报道。该工作的开展为仿生制备具有连续高效微滴收集效应的多尺度界面材料打下了理论基础同时提供了借鉴模型。

受天然仙人掌刺能够定向收集雾气中微米尺寸水滴的启发，利用反复提拉，电化学腐蚀成功制备了具有锥度可调性能的铜锥；通过梯度修饰法在铜锥的表面成功制备了化学物质梯度。实验证明，与亲水和疏水的铜锥相比，在轴向上有浸润性梯度的铜锥具有最高的雾水收集效率[2]。

仿照天然仙人掌定向收集雾水的原则，研究人员采用纳米粒子组装的办法快速大面积制备了阵列锥形结构并将该结构固定在亲水性的纤维基底上。所制备的材料展示了与天然仙人掌类似的定向收集雾水的能力。进一步将亲水性基底设计成三维的圆球状，使其底部与一容器相连。在合适的雾气氛下，经过一定时间，所连接的容器内收集了比表面未固定锥形阵列具有相同直径棉絮圆球更多的水分[3]。

鉴于研究并模仿蜘蛛丝和仙人掌空气中雾水收集的研究成果（图 1），受邀撰写美国化学会综述[4]。该文总结了天然及仿生一维材料在定向输运液体方面的最新进展。从天然蜘蛛丝以及天然仙人掌能够定向输运微米尺寸小液滴的现象入手，揭示了其结构 - 功能关系。在此基础上，综述了类蜘蛛丝结构的人工纤维以及类仙人掌结构的人工锥阵列对微小液滴的定向驱动。展示了液滴定向运动在雾水收集及油水分离方面的应用前景。该研究为缓解日益严峻的世界水资源短缺问题和迫切的油水分离问题提供了出路。

（二）特殊浸润性材料制备及应用

液体在固体边缘的绕流是日常生活中比较常见的一种现象，例如人们在湿地上行走时鞋的前后端的水滴会随着惯性溅到鞋或裤子上，汽车驾驶在湿地时会有水滴的迸溅，这对人们日常生活带来了极大的不便。因此能够合理的对绕流行为进行调控显得十分重要。基

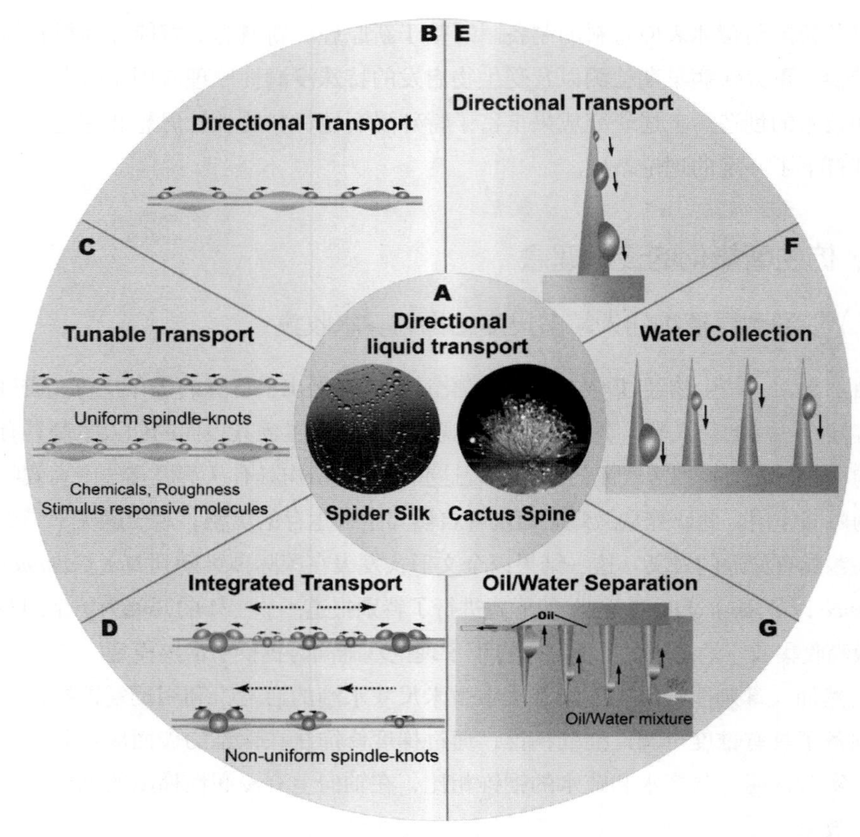

图 1 蜘蛛丝、仙人掌雾水收集的原理[4]

于以上原因，科研人员借助于超浸润材料对液体绕流行为的调控作用进行了研究。研究发现，采用具有超浸润性的固体表面材料，可对液流的绕流行为进行良好的调控，进而实现多种防迸溅的应用[5]。

最近科研工作者首次通过界面浸润性成功诱导和调控了微生物胞外电荷传递行为。结果表明：在亲水性电极上得到了的比疏水性电极上增强 10 倍的生物电流。亲水电极表面可以有效诱导亲水的还原态血红素分子更多的暴露于生物膜的双磷脂层之外，从而实现有效的与溶液中的核黄素（flavin）分子结合、协同作用传递电子到电极[6]。该研究首次揭示了一种利用非电化学手段有效调控界面电荷传递行为的方法。

仿生超浸润 TiO_2 对当今材料科学领域的发展产生了巨大的推动，具有特殊浸润性 TiO_2 材料在能源、环境、医药等领域已展现巨大的应用价值。2014 年，江雷课题组应邀在国际著名期刊 *Chem. Rev.* 发表综述文章[7]，重点介绍了近年来 TiO_2 材料在仿生超浸润领域的研究进展及其在自清洁、液滴输运、生物医学等领域的应用，并对该领域未来发展方向以及存在的挑战与机遇进行了展望。

从油凝胶材料出发，研究人员将用于溶胀聚二甲基硅氧烷（PDMS）的有机溶剂进行了拓展研究。发现，在溶胀了小分子量的各种烷烃、芳烃混合物（包括汽油、柴油甚至原油）以后，油凝胶材料表面具有对于发生相变过程的石蜡产生极低的黏附作用，与传统材料相比，油凝胶与石蜡之间的黏附力是普通材料的 1/500 ~ 1/200[8]。他们首先通过系统的研究获得了油凝胶材料的溶胀率同各种因素，如溶剂成分、温度、交联度等的关系。通过石蜡的超低黏附行为我们分析并提出了油凝胶材料对于相变过程中石蜡的超低黏附的形成机理。其核心的概念是石蜡在有油膜包覆的油凝胶材料表面由于良溶剂中的自由结晶而全程被避免了的同固体表面的直接接触。进一步的研究证实这种特殊的油凝胶材料能够在相对低温的条件下起到十分显著的防止石油管道内表面石蜡沉积的作用。通过测试证明该材料比目前主流的石油管道内衬材料的防石蜡沉积性能高两个数量级以上。

受马面鱼鱼皮各向异性的水下疏油特性启发，研究人员通过软刻蚀和 plasma 处理，使用 PDMS 制备了具有定向钩状微结构的人造鱼皮，通过调节表面组成的亲水性和微结构的各向异性，该人造鱼皮具有和鱼皮相似的各向异性水下疏油特性。该项研究在低能，油的运输和水下油的收集等方面具有广阔的应用前景。相关成果发表在 *Adv. Funct. Mater.* 期刊上[9]。

（三）仿生水下抗油黏附界面材料的制备

研究人员受贻贝的“砖 – 混凝土”层状结构具有高机械强度的启发，通过层层自组装方法，利用黏土作为“砖”、聚（二烯丙基二甲基氯化铵）作为‘混凝土’，制备出高机械强度、水下超疏油的涂层[10]。研究表明这种材料对不同油滴具有排斥性。薄膜在模拟海水放置 15d 仍保持超疏油、低黏附的性质。纳米压痕和磨损实验没有影响这种弹性材料的超疏油性质。这种新型涂层可应用于海洋防污及微流控等领域。相关研究成果发表在 *ACS Nano* 上，并在同期杂志的“In Nano”中进行题为 *Mother of Peral-Inspired Materials Gives Oil Wide Berth* 重点报道。

（四）仿生特殊浸润性表面用于一维纳米线的制备

为了实现对超浸润表面上材料生长、微型化学反应、限域结晶以及物质输运的可控调节，系统开展关于超浸润表面上相关研究工作，深入探讨超浸润表面限制物质传输和反应现象的本质、规律及影响因素，充分利用这种现象来解决生产生活中遇到的问题。除了表面与界面的化学组成之外，更需关注表面或界面的特殊微观结构，也就是说材料上限域生长和物质传输的能力与表面或界面的微观结构密切相关。通过对已研究超浸润表面上的一些纳米材料限域生长现象的深入理解，可以揭示微观结构特征在表面上控制质量输运中体现的作用，拓宽我们在材料可控生长、结晶、催化等相关材料设计方面的研究思路，通过对生物体表面或界面微观结构的模拟，设计得到限域 / 分离液体、定向驱动液体以及选择性转移液体的一般规律和通用方法。

利用超疏水并带有规则微柱阵列的硅片作为基底，由于其表面的疏水性，使得溶液只能固定在硅柱顶端，从而将电化学反应限域在微柱顶端，形成形貌可调控的“金花”阵列。该成果发表在 *Adv. Mater.* 期刊[11]。通过控制硅片表面浸润性，实现对化学反应的限域控制，实现对形成化合物形貌、位置的控制。下一步工作将就不同化合物（例如硫化镉、硫化铅等）进行统一的控制生长和形貌制备。由于无机金属化合物在光电方面的应用非常广泛，所制备结构有望进一步应用在光电器件中，例如电极、检测器等。

硅柱结构的超疏水基底上的液滴可以在硅柱顶端形成气液固三相界面。科研人员通过利用硅柱中填充的气体网络将硫化氢气体源源不断地导入，离子在三相从而与液滴中的金属界面处发生反应形成各类金属硫化物，如 CdS、PbS、MnS、Ag_2S、CuS 以及 CdS–PbS 的复合物。通过控制三相线的位置可以精确控制硫化物的生成位点[12]。

液桥诱导各种纳米粒子一维组装。通过微米级微柱阵列实现液膜可控破裂，行成定向排列的液桥阵列。当纳米粒子分散在液桥中时，随着液桥中水分的蒸发，纳米粒子被限域排列成一维组装结构。这一限域组装思路可以用于任何均匀分散在水溶液中的纳米粒子。另外通过调控微米柱的排列，可以控制纳米粒子一维组装的方向，从而形成复杂的电路图案，为纳米材料的简单加工提供了新的思路[13]。

（五）中国毛笔可控输运液体的机制

作为中国历史上的一种重要的书写工具，中国的毛笔实现了对油墨可控的操控，经过对其研究，揭示了中国毛笔可控输运液体的秘密：在于其新生毛发的特殊的微纳米结构。新生毛发具有独特的各向异性的多尺度结构：具有直径渐变的锥形结构，且表面覆盖有梯度排列的定向结构。在拉普拉斯力、各向异性黏附力和重力作用下，液体在平行排列的各向异性微结构的锥状毛发之间受力平衡，从而使得毛笔可以大量可控地储存墨水。受此启发，利用新生毛发可以直接书写 10μm 分辨率的微米线。中国毛笔的这种可控操控液体的性能为直接印刷制备有机功能纳米器件以及膜材料提出了新的思路。该成果作为封面文章发表在 *Adv. Mater.* 期刊上[14]。

受毛笔的各向异性一维结构在其可控操控液体的重要作用，科研人员利用动态电化学法制备得到了锥度可控的锥状铜纤维，通过调控电化学条件，实现了表面的微纳米复合结构，其尺度与毛发一致。研究表明，制备得到的锥状铜纤维可以实现高效的液滴操控，可以操控重量是纤维本身 428 倍的液滴[15]。其中利用液滴在锥状纤维的尖端处的动态平衡是实现高效液体操控的关键。

二、仿生智能界面材料的设计及功能调控

将仿生智能化的设计理念与智能材料的设计相结合，通过微纳米复合结构与外场响应性分子设计相结合，实现了在外场控制下材料表面浸润性的可逆变化。这些“开关”材料体系的研制，实现了从学习自然、模仿自然到超越自然，是“二元协同概念”制备智能化材料的具体实例。

（一）仿生智能纳米通道的制备及输运性质研究

受生物离子泵的启发，基于人工协同 pH 响应的双门控纳米通道，制备出首例仿生人工智能单离子泵，并再现了生物离子泵三个主要的离子传输特性：交替门控的离子泵特性、可逆转变为离子通道的特性及更加安全的离子泵特性[16]。仿生智能离子泵传承了生物离子泵一系列优越的离子传输功能和优点，将在主动离子传输调控的智能纳米流体器件、高效能源转换、海水淡化方面具有广阔的应用前景，并为新型的仿生智能纳米通道材料的设计提供新思路。

利用 DNA 超分子自组装结构，实现了对于特定核酸序列和小分子靶标的无标记检测。DNA 分子在纳米孔道内的组装和解组装过程，都会对通道的穿孔电流造成极大的影响。如果将组装单元中的某种特定序列作为检测的靶标，那么特定的检测事件会以通道电流变化的形式被放大，并被监测到。类似地，如果超分子组装结构被某种小分子靶标破坏，则同样可以灵敏地通过监测穿孔电流的变化来进行小分子靶标的检测。我们成功地实现了对于核酸 ~10 fM 和对于 ATP 1nM 的检测限，并且实现了很好的特异性[17]。

生物体内的离子通道吸引越来越多的关注，而人造的刺激响应的门纳米器件展示出了类似的性能，它在生物传感器、纳流体、能量转换等领域都有广泛的潜在应用。

科研人员通过在非对称外双锥形纳米通道的大孔端修饰具有 pH 响应特性的阴离子聚合物，实现了对称的 pH 门控特性[18]。

生物体的对外界环境刺激产生响应性开关的纳米孔道在细胞和生物体进程中起到至关重要的作用，然而在一些情况下，这种纳米级的孔道具有对化学或物理刺激的多重响应性。然而构建一个类似于自然界生物体的，对光和 pH 具有响应性，以至于光和 pH 协同响应性的纳流体体系还是一种没有被尝试的课题。

基于以上所述，研究人员通过在固态纳米孔内部静电自组装三磺酸钠芘的衍生物，实现了多响应纳米门控的构筑。该门控可以单独的或者协同的对光和 pH 响应，并且响应速度快。此体系在纳米流体器件、纳米开关及可控药物输运方面具有潜在的应用[19]。

对于刺激 – 响应性孔道、智能孔道在能源转换及检测方面的应用以及具有非对称结构的智能纳米孔道等方面的研究进展（图 2），进行了深入的总结，在 *Acc. Chem. Res.* 上发表了综述文章。

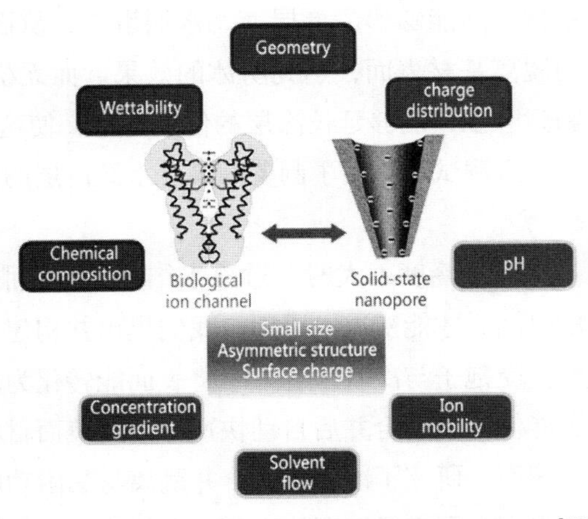

图 2　仿生智能纳米孔道的制备及离子输运性[20]

（二）仿生智能界面材料的制备及其在荧光检测中的应用

受到沙漠甲虫（Stenocara beetle）背部具有收集雾滴能力的亲 / 疏水图案的启发，利用喷墨打印技术在疏水性基底上打印制备了亲水性光子晶体阵列，制备了一种具有亲 / 疏水图案的光子晶体阵列芯片。该芯片能够利用表面的浸润性差异将水滴中的待检测物富集到检测位点 – 亲水性的光子晶体点阵，同时利用光子晶体将荧光信号增强，从而实现了对荧光分子和基于荧光方法检测的分子检测系统的高灵敏分析检测[21]。该方法简便易行、适用范围广，能够实现大面积高通量的检测阵列制备，对于发展高灵敏、高通量的光学检测器件以及基于浸润性差异的绿色印刷制版技术都具有重要意义。

荧光检测是一种高效、高灵敏的检测方法，在生物和环境监测中广泛应用。利用基材浸润性的差异，设计制备了一种多带隙的光子晶体阵列芯片。通过引入多带隙的光子晶体，选择性放大不同通道中的荧光信号来放大响应差异，实现利用单一简单的测试分子，实现对多种不同检测底物的识别和分析。例如，研究人员采用一个简单的检测分子 8- 羟基喹啉，就可以实现 12 种不同金属离子的识别与分析[22]。这种简单的制备高效率光子晶体芯片的方法对发展新型先进的多底物复杂体系分析方法具有重大的意义。

（三）仿生智能防覆冰表面材料的制备

当过冷度较大时，如零下 40℃或更低的温度，冷表面上结冰不可避免。针对这种情况，通过研究具有不同结构和化学组成的系列材料表面与冰的黏附功，提出了决定冰黏附力的主导因素是机械锁交力的分析，从而得出有微纳结构的超疏水表面不能有效降低冰黏附力的结论[23]。为了有效降低冰与材料表面的黏附力，实现材料表面上的冰能在自然风力或自身重力的作用下自行脱落，受滑冰运动启发，构建了亲水高分子和无机材料的复合涂层。其中亲水高分子能降低水活性，使液态水的冰点和冰的熔点得以降低，这样冰与基材之间能够形成一层液态水润滑层，从而使基材表面的冰能在风力或重力的作用下自动脱离基材表面，达到防冰的效果。而无机材料的引入大大提高了涂层表面的机械强度和耐磨性，能够延长涂层的使用寿命，使这种复合涂层具有重要的实际应用意义[24]。另外，风洞试验证实了制备的具有水润滑层的高分子涂层上的冰能在强劲风的作用下自动脱落[25]。

当过冷度不大时，过冷水结冰需要克服的能垒较大，所以表面上的过冷水需要等一段时间后才能变冰。因而，我们提出并构建了能使过冷水在结冰前自动移离的防冰表面材料。受孢子与冷凝水合并时将表面能转化为动能后使孢子得以传播这个现象的启发，构筑了能使冷凝水合并后自动快速弹离的表面材料。通过制备对冷凝微米水滴具有系列黏附功的表面，研究了冷凝水滴合并跳离与黏附功的相互关系，提出了过冷水快速移离材料表面的阻力主要来源于固体表面对水的黏附力的结论。针对冷凝水滴与材料表面的黏附功随着温度降低、过饱和度增加而变大，使冷凝水滴跳离表面效率降低甚至无法跳离的情况，利用气－液－固三相线钉扎效应（Pinning of the three phase contact line），在具有纳米结构的材料表面上引入与冷凝水滴尺寸相当的微米结构，使冷凝水滴在长大过程中由于在微米结构边界的钉扎效应而偏离球形，从而增大了水滴的表面能（增加了水滴跳离的驱动力）。同时利用三相线在微米结构边缘的钉扎效应，减小了冷凝水滴与材料表面的接触面积，使冷凝水滴与材料表面的黏附功变小（减小了水滴跳离的阻力）。实现了在零度以下、高过饱和度条件下，冷凝水滴的能够高效率跳离的表面材料。将这种材料应用于防冰试验，发现表面上冰霜的生成得以大大延缓。冷凝水的有效跳离不但对防覆冰有重要意义，在雾水收集、冷凝换热及热二极管中都有重要的应用。该方向的系列研究成果发表于 Soft Matter 和 Chemical Communications[26, 27]。

（四）各向异性的浸润性表面的制备

各向异性表面的定向液滴运动由于其广泛的应用受到了极大的关注，例如液滴的定向传输、水的定向收集、微流体器件等。一般来讲，各向异性表面的制备方法主要聚焦在表面的化学不均匀性和表面各向异性的微纳米复合结构上。

科研人员制备了一种各向异性的微米沟槽引入到有机凝胶表面，不同于水稻叶的各向异性超疏水表面，这种得益于自润滑的各向异性表面可以轻易地实现水滴的各向异性滑动，即水滴就可以顺着沟槽的方向滑动，而在垂直于沟槽的方向不能滑动[28]。

此外，研究发现，硅纳米线在常温下表现出超亲水特性，具有倾斜硅纳米线结构的表面，液滴的铺展具有方向性；在硅纳米线表面温度高于 Leidenfrost 点时，该表面对液滴表现出方向性反弹和驱动的性能[29]。

不对称铺展过程中产生的不均衡的拉普拉斯压差力及液滴与表面之间的气泡生长是导致液滴定向运动的原因。液滴不对称铺展后底部有气膜产生，降低了液滴运动所受到的阻力，从而使液滴保持高速运动。

三、基于新原理、新概念的智能界面材料体系的实际应用

（一）基于仿生智能纳米通道的先进能源转换体系

利用石墨烯水凝胶膜中的层状纳米通道构建仿生二维纳流体发电机，该研究证实并利用了石墨烯水凝胶的两个固有特点：密集的 10nm 宽的层状通道以及密集的负电荷。基于这两个特点，石墨烯水凝胶膜能够选择性地透过抗衡阳离子，而排斥阴离子。因此，当电解质溶液受压流过石墨烯水凝胶膜时，其中的离子定向移动，对外输出电能，成为纳流体发电机[30]。该研究开辟了一种新的获取机械运动能量的方式。

（二）面向癌症检测的仿生多尺度细胞黏附可控表面

观察并研究了自然界中植物、动物、昆虫等的表面微观结构与化学组成，研究了它们

所具有的特异性能。通过对其形貌、物理化学结构进行表征，并进一步利用纳米技术、分子生物学、界面化学、物理模型等综合方法，揭示了生物体结构与其特殊功能之间的内在联系，以及生命体系中识别组装、黏附 / 脱附、智能调控和多尺度复合结构的关系。受此启发，设计并合成得到几种具有不同黏附性能，如抗黏附，特异性黏附，智能响应性黏附的功能材料，并从分子层次深入探究了其内在的黏附机制。通过系统的研究我们实现了预期的目标，例如发现了细胞层次上物质科学中的特异识别和可控黏附的新现象和新效应，对细胞的黏附与脱附实现了智能的调控。同时从多个角度出发，如癌细胞的分型结构，细胞的生存环境等多个因素出发，设计了一系列对细胞具有特异性黏附的功能材料，并发展了构筑抗黏附及特异识别黏附可控材料相关功能分子。

受此启发，我们通过电化学方法制备了与之相似的分型金纳米结构。该结构可以通过增强与癌细胞的拓扑相互作用实现血液中痕量癌细胞的高效捕获。通过施加微小的电压，这些捕获的癌细胞又可以被高效地释放。我们实现了从偶然发现到精确设计，从单一捕获到可控捕获与释放，从低活性释放到高活性释放。这一工作为血液中痕量癌细胞进一步的基因分析、抗癌药物的筛选提供了一个很好的平台。相关研究成果发表在 *Adv. Mater.*，并申请国家专利。

课题组基于多年在三维纳米生物界面研究方向的积累，结合国内外该领域的发展趋势，归纳和评述了三维纳米生物界面的设计策略，以及三维纳米生物及细胞相关的生命界面在细胞生物学基础研究医学应用方面的研究进展。

细胞浓度梯度的控制对于理解生物系统和实现特殊功能化的仿生移植都是至关重要的，因此我们制备了一种诱导细胞梯度快速产生的生物黏附可控界面。通过梯度沉积法，在玻璃表面构筑了一种具有梯度特征的纳米二氧化硅涂层。细胞对基底的黏附性将沿着纳米梯度表面增加，细胞培养仅 30min 后，就快速的产生了细胞梯度[32, 33]。

能够对外界刺激产生响应性的“智能”粒子被认为在各个领域拥有非常大的应用前景，例如药物传输、生物传感器等。对于“智能”粒子的设计大部分还是集中于表面化学，借助于刺激响应性高分子，粒子的形貌结构是经常被忽视的。而粒子表面的形貌结构能较大程度的提高刺激响应性的性能，例如缩短响应时间，拓宽检测范围。最近我们报道了一种“活体”模板的方法来设计“智能”粒子的策略。

受免疫细胞与肿瘤细胞特异性黏附启发，利用免疫细胞的吞噬功能使其内吞磁性氧化铁纳米颗粒，再复形制备了具有免疫细胞结构的磁球。细胞捕获效率达到了商业化磁珠的 2 倍，还可实现对捕获的肿瘤细胞的无毒可控释放[34]。

（三）仿生多尺度智能界面材料在绿色打印制版及印刷中的应用

基于对信息存储的研究基础，将印刷这种传统的信息记录方式转化为“0”“1”数字化方式进行。对印刷制版过程而言，就是呈现印刷区（亲油墨，“1”）和非印刷区（不亲油墨，“0”）两种相反性质的区域。我们提出了一种非感光、无污染、低成本的直接打印制版技术：即将特制转印材料精确打印在超亲水版材上，通过转印材料与版材纳米尺度界面性质的调控，在打印的印版上形成具有相反浸润性（超亲油/超亲水）的纳米微区（图文区和非图文区），实现直接制版印刷。与现有印刷制版技术相比，该技术摒弃了感光成像的思路，有效缩短了制版流程，大大降低了制版成本；制备过程无需避光操作，并彻底克服了感光冲洗过程中的化学污染问题；此外，用过的印版可以回收，是一种绿色的高质量快速制版技术，具有多方面的综合优势。

利用喷墨打印的方法构筑了广角均匀可视光子晶体图案。系统研究了基底浸润性对于三相接触线滑移的影响，以及对纳米粒子组装结构和光子晶体性能的影响。实验结果显示，控制喷墨打印液滴在基底上的后退角，可以实现三相接触线的滑移。并且，随着后退角的增大，三相接触线滑移程度逐渐增大。三相接触线在滑移过程中，施加在纳米粒子上的毛细作用力克服了基底对于纳米粒子的黏附力，因此滑移的三相接触线将液滴内部的纳米粒子推向液滴中心聚集并进行有序组装。液滴在基底上的后退角越大，其施加在纳米粒子上的毛细作用力越大，所制备光子晶体的高径比越大。当高径比大于0.375时，半球状光子晶体的表面的纳米粒子全部以六方紧密排列的方式组装。因此，当入射光从任何角度照射在光子晶体表面时，其入射光的角度均是垂直于<111>面，光子禁带不会发生变化。此外，当荧光分子掺杂至所打印的光子晶体半球后，其荧光强度增强了40倍，且在0°~180°范围内荧光强度没有发生变化。这些结果对于制备柔性的广角显示器具有重要意义。

表面液体图案化浸润的研究，特别是基于浸润与去浸润原理形成图案与非图案区域在印刷技术中的研究，引起了科学家的广泛关注。我们综述了表面液体图案化浸润控制在印刷技术中研究与应用的最新进展，主要包括通过控制亲疏水性，如超疏水和超亲水性，设计制备精确的表面图案等，实现平版印刷制版技术、接触印刷印章和辅助液体图案转移、喷墨印刷基底以及喷头设计以及多种印刷技术协同制备浸润图案方面，并对该领域的研究的发展前景与挑战进行了阐述[36]。

四、人才培养及队伍建设情况

仿生特殊浸润性多尺度界面材料是第一个由我国科学家主导并引领国际发展的研究方向，从基础科研到产业化，我国科研人员都走在了国际研究的前沿。该领域的研究论文从1999年的全年5篇迅速增长至2013年的全年1185篇。仿生特殊浸润性多尺度界面材料已形成地域分布合理、产业化目标明确的产－学－研有机结合的人才梯队和创新基地群，包括中科院理化所、中科院化学所、国家纳米中心、北航、吉林大学、中科大、中科院兰化所、华中科大、武汉理工、中科院苏州纳米所、中科院青岛生物能源所、华南理工和苏州纳米工业园、青岛高科技工业园等国内众多高校、科研院所和产业基地，为我国在这一重要领域保持国际领先地位、发挥持续性的引领作用打下了坚实的人才队伍基础。这一领域的研究成员以中、青年研究人员为主，相互之间本着自发结合，相互补充的基础上形成，在学科建设与发展中并逐步壮大，并涌现出几位杰出的领军科学家及一批优秀的青年研究人员。例如该研究领域的领军人物江雷院士 2011 年获第三世界科学院化学奖，2012 年当选为第三世界科学院院士，2013 年获何梁何利基金科学与技术成就奖，2014 获美国 MRS Mid-Career Researcher 奖。另一位领军人物宋延林研究员被评为科技部《创新人才推进计划》的中青年科技创新领军人才，入选国家百千万人才工程并获“有突出贡献中青年专家”称号，获第十二届毕昇印刷优秀新人奖。与此同时，仿生特殊浸润性多尺度界面材料这一新兴领域还积极吸纳和引进国内外年轻研究人员，在经费、设备和研究生等方面给予支持，使他们能更快更好地成长，发挥凝聚研究队伍、引领研究方向进而起到孵化器的作用。此外，该领域为不同学科、不同背景的科研人员搭建交叉研究平台，取长补短，不断激发新的思维火花，极大地促进了优秀青年、拔尖人才以及杰出青年的培养和原创性成果的获得。

—— 参考文献 ——

[1] Ju J, Bai H, Zheng Y M, et al. A multi-structural and multi-functional integrated fog collection system in cactus [J]. Nature Communications, 2012, 3: 1247.

[2] Ju J, Xiao K, Yao X, et al. Bioinspired conical copper wire with gradient wettability for continuous and efficient fog collection [J]. Advanced Materials, 2013, 25 (41): 5937-5942.

[3] Ju J, Yao X, Yang S, et al. Cactus stem inspired cone-arrayed surfaces for efficient fog collection [J]. Advanced Functional Materials, 2014, 24 (44): 6933-6938.

[4] Ju J, Zheng Y M, Jiang L. Bioinspired one-dimensional materials for directional liquid transport [J]. Accounts of Chemical Research, 2014, 47 (8): 2342-52.

[5] Dong Z C, Wu L, Wang J F, et al. Superwettability controlled overflow [J]. Advanced Materials, 2015, 27 (10): 1745-1750.

[6] Ding C M, Lv M L, Zhu Y, et al. Wettability-regulated extracellular electron transfer from the living organism of Shewanella loihica PV-4 [J]. Angewandte Chemie International Edition, 2015, 54 (5): 1446-1451.

[7] Liu K S, Cao M Y, Fujishima, et al. Bio-inspired titanium dioxide materials with special wettability and their applications [J]. Chemical Reviews, 2014, 114 (19): 10044-10094.

[8] Yao X, Wu S, Chen L, et al. Self-replenishable anti-waxing organogel materials [J]. Angewandte Chemie International Edition, 2015, 54 (31): 8975-8979.

[9] Cai Y, Lin L, Xue Z X, et al. Filefish-inspired surface design for anisotropic underwater oleophobicity [J]. Advanced Functional Materials, 2014, 24 (6): 809-816.

[10] Xu L P, Peng J T, Liu Y B, et al. Nacre-inspired design of mechanical stable coating with underwater superoleophobicity [J]. Acs Nano, 2013, 7 (6): 5077-5083.

[11] Wu Y, Liu K, Su B, et al. Superhydrophobicity-mediated electrochemical reaction along the solid-liquid-gas triphase interface: edge-growth of gold architectures [J]. Advanced Materials, 2014, 26 (7): 1124-1128.

[12] Wang S S, Wu Y C, Kan X N, et al. Regular metal sulfide microstructure arrays contributed by ambient-connected gas matrix trapped on superhydrophobic surface [J]. Advanced Functional Materials, 2014, 24 (44): 7007-7013.

[13] Su B, Zhang C, Chen S R, et al. A general strategy for assembling nanoparticles in one dimension [J]. Advanced Materials, 2014, 26 (16): 2501-2507.

[14] Wang Q B, Su B, Liu H, et al. Chinese brushes: controllable liquid transfer in ratchet conical hairs [J]. Advanced Materials, 2014, 26 (28) : 4889–4894.

[15] Wang Q B, Meng Q G, Chen M, et al. Bio-inspired multistructured conical copper wires for highly efficient liquid manipulation [J]. Acs Nano, 2014, 8 (9) : 8757–8764.

[16] Zhang H C, Hou X, Zeng L, et al. Bioinspired artificial single ion pump [J]. Journal of the American Chemical Society, 2013, 135 (43) : 16102–16110.

[17] Liu N N, Jiang Y N, Zhou Y H, et al. Two-way nanopore sensing of sequence-specific oligonucleotides and small-molecule targets in complex matrices using integrated DNA supersandwich structures [J]. Angewandte Chemie International Edition, 2013, 52 (7) : 2007–2011.

[18] Zhang H C, Hou X, Hou J, et al. Synthetic asymmetric-shaped nanodevices with symmetric pH-gating characteristics [J]. Advanced Functional Materials, 2015, 25 (7) : 1102–1110.

[19] Xiao K, Xie G H, Li P, et al. A biomimetic multi-stimuli-response ionic gate using a hydroxypyrene derivation-functionalized asymmetric single nanochannel [J]. Advanced Materials, 2014, 26 (38) : 6560–6565.

[20] Guo W, Tian Y, Jiang L. Asymmetric ion transport through ion-channel-mimetic solid-state nanopores [J]. Accounts of Chemical Research, 2013, 46 (12) : 2834–2846.

[21] Hou J, Zhang H C, Yang Q, et al. Bio-inspired photonic-crystal microchip for fluorescent ultratrace detection [J]. Angewandte Chemie International Edition, 2014, 53 (23) : 5791–5795.

[22] Huang Y, Li F Y, Qin M, et al. A multi-stopband photonic-crystal microchip for high-performance metal-ion recognition based on fluorescent detection [J]. Angewandte Chemie International Edition, 2013, 52 (28) : 7296–7299.

[23] Chen J, Liu J, He M, et al. Superhydrophobic surfaces cannot reduce ice adhesion [J]. Applied Physics Letters, 2012, 101 (11) : 111603.

[24] Chen J, Dou R M, Cui D P, et al. Robust prototypical anti-icing coatings with a self-lubricating liquid water layer between ice and substrate [J]. ACS Applied Materials & Interfaces, 2013, 5 (10) : 4026–4030.

[25] Dou R M, Chen J, Zhang Y F, et al. Anti-icing coating with an aqueous lubricating layer [J]. ACS Applied Materials & Interfaces, 2014, 6 (10) : 6998–7003.

[26] He N, Zhou X, Zeng X P, et al. Hierarchically structured porous aluminum surfaces for high-efficient removal of condensed water [J]. Soft Matter, 2012, 8: 6680–6683.

[27] Zhang Q L, He M, Chen J, et al. Anti-icing surfaces based on enhanced self-propelled jumping of condensed water microdroplets [J]. Chemical Communications, 2013, 49 (40) : 4516–4518.

[28] Zhang P C, Liu H L, Meng J X, et al. Grooved organogel surfaces towards anisotropic sliding of water Droplets [J]. Advanced Materials, 2014, 26 (19) : 3131–3135.

[29] Liu C C, Ju J, Ma J, et al. Directional drop transport achieved on high-temperature anisotropic wetting surfaces [J]. Advanced Materials, 2014, 26 (35) : 6086–6091.

[30] Guo W, Cheng C, Wu Y Z, et al. Bio-inspired two-dimensional nanofluidic generators based on a layered graphene hydrogel membrane [J]. Advanced Materials, 2013, 25 (42) : 6064–6068.

[31] Zhang P C, Chen L, Xu T L, et al. Programmable fractal nanostructured interfaces for specific recognition and electrochemical release of cancer cells [J]. Advanced Materials, 2013, 25 (26) : 3566–3570.

[32] Liu X L, Wang S T. Three-dimensional nano-biointerface as a new platform for guiding cell fate [J]. Chemical Society Reviews, 2014, 43 (8) : 2385–2401.

[33] Yang G, Cao Y H, Fan J B, et al. Rapid generation of cell gradients by utilizing solely nanotopographic interactions on a bio-inert glass surface [J]. Angewandte Chemie International Edition, 2014, 53 (11) : 2915–2918.

[34] Huang C, Yang G, Ha Q, et al. Multifunctional "Smart" particles engineered from live immunocytes: toward capture and release of cancer cells [J]. Advanced Materials, 2015, 27 (2) : 310–313.

[35] Kuang M X, Wang J X, Bao B, et al. Inkjet printing patterned photonic crystal domes for wide viewing-angle displays by controlling the

sliding three phase contact line [J] . Advanced Optical Materials, 2014, 2 (1) : 34–38.

[36] Tian D L, Song Y L, Jiang L. Patterning of controllable surface wettability for printing techniques [J] . Chemical Society Reviews, 2013, 42 (12) : 5184–5209.

撰稿人：刘明杰　江　雷

纳米碳材料研究进展

纳米碳材料是过去30年来材料科学领域最重要的科学发现，已经分别获得诺贝尔化学奖和物理奖各一次。以碳纳米管和石墨烯为代表的纳米碳材料具有远高于半导体硅材料的载流子迁移率、最高的热导率和力学强度，其实用化将对国家安全、信息通讯、新能源、智能交通、航空航天、资源高效利用、环境保护、生物医药以及新兴产业发展起到极大的推动作用，是主导未来高科技竞争的超级材料之一。纳米碳材料研究已经逐渐走出实验室，进入产业化前期阶段，在未来20年间，将陆续实现储能应用、高强度复合材料、柔性显示器件、光通讯、超高频器件、柔性晶体管和碳基大规模集成电路等产业化。我国的纳米碳材料研究在国际上起步较早且拥有庞大的研究队伍。目前从事纳米碳材料研究的高校和科研院所超过1000家，发表论文总数已跃居世界第一位，在纳米碳材料产业化方面也有突出表现，尤其体现在规模化生产、电化学储能、透明导电薄膜和复合材料的产业化研发等方面。纳米碳材料研究已经进入产业化前夜，我们正面临着一个纳米碳材料新兴产业发展的战略机遇期。国家须重点布局，有序发展，把握这一难得的历史机遇。

一、纳米碳材料是主导未来高科技产业竞争的战略材料

自20世纪80年代中期以来，富勒烯、碳纳米管、石墨烯等一系列碳元素的新型同素异形体被陆续发现，从而掀起了纳米碳材料延续至今的研究热潮。毫无疑问，作为主导未来高科技产业竞争的超级材料，纳米碳材料自诞生之日起即迅速获得广泛关注，研究论文和专利数量一直呈指数增长。进入21世纪以来，碳纳米管和石墨烯等典型纳米碳材料的规模化制备取得重要突破，年产量也呈指数增长趋势。经过20余年的基础研发，纳米碳材料已经逐渐进入产业化阶段，以纳米碳材料为源头的新兴产业链将在不远的将来形成并引领战略新兴产业的发展。

纳米碳材料的诸多优异性能归因于其特有的几何结构和以 sp^2 杂化为主的成键结构。石墨烯是最薄的二维原子晶体材料，具有巨大的理论比表面积（$2630m^2 \cdot g^{-1}$）、极高的杨氏模量（~1.0 TPa）和抗拉强度（130 GPa）、超高电导率（$106Scm^{-1}$）和热导率（$3000 \sim 5000Wm^{-1}K^{-1}$）。碳纳米管是最细的一维材料，其杨氏模量为 0.27 ~ 1.34 TPa，抗拉强度为 11 ~ 200 GPa，具有极高的电导率［（0.17 ~ 2）$\times 10^5Scm^{-1}$］和热导率（$3000 \sim 6600W \cdot m^{-1} \cdot K^{-1}$）。碳纳米管和石墨烯中的载流子迁移率远高于传统的硅材料，室温下电子和空穴的本征迁移率大于 $100000cm^2/V \cdot s$，而典型的硅场效应晶体管的电子迁移率仅为 $1000cm^2/V \cdot s$。金属性碳纳米管费米面上的电子速度高达 $8 \times 10^5m/s$，可承载超过 $109Acm^{-2}$ 的电流，远高于集成电路中铜互连线所能承受的 $106A \cdot cm^{-2}$ 的上限。与其他金属和半导体纳米材料相比，纳米碳材料具有极高的稳定性，且易于大规模制备。因此，纳米碳材料可望在结构和功能增强复合材料、储能、光电检测与转换材料以及微纳电子器件等广阔的领域获得应用，被认为是最有希望获得大规模实际应用的超级纳米材料。

纳米碳材料在涉及国计民生的诸多领域有着广阔的应用前景，尤其体现在以下几个方面。

（一）碳基集成电路是解决硅基微电子产业发展瓶颈的最有力选项

现代信息技术的心脏是集成电路芯片，而构成集成电路芯片的器件中约 90% 源于硅基互补型金属氧化物半导体（CMOS）技术。目前最先进的商业化微电子芯片已进入 22nm 技术节点，而走到 12nm 技术节点时可能不得不放弃继续使用硅材料作为晶体管的导电沟道。据预测，2020 年左右硅基 CMOS 技术将达到其物理极限。在为数不多的几种可能的替代材料中，碳纳米管和石墨烯被公认为是最有希望的替代材料。2008 年，纳米碳基材料已被列入国际半导体技术发展路线图。虽然我国微电子产业近年来得到了快速发展，但许多高科技产业，尤其国防科技的发展，都不同程度地受到了高端微电子芯片技术的制约。正如刘延东副总理在接受《经济观察报》采访时所言，我们在高科技领域缺乏关键核心技术。我国 2012 年进口芯片总值达 1650 亿美元，超过进口石油的 1200 亿美元。国产集成电路产业虽然有所发展，但无论是数量还是质量上都无法满足国内市场的需求。2012 年前三季度中国集成电路产业销售额规模同比增速提高至 16.4%，产量达到 713 亿块，但规模仅达到 1292.57 亿元，还不到同期进口数量的六分之一。纳米碳材料和碳基集成电路的出现，给中国未来的微纳电子产业带来了新的机遇和希望。IBM、SAMSUNG 已成功研制碳纳米管和石墨烯基高性能集成电路，而我国科学家则掌握着关键的无掺杂碳纳米管集成电路技术，并成功制备出逻辑复杂度最高的碳基集成芯片。碳纳米管同时兼具最高的导热性和导电性，因此也是理想的下一代集成电路互联材料。柔性和可弯折性是碳基芯片相比于硅基芯片的另一个巨大优势。碳基信息产业将是我国实现微电子技术跨越发展的关键所在。

（二）纳米碳材料是理想的轻质高强材料

碳纳米管纤维具有极高的本征强度，其断裂伸长率高达 17.5%，目前人工合成的碳纳米管长度已接近1m。这种超强碳纳米管纤维的基本性能远高于NASA提出的制造太空梯的要求。未来的碳纳米管太空梯能够将地面与地球同步轨道上的空间站连接起来，把卫星、飞船和其他装置廉价地送入环绕地球的轨道，并实现普通人的飞天梦想。将碳纳米管、石墨烯与高分子材料可控复合，可获得高强度柔性材料，其力学性能可超越现有的凯夫拉防弹衣材料。这种碳基复合材料不仅具有优良的防弹性能，还将同时具备导电或抗静电特性，可应用于特殊领域的防护服以及轻便舒适的防弹衣等。碳纳米管复合材料同样将在航空材料领域发挥重要作用，目前波音787客机已经开始大量使用碳基复合材料，其机身和部分机翼采用碳基复合材料，大大降低了飞机自重，显著提高了飞机性能。

（三）纳米碳材料将成为电化学储能领域的核心材料

纳米碳材料本身耦合了优异的导电性、极高的比表面积和可控的三维网络结构，赋予了其在电化学储能领域的巨大应用潜力。在锂离子电池和超级电容器领域，碳纳米管和石墨烯均显示出巨大的优势。碳纳米管因其大长径比、高导电性等特点可用作高性能锂离子电池的导电添加剂。根据2010年全球范围内电极材料的产量估算，电极材料添加剂的年使用量可达1000t，并随锂离子电池产业发展而快速增长。碳纳米管导电添加剂近5年来销售量逐年以50% ~ 100%的增长率迅速提升。国内包括比亚迪、力神等锂电池大厂均开始采用碳纳米管逐步替代传统导电添加剂（炭黑SP、气相生长碳纤维VGCF）。江淮汽车公司已基于碳纳米管导电浆料推出了一款纯电动汽车产品。随着国家、各大城市对汽车尾气污染的日益关切和对清洁能源的需求，电动汽车将在未来几年内得到长足的发展，而碳基导电添加剂也将迎来大发展时期。

为此，纳米碳材料已得到发达国家政府和企业界的高度重视。美国、日本、欧盟、韩国和新加坡都已启动专门的研究计划。2011年，IEEE和NIST开始建立纳米碳材料技术标准。2013年，欧盟启动为期10年的总额10亿欧元的石墨烯旗舰计划；韩国6年计划投入3.5亿美元开展石墨烯研究，并制定出详细的商业发展路线图；新加坡政府的石墨烯研究投入也超过1.5亿美元。各大跨国公司纷纷涉足纳米碳材料产业开发，例如美国杜邦公司投巨资用于航空航天领域，日本东丽公司和欧洲ARKEMA、NANOCYLE公司重点投资碳基透明导电薄膜和高分子导电复合材料等。纳米碳材料已有明确的产业化路线图，在未来20年间，将陆续实现储能应用、高强度复合材料、柔性显示器件、光通信、高频晶体管、柔性晶体管和碳基大规模集成电路等的产业化。

二、中国具有雄厚的纳米碳材料研发基础和独特优势

中国的纳米碳材料研究在国际上起步较早且拥有庞大的研究队伍，目前从事纳米碳材料研究的高校和科研院所超过1000家。据Web of Science统计，1994年以来，中国科学家发表了与碳纳米管和石墨烯相关的SCI论文29200余篇，占全世界相关领域论文数量的

25% 以上，已超越美国跃居世界第一位。其中 Science、Nature 及其子刊论文逾百篇，位列世界第 6 位。所有论文被引用超过 106000 次，引用超过 1000 次的论文 5 篇，超过 100 次的论文 600 余篇。从发表论文的单位分布来看，中国科学院、清华大学、北京大学、浙江大学、南京大学、中国科学技术大学、上海交通大学、复旦大学、湖南大学、吉林大学位居全国前 10 位，中国科学院、清华大学、北京大学发表的相关论文数量分别位列全世界研究机构的第 1、第 4、第 5 位。这些成就的取得得益于国家各部门对纳米碳材料研究的积极支持，在过去 20 多年里，国家自然科学基金委、科技部和中国科学院等部门积极部署了纳米碳材料相关研究项目近 1000 项，累计经费 10 亿余元人民币。随着相关技术的发展和成熟，部分地方政府和企业也纷纷投入经费与大学和科研机构合作开展纳米碳材料的批量生产和应用开发研究，从而有力促进了中国纳米碳材料产业的迅速发展。2002 年，富士康科技集团投资 3 亿元人民币与清华大学范守善院士团队建立了清华富士康纳米科技研究中心，开展纳米碳材料的应用研发工作。近 3 年来，地方政府和企业投入石墨烯研究和产业化的经费已达 4 亿多元人民币，实际投入近 2 亿元。经过 20 年的发展，中国的纳米碳材料研究和产业化已经逐步形成自己的特色和优势，在国际上拥有举足轻重的地位。

中国在纳米碳材料的制备方法和批量生产方面具有显著优势，尤其在碳纳米管和石墨烯的精细结构控制、性能调控以及宏量制备方面做出了一系列原创性和引领性工作，有力地推动了纳米碳材料领域的整体发展。该方向的主要优势团队包括北京大学、清华大学、中科院金属所、中科院物理所和中科院化学所等。例如，中科院物理所解思深团队和清华大学范守善团队在国际上率先提出并实现了碳纳米管定向阵列、超细碳纳米管、碳纳米管超顺排阵列的制备；北京大学刘忠范 – 张锦团队在国际上率先实现了碳纳米管的直径和手性调控以及石墨烯和马赛克石墨烯的大面积层数可控生长；中科院金属研究所成会明团队提出了浮动催化剂 CVD 法宏量制备单壁碳纳米管及其定向长绳和非金属催化剂制备单壁碳纳米管的方法，并制备出石墨烯三维网络结构材料、实现了毫米级高质量单晶石墨烯的制备与无损转移；清华大学魏飞团队提出了规模制备碳纳米管的流化床方法等。我国在纳米碳材料的规模制备方面发展迅速，处于国际领先地位。例如，清华大学魏飞团队、中科院成都有机所与企业合作实现了碳纳米管的规模制备，建成了世界上最大的碳纳米管生产线；清华大学范守善团队在碳纳米管阵列制备的基础上利用纺丝技术实现了碳纳米管透明导电薄膜的批量生产并大量应用于智能手机触摸屏；中科院金属所成会明、任文才团队、中科院宁波材料所刘兆平团队与企业合作实现了高质量石墨烯的吨级规模制备等。

我国纳米碳材料应用研究主要集中于储能、复合材料和透明导电薄膜等领域，在基于纳米碳材料的锂离子电池和超级电容器的电极材料设计、制备、性能改善和储能机制及复合材料应用中涉及的复合工艺、功能利用及增强机制探索方面开展了大量工作，并已逐步走向产业化。该方向的主要优势团队包括清华大学、中科院金属所、中科院成都有机化学有限公司、南开大学、天津大学等。例如中科院金属所成会明团队设计制备出一系列石墨烯 / 碳纳米管复合电极材料，极大提高了锂离子电池的性能，并开拓了纳米碳材料在柔性储能器件中的应用；清华大学石高全团队和南开大学陈永胜团队在石墨烯超级电容器方面进行了系统深入的研究；清华大学魏飞团队和中科院成都有机化学有限公司瞿美臻团队开发出锂离子电池用碳纳米管导电添加剂的规模化应用技术。我国在碳基电子器件研究方面也颇为活跃，特别是北京大学彭练矛团队，基于纳米碳材料载流子的双极性提出无掺杂场效应管（FET）模型，发现钪（Sc）与碳纳米管欧姆接触的 n- 型 FET，在几十纳米通道尺度实现室温弹道输运，进而构建了数字倒相器和加法器等电路，受到国际同行的广泛关注。中山大学许宁生团队面向军事、航天和信息产业的核心器件发展新型真空微纳电子器件，研制出碳纳米管和石墨烯冷阴极，并开拓了其在功率高频真空电子器件、发光与显示器件中的应用研究。

我国在纳米碳材料产业化方面已有令国际瞩目的突出表现。例如，基于清华大学富士康纳米科技中心的技术，2012 年实现了全球首个碳纳米管触摸屏的产业化，月产 150 万片，2013 年产值 6 亿到 10 亿元人民币；北京天奈公司于 2009 年建成全球最大的碳纳米管生产线，年产逾 500t；深圳纳米港有限公司已实现碳纳米管粉体年产 200t，浆料 1000t 规模；深圳三顺中科新材料有限公司已建成 100t/a 碳纳米管复合导电剂生产线。中科院金属所与四川金路集团于 2012 年建成具有自主知识产权的石墨烯中试生产线，2015 年可实现年产 300t 的规模。我国已实现碳纳米管复合导电剂、碳纳米管复合高功率人造石墨负极、碳纳米管复合磷酸亚铁锂正极材料等材料的中试和规模化生产，碳纳米管复合负极产能达到 500t/a，复合正极产能 300t/a，相关产品已在深圳比亚迪、深圳无极、东莞新能源、天津力神、哈尔滨光宇、浙江微宏等电池公司获得批量使用。

需要指出的是，纳米碳材料家族仍蕴藏着极大的拓展空间。2010 年，中科院化学所李玉良团队在国际上首次合成出新型纳米碳材料——石墨炔，在纳米碳材料发现史上留下了中国人的足迹。这种新的碳的同素异形体在具有能带带隙的同时，还保留着远高于硅材料的载流子迁移率。《自然》速评指出，这是可望超越石墨烯的新一代纳米碳材料。毫无疑问，石墨炔绝非纳米碳材料家族的末代成员，新的发现还将继续，这也是纳米碳材料的巨大魅力所在。可以预期，纳米碳材料家族还将有新的诺贝尔奖诞生。

三、建议重点发展方向

经过 20 余年的发展，纳米碳材料研究已经逐渐从发散性的基础探索进入工程化和产业化推进阶段，中国研发模式的不足之处也凸显出来。尽管拥有庞大的研究队伍，发表论文数量也跃居世界第一，但仍沿循着遍地开花式的自由和自发探索模式，缺少顶层设计和强有力的导向。尽管科技部、基金委和科学院系统都有一定的经费投入，但缺少相互协调，研究内容重复问题非常严重，所涉及的研究单位也分布广泛、参差不齐。实际上这也反映出我国科研领域的共性问题，片面追求发表论文，产学研的协同创新能力差等。在一个新领域的萌芽和早期阶段，这种遍地开花式的支持是必要的，但是积累到一定程度后就需要重点支持和集中突破，同时避免低水平的重复立项。

建议重点发展方向如下：①纳米碳材料的产业化关键技术及新型纳米碳材料探索；②碳基电化学储能技术；③碳基薄膜放量制备技术及高性能器件；④碳基冷阴极功率型高频真空电子器件；⑤碳纳米管数字集成电路技术。上述研究方向是当前和未来一段时期内纳米碳材料领域的主流，同时也是我国科学家有重要研究积累并有望取得突破、形成拳头优势的领域。现分述如下。

（一）纳米碳材料的产业化关键技术及新型纳米碳材料探索

毋庸置疑，低成本、高性能纳米碳材料的放量制备是纳米碳材料产业链形成的基本前提。正如大尺寸硅单晶是硅基微电子产业的物质基础，纳米碳材料在新兴纳米碳材料产业中将扮演同样的角色，相关制备技术具有重要的科学意义和工业战略价值。石墨烯和碳纳米管等纳米碳材料的主流放量制备技术主要有两大类：一是基于流化床化学气相沉积方法以及化学剥离方法的体相制备技术；二是基于化学气相沉积方法的表面生长技术。所获得的纳米碳材料品质和用途也截然不同，前者主要用于纳米复合材料、电化学储能、导电墨水以及低端透明导电薄膜等用途，主要特点是产量大、成本低廉；后者则用于高端电子学器件、光电检测与转换器件、自旋电子器件、高品质透明导电薄膜等用途，成本相对较高。

具有高比表面积、高纯度和高结晶性纳米碳材料的宏量制备技术。针对高能量密度和功率密度的锂离子电池、超级电容器、高性能复合材料等产业化方面的需求，解决纳米碳材料的宏量制备问题。发展纳米碳材料宏量制备的新原理，建立新的过程控制方法，包括气固短接触流化床化学气相沉积法、液相非共价插层 – 膨胀 – 剥离石墨方法以及原位化学修饰、分散和原位杂化技术等；研究并揭示单壁碳纳米管与多种碳相的生长竞争关系和控制机制以及石墨插层 – 膨胀 – 剥离的石墨烯控制制备原理。发展高效分级、纯化技术，实现石墨烯层数和尺寸的控制，降低杂质含量和成本。建立表面改性和功能化方法，解决纳米碳材料的稳定分散问题。研究不同纳米碳材料的尺寸效应对产品均一性与收率的影响规律；解决目前面临的产率低、过程耦合复杂、选择性生长低，纯度、结构（包括壁厚、直径、长度或面积等特征尺寸）不可控等难题。建立宏量制备纳米碳材料的生产技术标准流程、分散方法、产品质量的评价测试方法和国家标准，为推动纳米碳材料在各领域的规模应用奠定基础。

碳基芯片材料的批量化制备技术。纳米碳材料在新一代电子器件和光电器件领域有着广阔的应用前景。目前人们虽然可以获得吨级规模的纳米碳材料，但由于结构难以控制而无法满足此类需求，成为制约新兴纳米碳材料产业应用的另一瓶颈。须解决用于电子学和光电器件的高品质纳米碳材料批量制备的关键技术，着重发展兼具低成本、高品质且可放量的化学气相沉积技术。主要包括：① 2 英寸碳纳米管芯片材料的表面控制生长和批量化技术。目前市售碳纳米管均是非定向的、具有不同管径、手性和导电属性的碳纳米管的混合物，无法满足在高性能器件中的应用需求。应重点发展高密度、超长单壁碳纳米管阵列的表面生长方法，实现导电属性、直径乃至手性的调控。主要技术指标包括：100 根 / 微米、半导体性碳管含量大于 98%、管径分布 1.2 ~ 1.6nm 等，解决 2 英寸芯片级结构单一的单壁碳纳米管阵列的放量制备技术。② 8 英寸石墨烯芯片材料的表面控制生长和批量化技术。实现石墨烯基高性能电子器件、柔性器件以及高品质透明导电薄膜的关键在于如何获得大尺寸、结构可控的高质量石墨烯材料。将着重发展大单晶畴区和层数可控的石墨烯生长方法、绝缘衬底上的石墨烯生长方法、石墨烯的大面积洁净无损转移技术以及石墨烯的能带结构调控方法；发展石墨烯与其他二维原子晶体材料的杂化生长方法，探索石墨烯基新型二维杂化材料。主要技术指标包括：畴区尺寸毫米至厘米级、8 英寸单层和双层以及可整体转移、超大面积高性能石墨烯透明导电薄膜等。③新型纳米碳材料探索。重点发展具有中国标签的石墨炔材料的可控生长方法，开拓石墨炔新材料的应用领域。同时发展全新的纳米碳材料，做出国际领先的原创性突破，大幅提升我国在纳米碳材料基础研究领域的国际地位。

（二）碳基电化学储能技术

大力发展电化学储能技术是解决当前能源短缺、环境污染、全球气候变化等重大问题的重要途径之一。作为重要的电化学储能器件，锂离子电池、超级电容器、锂硫电池以及柔性储能器件的研发已受到高度重视。纳米碳材料因具有质轻、导电性好、可弯折等优异特性，可望在电化学储能器件的研发中发挥重要作用。应发展基于纳米碳材料的高能量、高功率、长寿命电化学储能技术和柔性储能器件。具体发展路线图如下：

纳米碳电化学储能材料的宏量制备技术及产业化应用关键技术。纳米碳材料在电化学储能领域的应用主要是导电剂和复合电极材料。目前碳纳米管导电剂已逐步在锂离子电池中获得批量应用，而石墨烯在相关领域的应用正在快速推进中。应重点研究碳纳米管和石墨烯基储能材料的批量制备、分散、网络构建、匹配特性及电化学性能等关键科学和技术问题，发展纳米碳导电剂及复合电极材料的低成本、大批量制备技术，并形成规模，占据较高市场份额，推动战略性新兴产业的发展。重点发展纳米碳材料在动力锂离子电池、高电压、高能量超级电容器和锂硫电池中的应用技术，充分利用超级电容器的高功率特性与锂离子电池的高能量密度组合形成复合储能系统，实现其在电动 / 混合动力汽车、大型储能设施等领域的实际应用。

柔性储能器件的研究与开发。各种轻、薄、可折叠或可弯曲并具有良好机械强度的便携式电子器件将在未来 5 ~ 10 年成为新型便携式电子产品的主流，而设计、制备出可快速充电、长寿命的柔性储能器件是该领域面临的一个重要挑战。针对柔性电子器件的需求，发展可与柔性电子器件集成的纳米碳基全固态、柔性、高性能储能器件。

纳米碳材料具有优异的力、电、热等综合性能，是构建高性能储能器件的理想候选材料。在实现纳米碳导电剂及纳米碳基复合电极材料的低成本、大批量制备基础上，须突破其在大功率、长寿命动力型锂离子电池和超级电容器中应用的关键技术，实现其在电动及混合动力汽车中的批量应用；同时在锂硫电池和柔性储能器件等方面取得重大突破，在全柔性器件动力系统的研制及集成方面处于国际先进水平。

（三）碳基薄膜批量制备技术及高性能器件

通过自组织形成的碳纳米管垂直阵列和水平阵列、超顺排碳纳米管膜、碳纳米管无序膜等纳米碳薄膜材料，将看不见摸不着的碳纳米管变成宏观可操控的客体。一方面保持了单根碳纳米管优异的物理性质，另一方面又具有透明、导电、柔性等宏观特性，在柔性电子学等诸多领域具有广泛的应用前景。中国科学家是该前沿领域的开拓者，并一直保持着国际领先地位。但如何继续保持我国在该方向上的领先地位，真正实现高性能纳米碳薄膜材料的大规模应用，是我们面临的一个重大挑战。须着重发展高品质纳米碳薄膜材料的放量制备技术及其在功能化集成器件领域的应用，内容包括：

高性能碳纳米管薄膜材料的放量制备技术。涉及碳纳米管垂直阵列的可控生长技术、拉丝技术以及碳纳米管直径、导电属性和手性的控制生长方法。须重点发展结构和性能可控的碳纳米管薄膜材料的大规模制备工艺，开发具有自主知识产权的生产装备和检测设备，建立产品的国家标准，致力于实现产业化批量生产。

基于碳纳米管薄膜材料的功能化集成器件研制。碳纳米管薄膜的制备系干法成膜过程，具有与半导体工艺兼容的重要优点。应重点发展碳纳米管与硅工艺的集成技术，开发各种基于碳纳米管和硅工艺的集成器件，尤其关注室温工作的红外探测器焦平面阵列的研制，利用碳纳米管薄膜极小的热容，提高其响应速度，制备出灵敏度与现有进口器件相同、但响应速度更高的红外探测器面阵，争取实现产业化。

（四）碳基冷阴极功率型高频真空电子器件

高频真空电子器件是军事、安全、通信、深空探测等装备的核心器件，大功率高频真空电子器件迄今还没有其他类型器件可以取代，中国长期受到欧美等发达国家禁运限制，掌握和发展该类器件技术是国家紧迫现实重大需求和重大战略需求。新一代高频真空电子器件向高功率、高效率、小型化和紧凑型等方向发展，制约这一发展的核心技术瓶颈是真空电子器件的阴极。场发射冷阴极是一类具有快速响应、低功耗、可微型化等特征的电子发射源，符合新一代高频真空电子器件发展要求，是实现真空电子器件高性能变革的唯一希望。以实现新型功率型高频真空电子器件为目标，须突破高密度大电流碳基纳米冷阴极制备关键技术及其电子枪设计和加工技术以及基于上述电子枪的功率型高频（109 Hz 以上）真空电子器件技术。

（五）碳纳米管数字集成电路技术

基于现行硅基 CMOS 集成电路技术，摩尔定律预计将在 10 ~ 15 年内达到极限，后摩尔时代的纳电子技术探索变得日趋急迫。碳基集成电路技术是人们普遍关注的新一代替代技术。碳纳米管是唯一可以通过减小器件直至5nm技术节点而继续提高系统整体性能的材料，是硅材料最有希望的替代材料。

现阶段妨碍碳纳米管数字集成电路技术走向成熟的障碍包括材料、器件和系统设计等诸多方面的问题。须重点发展碳纳米管器件和电路的设计与加工技术，研究和解决碳纳米管器件和电路的极限行为、可靠和廉价的加工方式、最能发挥碳纳米管材料优势的设计、具有一定容错功能的电路设计以及中等规模到大规模碳纳米管集成电路的实现等。

撰稿人：刘忠范　解思深　范守善　成会明　许宁生　薛增泉　彭练矛
魏　飞　张　锦　姜开利　邓少芝　陈永胜　石高全

自组装研究进展

一、前言

化学是以创造物质为其鲜明特点的科学，化学合成与分子组装是两种最重要的创造新物质和制备新型功能材料的手段。两个多世纪以来，化学合成已发展出催化、光、电、声、磁等调控反应的成熟方法，在天然产物、合成方法学和功能材料等领域都取得巨大进步。相比于化学合成（主要基于共价键），分子组装立足于分子与分子之间的动态可逆“非共价”弱键，以多组分多层次复杂体系为目标，通过创造新物质实现创造新功能。然而，分子组装研究仅开展30余年，仍处于相对初级的阶段。2005年，《科学》杂志以《我们能推动自组装走多远（*How far can we push chemical self-assembly*）》为题将自组装作为唯一一个化学问题列入“21世纪亟待解决的25个重大科学问题”[1]。该文认为构筑和生命体一样具有复杂结构和功能的组装体需学习和模拟自然。

2010年，国家自然科学基金委实施“可控自组装体系及其功能化”重大研究计划，该计划围绕自组装核心科学问题，以理论研究为指导、以表征技术为支撑，揭示自组装过程的本质和规律，发展各种新颖的组装基元，建立多层次、多组份的可控自组装新方法，发展功能导向的自组装新体系和新技术（如图1）。本文将按该结构总结分析近年来组装领域进展。

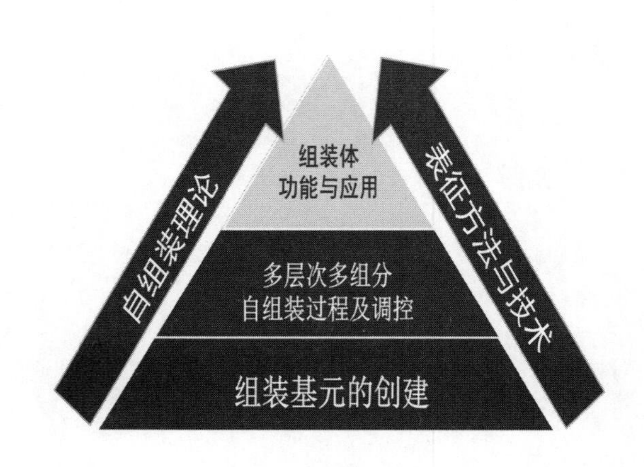

图1　可控自组装体系及其功能化重大研究计划路线图

二、自组装研究现状和进展

（一）组装基元的构建

随着自组装领域的发展，其研究对象逐渐由小分子拓展到各种天然和合成的大分子，由有机物拓展到无机物，由分子和离子拓展到纳米乃至微米粒子。超分子化学领域新主体分子的出现也为主客体识别驱动的分子组装提供新的发展机会。现按照基元尺度从小到大的顺序总结如下：

1. 小分子类组装基元

组装基元是保证自组装顺利进行的重要物质基础，合理的设计和发展新的组装基元是实现组装体功能化的前提。大环化学是超分子化学最主要的研究领域之一，各种大环主体分子的合成带来新的主 - 客体识别模式，进而用于组装领域。田禾等和刘育等制备一系列刺激响应新型主客体分子并开拓其在药物释放和分子开关等领域应用[2, 3]。王梅祥等合成一系列氮杂和氧杂环芳烃，并将其作为模板合成多核金属簇[4, 5]。黎占亭等合成了三氮唑大环和氢键折叠体[6, 7]。黄飞鹤等以柱芳烃（Pillarene）这种具良好溶解度和易修饰端位酚羟基的高度对称刚性主体分子为构筑基元，其组装体在小分子和药物可控释放、TNT 检测、细胞聚集、百草枯解毒等方面有诸多应用[8]。陈传峰等将螺烯基元组装成全色有机纳米粒子并用于细胞成像[9]。

其他新颖主体分子包括 Bertozzi、Jasti、Itami 和 Yamago 等合成的联苯环蕃（Cycloparaphenylenes）[10]，Keinan 和 Isaacs 等合成的新型甘脲类分子等[11, 12]。尽管这些主体分子的研究大都还处于主客体化学阶段，但随着研究的深入，它们在未来有望被用于功能组装体的构建。

2. 大分子类组装基元

大分子自组装现象广泛存在于自然界，典型的例子是蛋白质通过各种弱相互作用（氢键、离子键、疏容积作用、范德华力等），形成高级结构并实现相应的生物功能。与之相应，高分子化学家通过组装各种人工合成的聚合物模拟自然。大分子自组装研究平行于超分子化学发展，相对独立，早在 20 世纪 80 年代，嵌段共聚物的组装行为研究就已趋向成熟。近年来，各种具新型拓扑结构大分子的合成丰富了组装基元库，为大分子自组装领域提供新机会。例如，颜德岳、周永丰等在超支化聚合物（Hyperbranched polymers）自组装研究积累深厚[13]。超支化聚合物是一种高度支化的三维准球形新一代聚合物，通过控制条件能形成巨型囊泡、胶束、纤维等多种结构各异的组装形态。2013 年，他们将多种具有不同化学性质的双面神（Janus）型超支化聚合物偶联得到性能各异的 Janus 纳米粒子，例如具两亲性的纳米粒子，并进一步在溶剂中组装形成更复杂的超分子囊泡结构[14]。江明、陈国颂等和 Harada 等在高分子的链段上引入各类主体分子，通过主 - 客体识别作用调控高分子组装行为，对环糊精修饰的高分子基元的组装行为进行详细研究[15, 16]。刘世勇等采用三嵌段聚合物实现与金纳米粒子特异性定量结合，通过改变杂化三嵌段聚合物两端嵌段的链长、粒子尺寸、组装溶剂等条件，得到胶束、囊泡、棒等多种组装结构，实现聚合物介导的小尺寸无机纳米粒子的可控组装并揭示其规律[17]。史林启等通过多种嵌段共聚物的协同组装构建了表面形貌精确可控的复合胶束，此类胶束可根据外界条件的刺激按需捕获或者释放蛋白质，协助其折叠，模拟了天然分子伴侣的核心结构和功能[18]。Percec 等将双面神形树枝状大分子（Janus dendrimers）在四氢呋喃中组装成多壳层的洋葱状结构[19]。Tezuka 等通过烯烃复分解反应合成环状两亲性嵌段共聚物，其拓扑结构限制其链段的自由运动[20]。因此，与相应的链状聚合物相比，其组装成的胶束对温度和盐类的稳定性更为显著。

需要指出的是，大分子自组装的研究不仅局限于人工合成的体系，自然界的生物大分子经适当修饰也可成为新颖组装基元。Stupp 等在多肽类分子上修饰长烷基链，并系统研究了这类两亲性分子的组装形态，探索其在生物相容性材料制备方面的应用潜力[21]，2013 年，他们在多肽链末端修饰正电性基团，以多肽分子组装成的胶束为模板，通过静电作用驱动 DNA 分子在胶束内部排列，形成类似烟草花叶病毒的有序结构[22]。尹鹏等通过 DNA 折纸术等方法构筑了一系列传统组装方法难以企及的复杂体系[23]。陈道勇等通过控制 DNA 与核壳胶束之间的相互作用，高度有序组装获得类似于染色体初级结构的 beads-on-a-string 结构并进一步融合 string 上胶束形成螺线管状[24]。刘俊秋等利用计算机模拟手段结合基因突变技术设计可与金属螯合的蛋白质，该蛋白质类似各向异性纳米粒子，实现了其组装方向的精确控制，并成功获得具单一分布、半径相同的蛋白质纳米环自组装体[25]。毛承德等以修饰的 DNA 或 RNA 分子为组装基元，构筑了各种形态的超分子多面体结构，并通过冷冻电镜（Cryo EM）技术直接观测其形貌[26-28]。柯永刚等以三脚架型的 DNA 分子为基元组装出尺寸各异的多面体结构，并首次通过“DNA 砖块自组装”方法，制作出含 32 个 DNA 的大晶体，其尺寸可精确控制，最大达到 80 nm[29, 30]。刘冬生等利用在 DNA 纳米技术领域的深厚积累，受细胞结构启发，提出“框架诱导自组装”新方法，通过设计预定框架控制组装体形状、尺寸和单分散性，并成功制备给定尺寸二维疏水膜[31-33]。该概念可用于制备更多富挑战性结构。

3. 巨型分子及纳米粒子自组装

尽管目前对于大分子自组装的研究已相当广泛，但人们仍难以准确预测和控制大分子的组装形态，阻碍了人们通过自下而上（Bottom-up）的方法构建多层次的介观乃至宏观组装体。为解决这个问题，程正迪等提出直接对纳米尺度的巨型分子进行修饰，并以其作为自组装基元，以获得更大尺度规整组装体的新策略。他们对富勒烯（C_{60}）和多面体形的低聚倍半硅氧烷（POSS）进行修饰，得到各种形状的两亲性分子，进而组装出多维度的超分子结构[34]。最近，他们通过点击反应（click reaction）将各种亲水或疏水的低聚倍半硅氧烷片段连接到四苯甲烷骨架上，并观察到随着亲 - 疏水比例的不同，这类巨型的四面体两亲性分子表现出丰富的组装形态[35]。王维等将低聚倍半硅氧烷片段与无机杂多酸

（Polyoxometalate）模块连接，构建一类有机–无机杂化的两亲性巨型分子，并发现其在水–空气界面上组装出高度规整的片层结构[36]。此外，石墨烯也逐渐成为热门组装基元，高超等通过组装制备出石墨烯纤维、薄膜、气凝胶等新型材料[37]。

纳米粒子自组装是自组装学科中一个新的重要研究领域。由于纳米粒子自组装有望将微观上的有序性扩展到宏观尺度，可以产生新结构，带来新功能，因此具有重要科学意义。例如，Mirkin、Murray、Klajn 等开展了不少有意义的工作[38]。粒子的组装需要粒子间各向异性的相互作用，因此，近年来人们的研究兴趣主要集中于各向异性粒子，特别是双面神形粒子的组装行为。然而，双面神形粒子只是各向异性粒子中最简单的一种，发展其他种类的各向异性粒子组装基元，是一个富有挑战性的任务。唐智勇和刘冬生等采用三叶草型 DNA 不对称修饰金纳米粒子，发展了一种制备高产率单 DNA 修饰金纳米粒子的新策略，得到的金纳米粒子不经任何后处理即可用于复杂纳米结构自组装体的可控制备[39]。陈道勇等将单分散的 PEO-b-P4VP 胶束与单分散环状 DNA 在水–甲醇混合溶剂中自组装，得到一种“环套球”的各向异性粒子[40]。Weck 和 Pine 等制备了一类斑片状粒子（Patchy particles），其表面结合位点的数目和空间分布可控，可作为良好的组装基元。Lahann 等通过电流体动力学的方式制备了三组分的斑片状粒子，其表面具有正交（Orthogonal）可修饰基团，可对特定区域进行进一步修饰而不干扰其他区域的性质[41]。据 Glotzer 等预言，理论上还有多种可能存在的各向异性粒子模型，因此该领域值得更多探索[42]。

（二）自组装作用力的发展

1. 非共价相互作用

芳香基团是自组装中常用的模块之一，近年来，超分子化学家对于芳香基团参与的弱相互作用又有了一些新的理解和认识。

相比于 20 世纪末已经被了解得较为透彻的阳离子–π 相互作用，人们对与之互补的阴离子–π 相互作用的了解仍比较有限。在此领域，王梅祥和王德先等开展了系统的研究，合成了一类含有贫电子三嗪模块的氧杂环芳烃主体分子，通过荧光滴定、微量热滴定、单晶衍射等表征手段，首次给出了由中性分子与阴离子之间形成经典阴离子–π 相互作用的实验证据，为阐释阴离子–π 相互作用的本质提供了重要的依据[4, 43]。Matile 等合成了一系列萘二酰亚胺（NDI）衍生物，通过质谱结合理论计算的结果，证实了缺电 π 体系与阴离子之间确实存在相互作用，这种作用模式可以被应用在阴离子识别，稳定阴离子中间体，加速有机反应以及阴离子通道的构建等领域[44]。2014 年该组还证实了阳离子–π 和阴离子–π 相互作用可以共存于大芳香体系的同一平面内[45]。

芳香模块发生单电子氧化或还原后，生成的自由基阳离子或阴离子会发生二聚，但由于同种电荷的排斥，这种作用力通常是很弱的，无法用于构筑稳定的组装体。传统上，共价键连接子和大环主体分子（如葫芦脲）的加入可以增强自由基二聚作用，使其可以用于组装体的构建。近年来超分子化学家又发展了一些新的增强方法，如 Stoddart 等用机械互锁的策略增强了紫精自由基二聚作用，并以此作用为模板，合成了多种两组分带同种电荷的机械互锁分子[46]。黎占亭等将四硫富瓦烯（TTF）或紫精模块连接到刚性的四苯甲烷骨架上，在氧化或还原之后，生成的阳离子自由基模块之间由于协同作用发生强烈的二聚，其表观结合常数增大几个数量级，由此在溶液中构筑了带正电荷的三维网络结构[47, 48]。最近，这种自由基二聚作用又被用于驱动链状聚合物发生折叠[49]。

π-π 堆积常被应用于芳香模块的自组装中，但其是否可以算作一种独立的弱相互作用仍存在争议。2012 年，Iverson 等总结了各种理论和实验事实，指出“π-π 堆积”的提法具有一定的误导性，芳香模块相互作用的实质是静电相互作用与芳环疏溶剂效应共同作用的结果[50]。

此外，一些已经被研究成熟，但在自组装领域应用尚少的弱相互作用模式也逐渐得到开发，典型的例子是卤键相互作用和弱金属 - 金属相互作用。卤键是由卤原子（路易斯酸）与中性的或者带负电的路易斯碱之间形成的非共价相互作用，在晶体工程中已得到广泛应用，但由于其在溶液相中的作用较弱，因此在自组装方面的应用尚不普遍。2013 年，Resnati 等发展了一类二元凝胶体系，依靠吡啶氮原子与四氟碘苯的卤键作用与脲基间的氢键作用胶凝极性溶剂，对照实验表明缺乏卤键模块时凝胶无法形成，由此证明卤键的决定性作用[51]。2015 年，Taylor 等在聚丙烯酸酯的侧链上修饰卤键供体和受体模块，发现聚合物链间的卤键相互作用由于协同效应得到明显加强，驱动聚合物链形成规整组装体[52]；万立骏等将卤键运用于界面自组装，通过扫描隧道显微镜的针尖电流刺激，控制 C3 对称的卤键供体和受体组装出二维网格结构[53]。弱金属 - 金属相互作用广泛存在于 d8 和 d10 过渡金属中，其平面正方形配合物的中心金属原子之间可通过 dz^2 轨道的重叠发生相互作用，伴随光学性质的显著改变。过去，这种作用力局限于晶体工程领域；近年来，支志明、任咏华、de Cola 等共同努力，构筑了基于弱金属 - 金属相互作用纳米线，并将其应用于光敏材料领域[54, 55]。

2. 动态共价键

随着动态共价化学的发展，可逆共价键也逐渐成为自组装过程中常用的驱动力。这些动态共价键能响应外界刺激（如溶液酸碱性、氧化 / 还原试剂等），发生可逆的断裂和生成，从而导致这类分子形成的组装形态发生可逆的改变[56]。因此，发展新的可逆共价键类型，对于自组装的发展同样是十分重要的。在此方面，张希和许华平等在 2013 年报道了一类基于 Se–N 的新型动态共价键，并发现其能对多种外界刺激（酸、吡啶衍生物、温度、超声）做出响应[57]。在此基础上，他们成功地将这种新型共价键应用于调节聚合物的两亲性，从而控制其组装形态[58]。近来，许华平等证实 Se–Se 也具有动态共价键的性质，并可以用来制备动态高分子和自修复高分子材料[59]。此外，C–C 单键在传统上被认为是稳定的，但在一些特定条件下也表现出动态可逆性。Otsuka 等将二芳基双苯并呋喃酮（DABBF）模块用于聚合物的交联，由于该模块上的 C–C 单键键能较低，在外界温度改变或外力变化的条件下，可以可逆地均裂或生成，伴随颜色的显著改变，因此可以用于自愈合材料的制备或作为外力感应装置[60-62]。田禾等运用香豆素模块的［2+2］环加成反应，构筑了一类光响应的高分子，随照射光波长的变化，四元环可逆地形成或断裂，使其可在传统共价聚合物和超分子聚合物之间可逆转换[63, 64]。

（三）组装形态的进展

1. 拓扑结构

2011年以来，一些新颖的拓扑结构通过自组装方式被构筑出来。例如，江华等与Huc合作，通过氢键作用构筑了一类折叠体轮烷，并通过单晶衍射准确表征了其结构[65]。Sanders等用可逆S–S键构筑了含有萘二酰亚胺（NDI）模块的三叶结（Trefoil knot）结构，并通过调节反应条件使其在平衡体系中的比例接近100%[66]。Ward等通过胍基与磺酸根离子的氢键作用构筑了一类体积巨大的阿基米德体，可用于包结多种客体分子[67]。Anderson等通过模板合成的方式构筑了各种形态各异的卟啉大环[68]，Leigh等用类似的策略构筑了六角星索烃（David catenane）[69]，Newkome等通过金属配位作用构筑了领结状、蝴蝶状、Sierpinski三角状等形态各异的组装体[70, 71]。金国新等通过Rh和Cu的协同配位作用构筑了Borromean环[72, 73]。刘育等以水溶性柱芳烃对长链铵盐的识别作用为模板，合成了一种结构新颖的机械互锁分子，并成功分离出其3种异构体（一对对映异构体和一个内消旋分子）[74]。最近，杨海波等以柱芳烃与中性烷基链形成的主客体复合物为轮烷基元，通过炔基与铂的配位作用，首次构筑了大尺寸的金属轮烷树枝状分子，其直径达到8.7 nm[75]。

2. 超分子聚合物

超分子聚合物是重复单元经可逆和方向性的非共价键相互作用连接成的组装体。自1990年Lehn的开创性工作以来[76]，该领域已取得了丰硕的成果，但如何实现可控超分子聚合是个亟待解决的问题。2014年，张希等建立基于自分类分子识别的可控超分子聚合新方法，利用不同尺寸甘脲类分子的不同结合模式，可以方便地调控超分子聚合物的分子量[77]。此外，他们还建立了一种制备超分子聚合物的新方法，即先以非共价键为驱动力，制备可以共价键聚合的超分子单体（supramonomer）；再通过超分子单体的共价键聚合制备超分子聚合物。不同的非共价键可以用于组装超分子单体，不同的共价键聚合方法可以用来实现超分子单体的聚合，因此可以预计这种方法有较宽的实用范围。这类似问题的转移，将一个不易控制的过程转化为容易控制的过程，通过选择合适的共价键聚合方法，可以很好地控制超分子聚合物的分子量和分子量分布[78]。

在传统的共价聚合物领域，人们可以通过活性聚合的方式（例如ATRP或RAFT）获得窄分布的聚合物，并以此构筑两链段或多链段的嵌段共聚物。但在超分子聚合物领域，类似的聚合方式却一直难以实现。Sugiyasu和Takeuchi等将卟啉衍生物形成的纤维状组装体作为“引发剂”重新加入到单体溶液中，发现其可以抑制单体形成介稳的J–聚集体，而使之优先聚集在“引发剂”上，实现链增长式聚合，得到窄分布（PDI=1.1）的超分子聚合物[79]。之后，Würthner 等用类似的“成核 – 生长”策略实现了苝二酰亚胺（PDI）衍生物的活性聚合[80]。Aida 等在此基础上更进一步，通过对心环烯骨架的巧妙修饰，使得引发剂的加入可以“解开”单体中的分子内多重氢键作用，实现了单分子调控的超分子活性聚合[81]。

类似的活性聚合策略还可以推广到胶束、纳米管等更大尺度的组装体上。只要最初加入的作为“引发剂”的组装体足够稳定，就可控制后续加入的单体以自身为中心继续生长，从而得到相应的“嵌段组装体”。Aida 等在两亲性六苯并蔻（HBC）的亲水链上引入联吡啶配体，通过与铜离子的配位作用，稳定作为晶核的纳米管片段，使后续加入的第二组分沿着其轴向继续生长，从而首次得到 AB 型和 ABA 型的嵌段纳米管[82]。Winnik 和 Manners 等通过结晶驱动的自组装（Crystallization-driven self-assembly）策略，控制在溶液相中的嵌段聚合物单体通过疏溶剂的二茂铁片段的堆积，沿晶核方向生长，得到长度接近单分散的圆柱状胶束（PDI ≤ 1.03）[83]。之后，他们又运用类似的活性聚合策略，通过控制单体生长的方向，进一步得到片状、蝶形和星状的组装体[84-87]。

3. 二维聚合物

自 2004 年 Geim 和 Novoselov 等发现石墨烯以来，各种二维聚合物的构建逐渐成为一个研究热点。而通过可逆共价键反复形成和断裂的纠错机制，最终“组装”出热力学稳定的具有规整结构的二维聚合物，则是制备二维聚合物的通用策略。2005 年，Yaghi 等报道第一例基于硼酯键的二维聚合物[88]。之后，各种基于硼酯键、亚胺键或酰腙键等可逆共价键的二维聚合物不断见诸报道。万立骏等将动态共价化学和表面化学相结合，在气固界面上通过控制硼酯键或亚胺键的可逆形成与断裂，构筑了结构高度有序的单层二维高分子[89]。赵新等以可逆亚胺键为基础，通过对骨架的理性设计，一步构筑了同时具有介孔和微孔结构的二维共价 – 有机骨价[90]。近年来，基于非共价相互作用的组装策略也逐渐得到发展。Schluter，King 等通过 C3 对称分子骨架上蒽基团的 π – π 堆积作用，得到高度规整的二维聚合物晶体，并且这种聚合物可通过蒽基团的光催化交联反应进一步稳定化[91, 92]。最近，他们还运用类似策略实现了单层二维聚合物的界面自组装[93]。江东林等同样通过蒽基团可逆交联 – 解离反应实现对二维聚合物比表面积和荧光性质的调控[94]；他们还通过 Click 反应实现了二维聚合物的后修饰将其功能化，用于 CO_2 选择性吸附和异相不对称催化反应[95, 96]。

4. 超分子有机框架

“超分子有机框架（Supramolecular Organic Framework）”的概念由 Champness 和 Schrder 等在 2010 年提出[97]，用以表示部分键合方式为非共价相互作用（主要是氢键）的三维网格结构。与金属有机框架（Metal-organic Framework）和共价有机框架（Covalent-organic Framework）类似，超分子有机框架作为一种多孔材料，在气体吸附和纯化方面多有应用。例如，杨英威等合成了十羟基柱［5］芳烃，发现其可以通过分子间氢键作用形成网格结构，高选择性地吸附二氧化碳[98]。然而，这样的“超分子有机框架”仍是典型的固体“硬”材料，溶解性差或进入溶液相后解离；另一方面，受溶剂化效应的影响，在溶液相中构筑周期性的框架阵列结构一直是个挑战。2013年以来，黎占亭和赵新等重新诠释“超分子有机框架”，将其拓展至软物质领域[99]，依靠协同的供体－受体相互作用，构筑了一种兼具周期性规整结构和良好溶解性能的新型组装体，可在水相高效吸收负离子型的染料、药物、肽、核酸及树枝状分子等，并能响应外界刺激（如pH变化），实现客体分子的释放[100, 101]。此外，由于这类新型框架结构不含金属离子，因此细胞毒性很低，在生物医药领域可能有很好的应用前景。

（四）组装体的功能化进展

虽然自组装可以形成多层次的形态结构，但最终目的是为了使组装体具有各种功能。一方面，模拟生命体的行为，是自组装领域的一个重要策略。某种意义上，我们可以将生命体看作经过长期的自然选择所形成的，结构复杂，功能强大的组装体；相比之下，人工的自组装体系在结构和功能层面都显得十分初级。因此，自然界是自组装研究汲取灵感的源泉。由此出发，最终跨越化学与生物的鸿沟，深入理解生命体的各种复杂行为，则是自组装的终极使命。另一方面，通过自组装的方法发展新型功能材料也是一个重要领域。从技术层面上说，自组装是一种自下而上（bottom-up）地形成复杂结构的高效手段，并且可以具有良好的选择性，这是新材料开发过程中所必需的。自组装形成新材料依靠自然界广泛存在的非共价相互作用（有时也包含可逆共价键），可创造出生命体系中不具备的新功能，表明人们从自然界汲取灵感之后，能逐步从模仿走向创新。

1. 模拟生命体系

（1）自复制。

生命体的最基本特征就是可以自我复制。因此，构建人工的自复制系统是模拟生命的开端。从自然界生命体遗传物质（DNA和RNA）的复制过程得到灵感，化学家们用人工合成的高分子体系模拟了这一现象。例如，2012年，O'Reilly等用原子转移自由基聚合（ATRP）的方法合成出一种窄分布的、分别含有苯乙烯单元和胸腺嘧啶模块的两嵌段共聚物，其含有碱基模块的链段可依靠氢键作用识别含有鸟嘌呤模块的苯乙烯单体，并在偶氮二异丁腈（AIBN）的引发下发生聚合，完成复制过程[102]。值得注意的是，尽管复制过程中没有采用活性聚合的条件，但获得的子链聚合物与母链中含碱基模块链段的重复单元数相当，并同样具有很低的分散度，表明该复制过程非常成功。2013年，Szostak等合成了一类3-氨基取代的N-磷酰化核苷类似物，发现其可以通过氢键作用和模板上的碱基配对，在无酶的条件下通过分子间协同反应，复制出与模板互补的类DNA片段[103]。进一步的研究表明，将单体上的胸腺嘧啶硫代化之后，可改变氢键模式，减少与非互补碱基的错配对概率，从而减少复制中的错误[104]。需要指出的是，人工复制系统的研究不仅局限于用高分子模拟DNA的复制行为，小分子的自复制体系同样具有很大的吸引力。Otto等合成了一类含有肽链的苯硫酚模块，在热力学平衡状态下优先组装成小环结构（三聚体或四聚体），但当加入少量大环（六聚体或七聚体）作为模板，并对体系进行搅拌之后，体系中的主要组分却变成与模板重复单元数相同的大环。机理研究表明肽段的存在对于该自复制过程是十分重要的，单体可通过类似 beta-sheet 的氢键模式在模板的上下方定向排列并成环，进而沿着大环的轴向生长，形成一维纳米线结构[105]。2015 年，他们又发现，外来模板的加入可以提高平衡体系中特定组分的比例，使之超过临界堆积浓度，进而引发自复制过程[106]。

（2）手性。

手性是生命体的另一个重要特征，自然界中各种重要的生物大分子（例如蛋白质和核酸）都具有手性。运用各种小分子模块，通过协同的非共价相互作用（例如氢键或 π-π 堆积等），构建出各种具螺旋手性的人工体系，使人们对手性的产生、传递、放大、转化等过程的机理有了更深入的认识，在探索自然界的手性起源问题方面更进一步。在此方面，Meijer 等运用苯并三酰胺（BTA）模块，开展了许多卓有成效的工作。例如，2011 年，他们在 BTA 模块上引入单氘代的烷基链，发现由同位素效应引起的微小的中心手性能在一维螺旋组装体中得到显著放大[107]。2012 年，他们观察到侧链部分氟化的非手性 BTA 模块在自组装过程中能发生对称性破缺，产生 CD 信号[108]。进一步的机理研究表明，这种对称性破缺是由含氟侧链间的偶极 - 偶极相互作用引起的二次组装过程所造成的。2014 年，他们在 BTA 模块上引入亲水的寡聚乙二醇链，发现即使在竞争性溶剂中，BTA 模块也可通过协同氢键作用组装成手性螺旋结构，其侧链手性中心对组装历程有重大影响[109]。Aida 小组发展的六苯并蔻体系也颇具特色，其可以通过 π-π 堆积作用形成螺旋结构。自 2005 年以来，他们以此为平台开展了许多超分子手性方面的研究。2013 年，他们在六苯并蔻模块的亲水链末端引入吡啶配体，使其与手性 BINAP 金属络合物的配位，成为手性模块，进而组装出相应的手性螺旋结构。当螺旋结构中的手性 BINAP 配体被移除之后，其螺旋手性依然得到保持[110]。此外，Lee 等用含有手性寡聚乙二醇侧链的联苯类化合物构建了一类手性纳米管，发现其可以响应外界刺激（如温度和溶剂极性的变化），使自身的螺旋手性发生反转[111]。任咏华等合成了一类手性 BINOL 模块为连接子的 Pt 络合物，发现其可通过协同的 π-π 堆积作用和 Pt-Pt 相互作用，在 DMSO 中逐渐形成手性螺旋结构，伴随紫外和荧光光谱的显著变化[112]。刘鸣华等多年来针对多层次自组装结构中超分子手性的产生、传递和放大进行系统研究和深入探索，尝试掌握超分子手性调控规律，并探究其在手性开关、手性识别、不对称催化等方面应用，2015 年应邀在 *Chemical Reviews* 发表综述[113]。

（3）模拟酶。

模拟酶也是自组装领域的一个重要研究方向。经过成千上万年的进化，酶的高效性和专一性十分显著，远胜于绝大多数人工催化剂。因此，该领域的进展，不仅对生命科学领域有所贡献，也对传统的化学合成（主要是有机合成）领域有巨大的促进作用。通过氢键或配位键自组装而成的笼状分子，是模拟酶的良好平台，其不仅可以通过包结作用增加反应物的局部浓度，提高反应速率，而且其狭小的内空间可使底物按不同于正常反应过渡态的方式排列，从而导致特殊的化学选择性。在此方面，Rebek、Fujita、Raymond、

Nitschke、Reek 等[114]进行过许多有益的尝试。2015 年，Tiefenbacher 等以氢键组装出的笼状分子为平台，详细研究了萜类底物在其中的转化历程，为推测自然界中萜类化合物的生源合成途径提供了可靠的证据[115]。当然，笼的结构与生物体内各种生化反应的场所相比，其结构上仍过于简单。因此，尚待发展结构更为复杂的组装体，用于高效模拟酶的行为。例如，佟振合和吴骊珠等以 Fe_2S_2 化合物作为活性中心，亲水聚合物聚丙烯酸（PAA）作为载体，CdSe 量子点作为光敏剂，抗坏血酸作为质子源和电子给体，自组装可控构筑了铁氢化酶光催化分解水制氢体系。单位活性中心上转化的反应物分子数（TON 值）大于 27000，是当时国际上该类体系的最高值[116, 117]。Meijer 等用钌催化的活性自由基聚合方法合成了一类三嵌段共聚物，其链段上分别含有亲水基团、催化基团以及均苯三甲酰胺（BTA）模块，其在水溶液中可以通过疏溶剂效应和均苯三甲酰胺模块间的氢键作用，自组装形成单分子胶囊，形成疏水的微环境，促进反应物在其中的转化，而相应的反应在水溶液中是无法发生的[118, 119]。这种策略与酶的作用机制十分相似。Rotello 等将金属催化剂附着在胺盐修饰的金纳米粒子表面，用葫芦脲[7]封端后作为“人工酶”移植到 Hela 细胞中。他们发现，通常情况下，由于位阻作用，纳米粒子组装体不具催化活性；但是，当金刚烷胺盐进入细胞后，则可以与葫芦脲[7]结合，减小纳米粒子周围的位阻，“激活”细胞中的人工酶，从而引发相应的金属催化反应[120]。

（4）跨膜传输。

生命体能与外界环境发生物质交换，以最简单的单细胞生物为例，其细胞膜上的蛋白控制着物质的进出。由于很多天然通道蛋白的转运机理尚不明确，因此化学家希望构筑人工的合成体系来模拟通道蛋白的结构和功能，从而为研究其运输机理提供简单的模型。例如，Barboiu 等合成了一类咪唑基封端的脲类化合物，发现其可以通过氢键作用组装成孔道结构，嵌入细胞膜中，作为质子和水分子的通道[121]。2014 年，他们又发现这类孔道具有很好的阴 / 阳离子选择性[122]。Matile 等通过阴离子 $-\pi$ 相互作用和卤键相互作用，构建了各种高活性的阴离子通道[123]。侯军利等在柱芳烃的分子两侧修饰上氢键模块，使其可以通过分子内或分子间氢键作用，形成稳定的孔道结构，实现质子、水分子或氨基酸的跨膜传输[124]。2014 年，他们发现含氨基酸衍生物侧链的芳酰肼寡聚物或聚合物可通过多重氢键作用组装成一维有序结构，实现铵根离子的传输[125]。曾华强等也报道了含有吡啶模块的芳酰胺折叠体可以作为质子和水分子跨膜传输的通道[126]。Gale 和 Sessler 等合成了一类含有杯吡咯和吡啶二酰胺模块的大环分子，发现其可以作为氯离子跨膜传输的通道，增加细胞内的氯离子浓度，从而引发细胞凋亡[127]。更多的结果，可以参考 *Accounts of Chemical Research* 杂志在 2013 年推出的“Transport Across Membranes”的专刊，此处不再赘述[128]。

（5）人造生命。

以上的模拟只是针对生命体的局部功能而言。然而，到目前为止，即使是对于最简单的单细胞生物，人工体系也无法实现完全的模拟。2010 年报道的首例“人造生命”，其遗传物质经过人工改造，但“外壳”仍来自天然细菌[129]。近年来，自组装领域在细胞模拟方面的探索，大多是通过构建类似的半人工的组装体来实现。van Hest 等将 3 种天然酶包结在嵌段共聚物形成的囊泡中，发现它们能够催化特定底物的连续转化[130]。之后，他们还通过还原型辅酶 I 催化的生化反应，调节囊泡中的酸度，实现了蛋白质和配体的可逆的络合 – 解离过程[131]。Mann 等将聚丙烯酰胺连接到牛血清蛋白（BSA）的氨基酸残基上，发现这种杂交的两亲性分子可以组装成囊泡结构，具有良好的热稳定性，并且和活体细胞一样，具有分子识别和选择透过功能，并可以作为基因诱导的蛋白质合成以及酶催化的场所[132]。Sugawara 等用脂质体和大肠杆菌 DNA 制备出“人造细胞”，而后通过 PCR 和外加脂质体原料的方法，实现了这种“人造细胞”的遗传物质和外壳的复制，并观察到增殖的新“细胞”从母体上“分裂”的过程。该成果已经与“人造生命”的标准相当接近，尽管复制的效率还无法和生命体相比，仍可看作自组装领域在揭示生命本质方面的一大里程碑式成果[133]。

2. 功能材料

（1）超分子光响应材料。

光敏剂可以把光能转递给氧气，产生高活性单线态氧，以此杀灭病变的组织和微生物，这就是光动力疗法的基本原理。卟啉类分子是一类常用的光敏剂，但它在水溶液中容易聚集，导致荧光淬灭，单线态氧产生效率降低。基于葫芦脲主客体相互作用，张希等构建了一种超分子光敏剂，研究表明与传统的卟啉类光敏剂相比，此超分子光敏剂的单线态氧产生效率和杀菌效率都有显著提高。鉴于这种超分子光敏剂的构筑方法具有简便、高效、可逆以及环境友好等诸多优点，预见其设计思路可以拓展到制备其他智能响应性生物超分子材料[134]。

有机自由基由于其具有未配对电子，大多数自由基不能稳定存在，这在极大程度上限制了其应用，如何用简便的方法制备得到稳定自由基依然是一个挑战。张希等首次利用超分子方法，实现了稳定超分子自由基的制备。他们将葫芦脲通过主客体相互作用复合到萘二酰亚胺两侧，由于葫芦脲大环分子上羰基的吸电子效应，使得萘二酰亚胺分子的能级显著降低，进而加快了萘二酰亚胺的光致电子转移过程，使其自由基生成速率提高近 10 倍，所得到的超分子自由基表现出很高的稳定性，这提供了一种稳定自由基的新策略[135]。基于类似的策略，他们制备了含苝二酰亚胺分子的超分子自由基，研究表明这是一种新型的有机近红外材料，其光热转换效率达到了 31.6%[136]。

（2）有机电子器件。

各种含芳香模块的共轭高分子在电子器件领域已得到广泛应用，但相应的构效关系研究尚不系统。裴坚等研究了含异靛青（Isoindigo）结构单元的共轭高分子在有机太阳能电池和场效应晶体管方面的应用潜力，并总结了各种非共价弱相互作用对于高分子的组装形态乃至电子传输效率的影响规律：芳香骨架上的烷基链可以通过疏溶剂作用影响主链的堆积模式，从而影响电子传输效率；分子内氢键可以调控分子链的构象，增强其刚性，从而促进堆积作用。这为理性设计效率更高的电子器件提供了一定指导[137]。王朝晖等在二并苝酰亚胺分子体系上引入长烷基链，宏量合成了新型的可溶液加工的空气稳定高性能的 n 型有机半导体功能分子，实现了一维微纳米带和二维微纳米片的可控自组装，在空气中测得其迁移率最高达 4.6 $cm^2 \cdot V^{-1} \cdot s^{-1}$，这是当时空气中稳定且迁移率最高的 n 型单晶材料之一[138, 139]。该组发展了系列基于苝二酰亚胺及萘二酰亚胺的化学，并将其作为新颖组装基元研究其多层次可控组装并应用于高效 n 型材料[140]。

（3）超分子铁电材料。

铁电性是电介质晶体中固有偶极矩产生的，晶胞中正负电荷重心不重合而出现电偶极矩，产生不等于零的电极化强度，使晶体具有自发极化，且电偶极矩方向可以因外电场而改变。传统的铁电性材料研究多集中在无机化学领域，近年来，人们发现纯有机化合物形成的规整组装体中，由于非共价键（主要是氢键和芳香体系供体 - 受体相互作用）的正负电荷中心不重合，同样可以在外场作用下发生极化，从而出现铁电性[141]。例如，2012 年，Horiuchi 等发现，苯并咪唑衍生物晶体可通过晶格中连续的分子间氢键作用在晶面的两个正交方向形成电偶极，由于晶格的稳定，其铁电性在 400 K 温度下仍然能够稳定存在[142]。Stoddart 和 Stupp 等将富电子的芳香化合物（如萘二胺、芘二胺、TTF 等）与缺电子的均苯四甲酸二酰亚胺（PDI）衍生物混合，生长出化学计量比为 1∶1 的针状混晶。两组分的芳环在一维方向上连续堆积，产生的电偶极互相叠加，因此晶体具有显著的铁电性[143]。Aida 等在没食子酸酰胺上修饰邻苯二甲腈模块，利用氢键的方向性，促使所有的氰基在一维方向上有序排列，从而使组装体具有明显的铁电性[144]。吴兴龙等发现外界光刺激可以调节苯丙氨酸二肽组装成的微管结构的氢键模式，从而诱导其产生铁磁性[145]。尽管目前的超分子铁电材料尚处于理论研究阶段，但由于非共价相互作用的多样性和可调节性，该领域在未来还将继续发展，更多刺激响应的铁电性材料将由此产生。

（4）自愈合材料。

超分子聚合物中部分链段依靠非共价作用（或可逆共价键）连接，在机械强度上不如传统高分子，但非共价作用或可逆共价键的可逆性，却使之在自愈合材料方面得以广泛应用。早年用作自愈合材料的超分子聚合物大多依靠多重氢键的可逆断裂与生成，其自愈合过程需要对修复部位进行加热 - 冷却的操作。近年来，基于其他响应条件的自愈合材料逐渐发展起来。例如，2011 年，Rowan 等合成了一类含氮杂芳香环为配体的一维金属超分子聚合物，其能够将外界光刺激转化成热量，导致配位作用的削弱和聚合物强度的下降；而光刺激停止后，聚合物的强度得以恢复[146]。刘鸣华等将以组氨酸为头基的 Bola 型小分子作为组装基元，通过控制其头基电性状态，经三级组装成功制备长度达数百微米乃至毫米级的自组装纳米管结构，并进一步通过类似于缫丝的方法，将溶液中分散的自组装纳米管于水面提拉仿成丝。该超分子管束纤维拉升强度可媲美常见商品化高分子材料，如聚苯乙烯、ABS 合成树脂等，其优良力学性能堪称超分子聚合物纤维领域重要突破[147]。Harada 等在聚丙烯酸酯的侧链上引入二茂铁和环糊精基团，得到一类氧化还原响应的自愈合材料，当其处于氧化氛围中时，二茂铁基团被氧化成阳离子，从环糊精的空腔中解离，导致材料失去胶凝性能，而外加还原剂之后凝胶又重新形成。黄飞鹤等基于冠醚和铵盐的络合作用，合成了一类小分子凝胶剂，其具有极低的临界凝胶浓度，并且能够对多种外界刺激（温度、阴/阳离子、氧化还原等）作出响应，使凝胶发生可逆的形成－解体过程[148]。

（5）结晶海绵。

化合物精确的结构分析需要单晶X-射线衍射。但对于难以结晶或常温下为液体的化合物，此种方法的应用会大受限制。Fujita等用先前构建的金属－有机框架（MOF）吸附各种小分子化合物，再对其进行单晶衍射分析，即可得到客体分子的精确结构[149]。此种方法适用范围广，检测限可达纳克级别，并且可以通过MOF上原子的异常衍射信号，分析客体分子的绝对构型，特别适合具有复杂结构的天然产物的结构鉴定；并且，该技术有望与色谱技术连用，实现复杂混合物体系的快速分析。这种新的分析手段有望极大地改变现有的化合物分离分析方法，为传统有机化学领域带来革命性进步。

（6）长程能量转移体系。

超分子纳米纤维材料有希望作为一个稳定的、高效的能量传输单元。2015年，Hildner等报道了以含稠环核心的三酰胺化合物为中心，外接三个萘酰亚胺连二噻吩的结构，能够通过自身 $\pi-\pi$ 堆积的模式，形成一条超分子纳米纤维，并且在常温下可以进行长距离（超过4μm）的单线态激子传输[150]。这是超分子纳米结构中的首例，且其能量传输距离也超过了已有的报到（仅常温下蒽的单晶中三线态激子传输达到了宏观的微米级别）。研究团队基于一系列实验与计算，给出了激子传输过程是一个连贯与非连贯传输协同作用，并以连贯传输为主导的假设。这样的超分子体系显现出了其作为电子学材料方面的独特能力。

（五）自组装理论与技术的发展

1. 系统化学

自组装领域的一些研究结果，对于解释生命现象（例如进化、对称性破缺等）具有启示作用；其次，生命体功能的实现可以看作各组分或系统间相互作用的结果，而人工组装体系中，组装体的功能取决于组分间的相互作用，而不是每个组分本身，这与生命现象有相通之处；同时，一些自组装的结果表明，自组装的过程并非完全是热力学控制的，有时也可以是动力学控制的，并且在外界能量的持续输入下（光照、加热等条件），组装体表现出一些平衡状态下无法实现的性质（如形成介稳态的组装体或发生持续运动等），而生命体本身是一个远离热力学平衡态的体系，其功能的实现都是在非平衡态下完成的；除此之外，系统生物学的发展需要揭示系统中各组分相互依存，相互影响的机理，但生物体系的复杂性和脆弱性使得这个目标暂时难以达到。从还原论的角度而言，退而求其次，选择简单的自组装体系（包括动态共价化学体系）作为研究对象，可以减少干扰，从而得到本质性的结论；最后，现代分析化学的发展，也为化学家分析复杂体系提供了可靠的技术保障。基于以上考虑，超分子化学家与史前生物化学家，理论生物学家合作，创立了一个新的交叉学科——系统化学[151-153]。自2005年“Systems Chemistry”这个名词首次见诸报端以来，该理论得到了迅速的发展。2010年，一份名为*Journal of Systems Chemistry*的刊物在欧洲出版，2014年，Chemical Communications杂志出了一期专刊，专门探讨系统化学方面的研究成果。我们有理由相信，这个新兴学科在未来的一段时间内将继续前进，引领人们更深入地认识自然和人类本身。

2. 催组装

自组装领域发展至今，如何更加高效和高选择性地通过组装创造新物质和新产品，成为一大挑战。田中群等借鉴化学合成领域中催化的概念，提出了“催组装（Catassembly）”的设想[154]。催组装中的催组剂（Catassembler）类似于合成中的催化剂，可在不改变总吉布斯自由能变化的条件下加速组装过程，催组装因此有望成为在分子以上层次高效高选择性创造新物质的新途径。一些催组装体系在组装之后还会进一步进行化学偶联反应，由此显著提高产物的稳定性，组装与偶联总过程可称为催组联（Catassemblysis）。通过总结自组装领域现有的一些研究结果，田中群等指出，类似于催化概念的提出滞后于催化反应的出现，组装领域同样存在理论滞后于实验的现象，催组装和催组联的一些典型案例实际上已经见诸报道，例如早年Reinhoudt等依靠多重氢键结构构建双面伞状组装体[155]，2011年，Anderson等的卟啉大环模板合成等。而在此基础上，如何设计新的催组装体系以及相关催组剂，对其动力学过程进行表征分析，对催组装的内在机理深入探究，是推动催组装发展的核心基础，将有望推进组装在创造新物质和制备新功能材料方面发挥更大作用。

3. 自组装理论

实现可控自组装的一个基本要求是对其机理有深入的理解，进而通过发展新的理论方法以实现理论指导下的组装调控。理论和计算研究是揭示自组装分子机理、提供新的自组装方法和思路的一个有力工具。对自组装的计算研究需要对分子间弱的相互作用的精确描述，同时需要降低计算量，从而可以适用于自组装体系的复杂性和大尺度的特点。徐昕等构建了XYGJ- OS密度泛函，适用于基于弱相互作用的自组装体系，计算精度高，并兼顾了计算精度和计算效率的平衡，是当时国际上计算效率最高、同时不依赖于半经验色散参数的双杂化泛函[157]。

在分子水平的研究上，高毅勤等对分子自组装过程中起重要作用的疏水作用进行了理论和计算模拟研究。为了实现对柔性高和结构多样的自组装体系的构象扫描，进一步发展了分子动力学增强抽样方法，同时发展了基于反应轨迹图形理论的动力学分析方法，为从多个尺度上详细研究自组装的动力学机理合理地解释了无机盐水溶液表面张力随无机盐种类的变化，从而为从分子原子水平研究与理解水溶液环境下的与疏水作用相关的分子自组装提供了新的理论依据。有针对性地探讨了共溶质对蛋白质在水溶液中的溶解度、蛋白质结构形成和组装、聚集等过程的影响[158]。这一系列工作为已经存在超过一个世纪的、长期以来困扰着物理化学和生物化学界的Hofmeister序列（1888年）提供了一个简单、统一、可由实验直接验证的分子水平理论模型。

徐昕、高毅勤和郑卫军等合作，结合新的密度泛函的应用，进一步发展增强抽样计算方法，使之有效地应用于通过氢键为主的相互作用而形成的复杂分子团簇的结构、能量和电子能谱的计算，获得了水盐团簇的结构和能量信息。解释了实验数据，加深了对分子团簇自发形成中的分子间作用力的了解[159]。

分子自组装模拟研究依赖于分子力场的发展，刘成卜等建造了适用于卤键自组装体系的可极化椭球形力场（PEff），该力场不仅包含了静电作用，而且包含了极化效应，具有清晰的物理图像；力场参数通过拟合高精度从头算结果获得，具有很好的迁移性。测试表明，该力场可达到从头算 MP2 水平的计算精度。这是当时仅有的一个包含卤键的从头算分子力场，为开展卤键调控的自组装过程的分子模拟提供了重要工具[160]。

在介观尺度的研究中，候中怀等结合统计力学原理，重点研究表面体系自组装纳米结构的形成机理和相变动力学规律。在基因开关体系涨落动力学、表面体系生长动力学等方面取得重要进展。结合第一性原理计算和统计力学方法，建立了适用于前沿生长的多尺度动力学蒙特卡洛模型，成功解释了以金属为基底的材料非线性生长行为[161]，揭示了一种几何决定的外延生长机制。通过合成生物学实验，发现基因开关体系存在确定性动力学预言外的第三个动力学稳态。理论分析与实验结果的对比表明，该稳态起源于小体系内禀的离散及涨落特性。这一发现丰富了前人的结果，是一种“噪声”诱导的新效应。

在更大尺度上，活力物质体系中出现的丰富的动态自组装特性对于理解自然界特别是生命物质中的非平衡现象具有十分重要的意义。而活力物质体系又是联系物理、化学和生命科学的重要桥梁，是不同尺度和非平衡态下的自组装机理研究的重要内容。马余强等通过发展理论和模拟计算，研究了活力物质体系中拓扑缺陷形成和输运过程中相关的自组装行为，发现活力向列相中系统的“拓扑失稳”过程非常不同于平衡态体系。系统拓扑结构的激发，湮灭和运输过程呈现出高度的不可逆性。同时发现系统的拓扑结构可以起到调控系统大尺度结构和动力学的作用[162]。这些发现使人们可以通过实时跟踪和操纵系统中激发的拓扑结构来调控活力物质体系的自组装行为成为可能。

4. 非共价作用可视化与定量化

尽管人们对非共价相互作用已进行了多年研究，但除了单晶衍射法，人们很难直观地看到非共价相互作用的存在。近年来，得益于电镜技术的发展，人们已经可以将非晶态组装体中的非共价相互作用图像化。2013 年，裘晓辉等通过高分辨原子力显微镜技术，观测在铜单晶表面吸附的 8- 羟基喹啉分子，获得了其化学骨架和分子间氢键的高分辨图像[163]。这是科学界首次在实空间直接观测到分子间的氢键作用，对于探讨氢键的本质具有至关重要的作用，因此获得国际学术界的高度重视。《科学》杂志在 2013 年度的回顾专刊中，将分子间氢键图片评选为当年 3 幅最震撼的图片之一。王宏达等在金（111）表面和原子力显微镜的针尖上修饰三联吡啶配体，与 Os 配位，通过针尖电位控制其氧化态，用单分子力谱的方法测量了不同氧化态下配位常数的大小。这是第一次在单分子水平上对非共价相互作用进行定量测量[164]。

三、总结与展望

总之，目前我国在自组装领域已取得长足进步。无论是在新主体分子和新作用模式的建立，新颖组装形态的发展，功能化体系的构建，还是在理论概念的创立以及新表征技术的发展方面，中国学者都没有缺席。2012 年年底，欧阳钟灿在 The Stackler Prize in Biophysics 颁奖会上做邀请报告；2013 年，张希在 Gorden Research Conference 的自组装与超分子化学论坛上做大会报告；2014 年，第九届大环与超分子化学国际研讨会在上海有机化学研究所成功举办；2015 年，黄飞鹤在法国斯特拉斯堡举行的第十届大环与超分子化学国际研讨会中首获 Cram-Lehn-Pedersen 奖，表明中国学者在自组装领域贡献显著，在世界范围内获得认可。

伴随着各种尺度的新主体分子的出现，以及相互作用模式的拓展，各种结构新颖，功能强大的组装体不断涌现。而这一发展历程中诞生的新理论、新概念和新技术，又将反过来推动自组装领域发展。作为一门交叉学科，自组装领域取得的进展，其意义远远不局限于这个学科本身。对于传统的合成化学（主要是有机合成）领域，各种主体分子的合成有赖于方法学的进步，而合成出的新型主体分子以及由此产生的新的非共价相互作用模式，又可以反过来被应用于催化反应过程中；此外，自组装领域的动态可逆概念，也逐渐渗透到合成领域，指引合成化学家在可逆体系中通过控制条件高效地“组装”出目标分子乃至复杂天然产物[165]。对于生命科学领域，自组装体系在模拟生命现象方面的进展，有助于生物化学家以小见大，从更微观的角度深入理解生命现象的本质。对于材料化学、分子电子学、信息学等平行学科，自组装的发展为其提供了各种实体基元，也从这些学科不断汲取养分（例如信息与可编程化），以发展自身。在未来，该领域仍将致力于发现分子以上层次物质科学中的新现象和新效应，加深对复杂体系乃至系统本质和规律认识，进一步揭示自组装体系结构与功能关系，并争取在弱键协同作用、可控多层次功能化组装及生物组分的自组装等方向取得突破。

参考文献

[1] Service R F. How far can we push chemical self-assembly [J]. Science, 2005, 309 (5731): 95-95.

[2] Qu D H, Wang Q C, Zhang Q W, et al. Photoresponsive host-guest functional systems [J]. Chemical Reviews, 2015, 115 (15): 7543-7588.

[3] Guo D S, Liu Y. Supramolecular chemistry of p-sulfonatocalix [n] arenes and its biological applications [J]. Accounts of Chemical Research, 2014, 47 (7): 1925-1934.

[4] Wang D X, Wang M X. Anion recognition by charge neutral electron-deficient arene receptors [J]. Chimia, 2011, 65 (12): 939-943.

[5] Gao C Y, Zhao L, Wang M X. Stabilization of a reactive polynuclear silver carbide cluster through the encapsulation within a

supramolecular cage [J]. Journal of the American Chemical Society, 2011, 134 (2) : 824–827.

[6] You L Y, Chen S G, Zhao X, et al. C–H··· O hydrogen bonding induced triazole foldamers: Efficient halogen bonding receptors for organohalogens [J]. Angewandte Chemie International Edition, 2012, 51 (7) : 1657–1661.

[7] Liu Y H, Zhang L, Xu X N, et al. Intramolecular C–H··· F hydrogen bonding–induced 1,2,3–triazole–based foldamers [J]. Org Chem Front, 2014, 1 (5) : 494–500.

[8] Xue M, Yang Y, Chi X D, et al. Pillararenes, a new class of macrocycles for supramolecular chemistry [J]. Accounts of Chemical Research, 2012, 45 (8) : 1294–1308.

[9] Li M, Feng L H, Lu H Y, et al. Tetrahydro [5] helicene–based nanoparticles for structure–dependent cell fluorescent imaging [J]. Advanced Functional Materials, 2014, 24 (28) : 4405–4412.

[10] Darzi E R, Jasti R. The dynamic, size–dependent properties of [5] – [12] cycloparaphenylenes [J]. Chemical Society Reviews, 2015, 44 (18) : 6401–6410.

[11] Singh M, Solel E, Keinan E, et al. Dual–functional semithiobambusurils [J]. Chemistry–a European Journal, 2015, 21 (2) : 536–540.

[12] Ma D, Hettiarachchi G, Duc N, et al. Acyclic cucurbit n uril molecular containers enhance the solubility and bioactivity of poorly soluble pharmaceuticals [J]. Nature Chemistry, 2012, 4 (6) : 503–510.

[13] Jiang W, Zhou Y, Yan D. Hyperbranched polymer vesicles: from self–assembly, characterization, mechanisms, and properties to applications [J]. Chemical Society Reviews, 2015, 44 (12) : 3874–3889.

[14] Liu Y, Yu C, Jin H, et al. A supramolecular Janus hyperbranched polymer and its photoresponsive self–assembly of vesicles with narrow size distribution [J]. Journal of the American Chemical Society, 2013, 135 (12) : 4765–4770.

[15] Chen G, Jiang M. Cyclodextrin–based inclusion complexation bridging supramolecular chemistry and macromolecular self–assembly [J]. Chemical Society Reviews, 2011, 40 (5) : 2254–2266.

[16] Harada A, Takashima Y. Macromolecular recognition and macroscopic interactions by cyclodextrins [J]. The Chemical Record, 2013, 13 (5) : 420–431.

[17] Hu J, Wu T, Zhang G, et al. Efficient synthesis of single gold nanoparticle hybrid amphiphilic triblock copolymers and their controlled self–assembly [J]. Journal of the American Chemical Society, 2012, 134 (18) : 7624–7627.

[18] Liu X, Liu Y, Zhang Z, et al. Temperature–responsive mixed–shell polymeric micelles for the refolding of thermally denatured proteins[J]. Chemistry–a European Journal, 2013, 19 (23) : 7437–7442.

[19] Zhang S D, Sun H J, Hughes A D, et al. Self–assembly of amphiphilic Janus dendrimers into uniform onion–like dendrimersomes with predictable size and number of bilayers [J]. Proceedings of the National Academy of Sciences of the United States of America, 2014, 111 (25) : 9058-9063.

[20] Honda S, Yamamoto T, Tezuka Y. Tuneable enhancement of the salt and thermal stability of polymeric micelles by cyclized amphiphiles [J]. Nature Communications, 2013, 4.

[21] Cui H G, Webber M J, Stupp S I. Self–assembly of peptide amphiphiles: From molecules to nanostructures to biomaterials [J]. Biopolymers, 2010, 94 (1) : 1–18.

[22] Ruff Y, Moyer T, Newcomb C J, et al. Precision templating with DNA of a virus–like particle with peptide nanostructures [J]. Journal of the American Chemical Society, 2013, 135 (16) : 6211–6219.

[23] Wei B, Dai M, Yin P. Complex shapes self–assembled from single–stranded DNA tiles [J]. Nature, 2012, 485 (7400) : 623–626.

[24] Zhang K, Jiang M, Chen D. DNA/polymeric micelle self–assembly mimicking chromatin compaction [J]. Angewandte Chemie International Edition, 2012, 51 (35) : 8744–8747.

[25] Bai Y, Luo Q, Zhang W, et al. Highly ordered protein nanorings designed by accurate control of glutathione S–transferase self–assembly [J]. Journal of the American Chemical Society, 2013, 135 (30) : 10966–10969.

[26] Yu J, Liu Z, Jiang W, et al. De novo design of an RNA tile that self–assembles into a homo–octameric nanoprism [J]. Nature Communications, 2015, 6: 5724.

[27] Hao C H, Li X, Tian C, et al. Construction of RNA nanocages by re–engineering the packaging RNA of Phi29 bacteriophage [J].

Nature Communications, 2014, 5: 3890.

[28] Zhang C, Tian C, Li X, et al. Reversibly switching the surface porosity of a DNA tetrahedron [J]. Journal of the American Chemical Society, 2012, 134 (29) : 11998–12001.

[29] Ke Y G, Ong L L, Sun W, et al. DNA brick crystals with prescribed depths [J]. Nature Chemistry, 2014, 6 (11) : 994–1002.

[30] Iinuma R, Ke Y G, Jungmann R, et al. Polyhedra self-assembled from DNA tripods and characterized with 3D DNA-paint [J]. Science, 2014, 344 (6179) : 65–69.

[31] Dong Y, Sun Y, Wang L, et al. Frame-guided assembly of vesicles with programmed geometry and dimensions [J]. Angewandte Chemie International Edition, 2014, 53 (10) : 2607–2610.

[32] Zhao Z, Chen C, Dong Y, et al. Thermally triggered frame-guided assembly [J]. Angewandte Chemie International Edition, 2014, 53 (49) : 13468–13470.

[33] Dong Y, Yang Z, Liu D. Using small molecules to prepare vesicles with designable shapes and sizes via frame-guided assembly strategy [J]. Small, 2015, 11 (31) : 3768–3771.

[34] Zhang W B, Yu X, Wang C L, et al. Molecular nanoparticles are unique elements for macromolecular science: From “Nanoatoms” to giant molecules [J]. Macromolecules, 2014, 47 (4) : 1221–1239.

[35] Huang M J, Hsu C H, Wang J, et al. Selective assemblies of giant tetrahedra via precisely controlled positional interactions [J]. Science, 2015, 348 (6233) : 424–428.

[36] Hu M B, Hou Z Y, Hao W Q, et al. POM-organic-POSS cocluster: Creating a dumbbell-shaped hybrid molecule for programming hierarchical supramolecular nanostructures [J]. Langmuir, 2013, 29 (19) : 5714–5722.

[37] Xu Z, Gao C. Graphene in macroscopic order: Liquid crystals and wet-spun fibers [J]. Accounts of Chemical Research, 2014, 47 (4): 1267–1276.

[38] Jones M R, Osberg K D, Macfarlane R J, et al. Templated techniques for the synthesis and assembly of plasmonic nanostructures [J]. Chemical Reviews, 2011, 111 (6) : 3736–3827.

[39] Li Z, Cheng E, Huang W, et al. Improving the yield of mono-DNA-functionalized gold nanoparticles through dual steric hindrance [J]. Journal of the American Chemical Society, 2011, 133 (39) : 15284–15287.

[40] Zhang K, Miao H, Chen D. Water-soluble monodisperse core-shell nanorings: Their tailorable preparation and interactions with oppositely charged spheres of a similar diameter [J]. Journal of the American Chemical Society, 2014, 136 (45) : 15933–15941.

[41] Rahmani S, Saha S, Durmaz H, et al. Chemically orthogonal three-patch microparticles [J]. Angewandte Chemie International Edition, 2014, 53 (9) : 2332–2338.

[42] Zhang Z L, Glotzer S C. Self-assembly of patchy particles [J]. Nano Letters, 2004, 4 (8) : 1407–1413.

[43] Wang M X. Nitrogen and oxygen bridged calixaromatics: Synthesis, structure, functionalization, and molecular recognition [J]. Accounts of Chemical Research, 2012, 45 (2) : 182–195.

[44] Dawson R E, Hennig A, Weimann D P, et al. Experimental evidence for the functional relevance of anion-pi interactions [J]. Nature Chemistry, 2010, 2 (7) : 533–538.

[45] Fujisawa K, Beuchat C, Humbert-Droz M, et al. Anion-pi and cation-pi interactions on the same surface [J]. Angewandte Chemie International Edition, 2014, 53 (42) : 11266–11269.

[46] Barnes J C, Fahrenbach A C, Cao D, et al. A radically configurable six-state compound [J]. Science, 2013, 339 (6118) : 429–433.

[47] Zhou C, Tian J, Wang J L, et al. A three-dimensional cross-linking supramolecular polymer stabilized by the cooperative dimerization of the viologen radical cation [J]. Polymer Chemistry, 2014, 5 (2) : 341–345.

[48] Tian J, Ding Y D, Zhou T Y, et al. Self-assembly of three-dimensional supramolecular polymers through cooperative tetrathiafulvalene radical cation dimerization [J]. Chemistry-a European Journal, 2014, 20 (2) : 575–584.

[49] Chen L, Wang H, Zhang D W, et al. Quadruple switching of pleated foldamers of tetrathiafulvalene-bipyridinium alternating dynamic covalent polymers [J]. Angewandte Chemie International Edition, 2015, 54 (13) : 4028–4031.

[50] Martinez C R, Iverson B L. Rethinking the term "pi-stacking" [J]. Chemical Science, 2012, 3 (7) : 2191–2201.

[51] Meazza L, Foster J A, Fucke K, et al. Halogen-bonding-triggered supramolecular gel formation [J]. Nature Chemistry, 2013, 5 (1) :

42–47.

[52] Vanderkooy A, Taylor M S. Solution–phase self–assembly of complementary halogen bonding polymers [J] . Journal of the American Chemical Society, 2015, 137 (15) : 5080–5086.

[53] Zheng Q N, Liu X H, Chen T, et al. Formation of halogen bond–based 2D supramolecular assemblies by electric manipulation [J] . Journal of the American Chemical Society, 2015, 137 (19) : 6128–6131.

[54] Mauro M, Aliprandi A, Septiadi D, et al. When self–assembly meets biology: luminescent platinum complexes for imaging applications [J]. Chemical Society Reviews, 2014, 43 (12) : 4144–4166.

[55] Yam V W W, Au V K M, Leung S Y L. Light–emitting self–assembled materials based on d (8) and d (10) transition metal complexes [J] . Chemical Reviews, 2015, 115 (15) : 7589–7728.

[56] Xu H, Cao W, Zhang X. Selenium–containing polymers: promising biomaterials for controlled release and enzyme mimics [J] . Accounts of Chemical Research, 2013, 46 (7) : 1647–1658.

[57] Yi Y, Xu H, Wang L, et al. A new dynamic covalent bond of Se–N: Towards controlled self–assembly and disassembly [J] . Chemistry–A European Journal, 2013, 19 (29) : 9506–9510.

[58] Huang X, Fang R, Wang D, et al. Tuning polymeric amphiphilicity via Se–N interactions: Towards one–step double emulsion for highly selective enzyme mimics [J] . Small, 2015, 11 (13) : 1537–1541.

[59] Ji S, Cao W, Yu Y, et al. Dynamic diselenide bonds: Exchange reaction induced by visible light without catalysis [J] . Angewandte Chemie International Edition, 2014, 53 (26) : 6781–6785.

[60] Imato K, Irie A, Kosuge T, et al. Mechanophores with a reversible radical system and freezing–induced mechanochemistry in polymer solutions and gels [J] . Angewandte Chemie International Edition, 2015, 54 (21) : 6168–6172.

[61] Imato K, Nishihara M, Kanehara T, et al. Self–healing of chemical gels cross–linked by diarylbibenzofuranone–based trigger–free dynamic covalent bonds at room temperature [J] . Angewandte Chemie International Edition, 2012, 51 (5) : 1138–1142.

[62] Imato K, Ohishi T, Nishihara M, et al. Network reorganization of dynamic covalent polymer gels with exchangeable diarylbibenzofuranone at ambient temperature [J] . Journal of the American Chemical Society, 2014, 136 (33) : 11839–11845.

[63] Zhang Q, Qu D H, Wu J C, et al. A dual–modality photoswitchable supramolecular polymer [J] . Langmuir, 2013, 29 (17) : 5345–5350.

[64] Zhang Q W, Qu D H, Ma X, et al. Sol–gel conversion based on photoswitching between noncovalently and covalently linked netlike supramolecular polymers [J] . Chemical Communications, 2013, 49 (84) : 9800–9802.

[65] Gan Q, Ferrand Y, Bao C, et al. Helix–rod host–guest complexes with shuttling rates much faster than disassembly [J] . Science, 2011, 331 (6021) : 1172–1175.

[66] Ponnuswamy N, Cougnon F B, Clough J M, et al. Discovery of an organic trefoil knot [J] . Science, 2012, 338 (6108) : 783–785.

[67] Liu Y, Hu C, Comotti A, et al. Supramolecular Archimedean cages assembled with 72 hydrogen bonds[J]. Science, 2011, 333(6041): 436–440.

[68] Kondratuk D V, Perdigão L M, Esmail A M, et al. Supramolecular nesting of cyclic polymers [J] . Nature Chemistry, 2015, 7 (4) : 317–322.

[69] Leigh D A, Pritchard R G, Stephens A J. A star of David catenane [J] . Nature Chemistry, 2014, 6 (11) : 978–982.

[70] Schultz A, Li X, Barkakaty B, et al. Stoichiometric self–assembly of isomeric, shape–persistent, supramacromolecular bowtie and butterfly structures [J] . Journal of the American Chemical Society, 2012, 134 (18) : 7672–7675.

[71] Sarkar R, Guo K, Moorefield C N, et al. One–step multicomponent self–assembly of a first–generation sierpi ń ski triangle: From fractal design to chemical reality [J] . Angewandte Chemie, 2014, 126 (45) : 12378–12381.

[72] Huang S L, Lin Y J, Hor T A, et al. Cp*Rh–based heterometallic metallarectangles: size–dependent Borromean link structures and catalytic acyl transfer [J] . Journal of the American Chemical Society, 2013, 135 (22) : 8125–8128.

[73] Huang S L, Lin Y J, Li Z H, et al. Self–assembly of molecular Borromean rings from bimetallic coordination rectangles [J] . Angewandte Chemie International Edition, 2014, 53 (42) : 11218–11222.

[74] Li S H, Zhang H Y, Xu X F, et al. Mechanically selflocked chiral gemini–catenanes [J] . Nature Communications, 2015, 6: 7590.

[75] Wang W, Chen L J, Wang X Q, et al. Organometallic rotaxane dendrimers with fourth-generation mechanically interlocked branches [J]. Proceedings of the National Academy of Sciences of the United States of America, 2015, 112 (18): 5597-5601.

[76] Fouquey C, Lehn J M, Levelut A M. Molecular recognition directed self-assembly of supramolecular liquid crystalline polymers from complementary chiral components [J]. Advanced Materials, 1990, 2 (5): 254-257.

[77] Huang Z, Yang L, Liu Y, et al. Supramolecular polymerization promoted and controlled through self-sorting [J]. Angewandte Chemie International Edition, 2014, 53 (21): 5351-5355.

[78] Yang L, Liu X, Tan X, et al. Supramolecular polymer fabricated by click polymerization from supramonomer [J]. Polymer Chemistry, 2014, 5 (2): 323-326.

[79] Ogi S, Sugiyasu K, Manna S, et al. Living supramolecular polymerization realized through a biomimetic approach [J]. Nature Chemistry, 2014, 6 (3): 188-195.

[80] Ogi S, Stepanenko V, Sugiyasu K, et al. Mechanism of self-assembly process and seeded supramolecular polymerization of perylene bisimide organogelator [J]. Journal of the American Chemical Society, 2015, 137 (9): 3300-3307.

[81] Kang J, Miyajima D, Mori T, et al. A rational strategy for the realization of chain-growth supramolecular polymerization [J]. Science, 2015, 347 (6222): 646-651.

[82] Zhang W, Jin W, Fukushima T, et al. Supramolecular linear heterojunction composed of graphite-like semiconducting nanotubular segments [J]. Science, 2011, 334 (6054): 340-343.

[83] Gilroy J B, Gaedt T, Whittell G R, et al. Monodisperse cylindrical micelles by crystallization-driven living self-assembly [J]. Nature Chemistry, 2010, 2 (7): 566-570.

[84] Rupar P A, Chabanne L, Winnik M A, et al. Non-centrosymmetric cylindrical micelles by unidirectional growth [J]. Science, 2012, 337 (6094): 559-562.

[85] Hudson Z M, Lunn D J, Winnik M A, et al. Colour-tunable fluorescent multiblock micelles [J]. Nature Communications, 2014, 5.

[86] Hudson Z M, Boott C E, Robinson M E, et al. Tailored hierarchical micelle architectures using living crystallization-driven self-assembly in two dimensions [J]. Nature Chemistry, 2014, 6 (10): 893-898.

[87] Jia L, Zhao G, Shi W, et al. A design strategy for the hierarchical fabrication of colloidal hybrid mesostructures [J]. Nature Communications, 2014, 5: 3882.

[88] Cote A P, Benin A I, Ockwig N W, et al. Porous, crystalline, covalent organic frameworks [J]. Science, 2005, 310 (5751): 1166-1170.

[89] Liu X H, Guan C Z, Ding S Y, et al. On-surface synthesis of single-layered two-dimensional covalent organic frameworks via solid-vapor interface reactions [J]. Journal of the American Chemical Society, 2013, 135 (28): 10470-10474.

[90] Zhou T Y, Xu S Q, Wen Q, et al. One-step construction of two different kinds of pores in a 2D covalent organic framework [J]. Journal of the American Chemical Society, 2014, 136 (45): 15885-15888.

[91] Kory M J, Woerle M, Weber T, et al. Gram-scale synthesis of two-dimensional polymer crystals and their structure analysis by X-ray diffraction [J]. Nature Chemistry, 2014, 6 (9): 779-784.

[92] Kissel P, Murray D J, Wulftange W J, et al. A nanoporous two-dimensional polymer by single-crystal-to-single-crystal photopolymerization [J]. Nature Chemistry, 2014, 6 (9): 774-778.

[93] Murray D J, Patterson D D, Payamyar P, et al. Large area synthesis of a nanoporous two-dimensional polymer at the air/water interface [J]. Journal of the American Chemical Society, 2015, 137 (10): 3450-3453.

[94] Huang N, Ding X, Kim J, et al. A photoresponsive smart covalent organic framework [J]. Angewandte Chemie International Edition, 2015, 54 (30): 8704-8707.

[95] Huang N, Krishna R, Jiang D. Tailor-made pore surface engineering in covalent organic frameworks: Systematic functionalization for performance screening [J]. Journal of the American Chemical Society, 2015, 137 (22): 7079-7082.

[96] Xu H, Gao J, Jiang D. Stable, crystalline, porous, covalent organic frameworks as a platform for chiral organocatalysts [J]. Nature Chemistry, 2015, 7 (11): 905-912.

[97] Yang W B, Greenaway A, Lin X A, et al. Exceptional thermal stability in a supramolecular organic framework: Porosity and gas storage [J].

Journal of the American Chemical Society, 2010, 132（41）: 14457-14469.

[98] Tan L L, Li H, Tao Y, et al. Pillar[5]arene-based supramolecular organic frameworks for highly selective CO_2-capture at ambient conditions [J]. Advanced Materials, 2014, 26（41）: 7027-7031.

[99] Wang H, Zhang D W, Zhao X, et al. Supramolecular organic frameworks (SOFs): Water-phase periodic porous self-assembled architectures [J]. Acta Chimica Sinica, 2015, 73（6）: 471-479.

[100] Zhang K D, Tian J, Hanifi D, et al. Toward a single-layer two-dimensional honeycomb supramolecular organic framework in water [J]. Journal of the American Chemical Society, 2013, 135（47）: 17913-17918.

[101] Tian J, Zhou T Y, Zhang S C, et al. Three-dimensional periodic supramolecular organic framework ion sponge in water and microcrystals [J]. Nature Communications, 2014, 5.

[102] Mchale R, Patterson J P, Zetterlund P B, et al. Biomimetic radical polymerization via cooperative assembly of segregating templates [J]. Nature Chemistry, 2012, 4（6）: 491-497.

[103] Zhang S, Zhang N, Blain J C, et al. Synthesis of N3'-P5'-linked phosphoramidate DNA by nonenzymatic template-directed primer extension [J]. Journal of the American Chemical Society, 2013, 135（2）: 924-932.

[104] Zhang S, Blain J C, Zielinska D, et al. Fast and accurate nonenzymatic copying of an RNA-like synthetic genetic polymer [J]. Proceedings of the National Academy of Sciences of the United States of America, 2013, 110（44）: 17732-17737.

[105] Carnall J M A, Waudby C A, Belenguer A M, et al. Mechanosensitive self-replication driven by self-organization [J]. Science, 2010, 327（5972）: 1502-1506.

[106] Leonetti G, Otto S. Solvent composition dictates emergence in dynamic molecular networks containing competing replicators [J]. Journal of the American Chemical Society, 2015, 137（5）: 2067-2072.

[107] Cantekin S, Balkenende D W R, Smulders M M J, et al. The effect of isotopic substitution on the chirality of a self-assembled helix [J]. Nature Chemistry, 2011, 3（1）: 42-46.

[108] Stals P J M, Korevaar P A, Gillissen M a J, et al. Symmetry breaking in the self-assembly of partially fluorinated benzene-1,3,5-tricarboxamides [J]. Angewandte Chemie International Edition, 2012, 51（45）: 11297-11301.

[109] Albertazzi L, Van Der Zwaag D, Leenders C M A, et al. Probing exchange pathways in one-dimensional aggregates with super-resolution microscopy [J]. Science, 2014, 344（6183）: 491-495.

[110] Zhang W, Jin W, Fukushima T, et al. Dynamic or nondynamic? Helical trajectory in hexabenzocoronene nanotubes biased by a detachable chiral auxiliary [J]. Journal of the American Chemical Society, 2013, 135（1）: 114-117.

[111] Huang Z, Kang S K, Banno M, et al. Pulsating tubules from noncovalent macrocycles [J]. Science, 2012, 337（6101）: 1521-1526.

[112] Leung S Y L, Lam W H, Yam V W W. Dynamic scaffold of chiral binaphthol derivatives with the alkynylplatinum（II）terpyridine moiety [J]. Proceedings of the National Academy of Sciences of the United States of America, 2013, 110（20）: 7986-7991.

[113] Liu M, Zhang L, Wang T. Supramolecular chirality in self-assembled systems [J]. Chemical Reviews, 2015, 115（15）: 7304-7397.

[114] Raynal M, Ballester P, Vidal-Ferran A, et al. Supramolecular catalysis. Part 2: artificial enzyme mimics [J]. Chemical Society Reviews, 2014, 43（5）: 1734-1787.

[115] Zhang Q, Tiefenbacher K. Terpene cyclization catalysed inside a self-assembled cavity [J]. Nature Chemistry, 2015, 7（3）: 197-202.

[116] Li Z J, Wang J J, Li X B, et al. An exceptional artificial photocatalyst, Ni-h-CdSe/CdS core/shell hybrid, made in situ from CdSe quantum dots and nickel salts for efficient hydrogen evolution [J]. Advanced Materials, 2013, 25（45）: 6613-6618.

[117] Wang F, Liang W J, Jian J X, et al. Exceptional poly（acrylic acid）-based artificial FeFe-hydrogenases for photocatalytic H-2 production in water [J]. Angewandte Chemie International Edition, 2013, 52（31）: 8134-8138.

[118] Terashima T, Mes T, De Greef T F A, et al. Single-chain folding of polymers for catalytic systems in water [J]. Journal of the American Chemical Society, 2011, 133（13）: 4742-4745.

[119] Huerta E, Stals P J M, Meijer E W, et al. Consequences of folding a water-soluble polymer around an organocatalyst [J]. Angewandte Chemie International Edition, 2013, 52（10）: 2906-2910.

[120] Tonga G Y, Jeong Y, Duncan B, et al. Supramolecular regulation of bioorthogonal catalysis in cells using nanoparticle-embedded

transition metal catalysts [J]. Nature Chemistry, 2015, 7 (7) : 597–603.

[121] Barboiu M, Gilles A. From natural to bioassisted and biomimetic artificial water channel systems [J]. Accounts of Chemical Research, 2013, 46 (12) : 2814–2823.

[122] Barboiu M, Le Duc Y, Gilles A, et al. An artificial primitive mimic of the gramicidin–a channel[J]. Nature Communications, 2014, 5: 4142.

[123] Jentzsch A V, Hennig A, Mareda J, et al. Synthetic ion transporters that work with anion–pi interactions, halogen bonds, and anion–macrodipole interactions [J]. Accounts of Chemical Research, 2013, 46 (12) : 2791–2800.

[124] Si W, Xin P Y, Li Z T, et al. Tubular unimolecular transmembrane channels: Construction strategy and transport activities [J]. Accounts of Chemical Research, 2015, 48 (6) : 1612–1619.

[125] Xin P, Zhu P, Su P, et al. Hydrogen–bonded helical hydrazide oligomers and polymer that mimic the ion transport of gramicidin A[J]. Journal of the American Chemical Society, 2014, 136 (38) : 13078–13081.

[126] Zhao H, Sheng S, Hong Y, et al. Proton gradient–induced water transport mediated by water wires inside narrow aquapores of aquafoldamer molecules [J]. Journal of the American Chemical Society, 2014, 136 (40) : 14270–14276.

[127] Ko S K, Kim S K, Share A, et al. Synthetic ion transporters can induce apoptosis by facilitating chloride anion transport into cells [J]. Nature Chemistry, 2014, 6 (10) : 885–892.

[128] Matile S, Fyles T. Transport across membranes [J]. Accounts of Chemical Research, 2013, 46 (12) : 2741–2742.

[129] Gibson D G, Glass J I, Lartigue C, et al. Creation of a bacterial cell controlled by a chemically synthesized genome [J]. Science, 2010, 329 (5987) : 52–56.

[130] Peters R J R W, Marguet M, Marais S, et al. Cascade reactions in multicompartmentalized polymersomes [J]. Angewandte Chemie International Edition, 2014, 53 (1) : 146–150.

[131] Peters R J R W, Nijemeisland M, Van Hest J C M. Reversibly triggered protein–ligand assemblies in giant vesicles [J]. Angewandte Chemie International Edition, 2015, 54 (33) : 9614–9617.

[132] Huang X, Li M, Green D C, et al. Interfacial assembly of protein–polymer nano–conjugates into stimulus–responsive biomimetic protocells [J]. Nature Communications, 2013, 4: 2239.

[133] Kurihara K, Tamura M, Shohda K I, et al. Self–reproduction of supramolecular giant vesicles combined with the amplification of encapsulated DNA [J]. Nature Chemistry, 2011, 3 (10) : 775–781.

[134] Liu K, Liu Y, Yao Y, et al. Supramolecular photosensitizers with enhanced antibacterial efficiency [J]. Angewandte Chemie International Edition, 2013, 52 (32) : 8285–8289.

[135] Song Q, Li F, Wang Z, et al. A supramolecular strategy for tuning the energy level of naphthalenediimide: Promoted formation of radical anions with extraordinary stability [J]. Chemical Science, 2015, 6 (6) : 3342–3346.

[136] Jiao Y, Liu K, Wang G, et al. Supramolecular free radicals: Near–infrared organic materials with enhanced photothermal conversion [J]. Chemical Science, 2015, 6 (7) : 3975–3980.

[137] Lei T, Wang J Y, Pei J. Design, synthesis, and structure–property relationships of isoindigo–based conjugated polymers [J]. Accounts of Chemical Research, 2014, 47 (4) : 1117–1126.

[138] Yue W, Lv A, Gao J, et al. Hybrid rylene arrays via combination of stille coupling and C–H transformation as high–performance electron transport materials [J]. Journal of the American Chemical Society, 2012, 134 (13) : 5770–5773.

[139] Lv A, Puniredd S R, Zhang J, et al. High mobility, air stable, organic single crystal transistors of an n–type diperylene bisimide [J]. Advanced Materials, 2012, 24 (19) : 2626–2630.

[140] Jiang W, Li Y, Wang Z. Tailor–made rylene arrays for high performance n–channel semiconductors [J]. Accounts of Chemical Research, 2014, 47 (10) : 3135–3147.

[141] Tayi A S, Kaeser A, Matsumoto M, et al. Supramolecular ferroelectrics [J]. Nature Chemistry, 2015, 7 (4) : 281–294.

[142] Horiuchi S, Kagawa F, Hatahara K, et al. Above–room–temperature ferroelectricity and antiferroelectricity in benzimidazoles [J]. Nature Communications, 2012, 3: 1038.

[143] Tayi A S, Shveyd A K, Sue A C H, et al. Room–temperature ferroelectricity in supramolecular networks of charge–transfer complexes[J].

Nature, 2012, 488（7412）: 485–489.

[144] Miyajima D, Araoka F, Takezoe H, et al. Ferroelectric columnar liquid crystal featuring confined polar groups within core–shell architecture [J]. Science, 2012, 336（6078）: 209–213.

[145] Gan Z X, Wu X L, Zhu X B, et al. Light–induced ferroelectricity in bioinspired self–assembled diphenylalanine nanotubes/microtubes [J]. Angewandte Chemie International Edition, 2013, 52（7）: 2055–2059.

[146] Burnworth M, Tang L, Kumpfer J R, et al. Optically healable supramolecular polymers [J]. Nature, 2011, 472（7343）: 334–U230.

[147] Liu Y, Wang T, Huan Y, et al. Self–assembled supramolecular nanotube yarn [J]. Advanced Materials, 2013, 25（41）: 5875–5879.

[148] Nakahata M, Takashima Y, Yamaguchi H, et al. Redox–responsive self–healing materials formed from host–guest polymers [J]. Nature Communications, 2011, 2: 511.

[149] Inokuma Y, Yoshioka S, Ariyoshi J, et al. X–ray analysis on the nanogram to microgram scale using porous complexes [J]. Nature, 2013, 495（7442）: 461–466.

[150] Haedler A T, Kreger K, Issac A, et al. Long–range energy transport in single supramolecular nanofibres at room temperature [J]. Nature, 2015, 523（7559）: 196–U127.

[151] Ludlow R F, Otto S. Systems chemistry [J]. Chemical Society Reviews, 2008, 37（1）: 101–108.

[152] Li J, Nowak P, Otto S. Dynamic combinatorial libraries: From exploring molecular recognition to systems chemistry [J]. Journal of the American Chemical Society, 2013, 135（25）: 9222–9239.

[153] Mattia E, Otto S. Supramolecular systems chemistry [J]. Nature Nanotechnology, 2015, 10（2）: 111–119.

[154] Wang Y, Lin H X, Chen L, et al. What molecular assembly can learn from catalytic chemistry [J]. Chemical Society Reviews, 2014, 43（1）: 399–411.

[155] Prins L J, De Jong F, Timmerman P, et al. An enantiomerically pure hydrogen–bonded assembly [J]. Nature, 2000, 408（6809）: 181–184.

[156] O'sullivan M C, Sprafke J K, Kondratuk D V, et al. Vernier templating and synthesis of a 12–porphyrin nano–ring [J]. Nature, 2011, 469（7328）: 72–75.

[157] Zhang I Y, Xu X, Jung Y, et al. A fast doubly hybrid density functional method close to chemical accuracy using a local opposite spin ansatz [J]. Proceedings of the National Academy of Sciences, 2011, 108（50）: 19896–19900.

[158] Gao Y Q. Simple theory for salt effects on the solubility of amide [J]. The Journal of Physical Chemistry B, 2012, 116（33）: 9934–9943.

[159] Li R Z, Liu C W, Gao Y Q, et al. Microsolvation of LiI and CsI in water: Anion photoelectron spectroscopy and ab initio calculations [J]. Journal of the American Chemical Society, 2013, 135（13）: 5190–5199.

[160] Du L, Gao J, Bi F, et al. A polarizable ellipsoidal force field for halogen bonds [J]. Journal of Computational Chemistry, 2013, 34（23）: 2032–2040.

[161] Wu P, Jiang H, Zhang W, et al. Lattice mismatch induced nonlinear growth of graphene [J]. Journal of the American Chemical Society, 2012, 134（13）: 6045–6051.

[162] Shi X Q, Ma Y Q. Topological structure dynamics revealing collective evolution in active nematics [J]. Nature Communications, 2013, 4: 3013.

[163] Zhang J, Chen P, Yuan B, et al. Real–space identification of intermolecular bonding with atomic force microscopy [J]. Science, 2013, 342（6158）: 611–614.

[164] Hao X, Zhu N, Gschneidtner T, et al. Direct measurement and modulation of single–molecule coordinative bonding forces in a transition metal complex [J]. Nature Communications, 2013, 4: 2121.

[165] Ralston K J, Ramstadius H C, Brewster R C, et al. Self–assembly of disorazole C–1 through a one–pot alkyne metathesis homodimerization strategy [J]. Angewandte Chemie International Edition, 2015, 54（24）: 7086–7090.

撰稿人：周 岑 宣 玮 曹晓宇 张 希 田中群

霾化学研究进展

一、引言

霾，在气象学上定义为大量极细微的干尘粒等均匀地浮游在空中，使水平能见度小于10km的空气普遍浑浊现象（干尘粒指干气溶胶粒子）。总体来说霾是指各种源排放的污染物（气体和颗粒物）在特定的大气流场条件下，经过一系列物理化学过程，形成的细颗粒物，并与水汽相互作用导致的大气消光现象[1]。能见度，在白天指视力正常（对比阈值为0.5）的人，在当时的天气条件下，能够从天空背景中看到和辨认的目标物（黑色、大小适度）的最大水平距离，夜间指中等强度的发光体能被看到和识别的最大水平距离[2]。影响能见度的直接因素是大气组分的消光，包括对光的散射和吸收。大气颗粒物对能见度的影响很复杂，不同粒径的颗粒物对光散射或吸收的能力用效率因子表征（效率因子定义为颗粒物的有效截面与其实际总截面的比值）。在大气中，由于细颗粒物的散射效率因子远大于粗颗粒物，因此细颗粒物即$PM_{2.5}$（空气动力学直径小于或者等于2.5μm的大气颗粒物）是导致光散射的主要物质，而亚微米级颗粒物因其粒径小数浓度大又是消光的主要贡献者。总的来说，霾的本质是大气中细颗粒物的浓度超标，由于细颗粒物的消光作用很强，当浓度显著上升时，大气的能见度就明显下降，当能见度下降中10km时，就会成霾。近二三十年我国中东部地区霾的问题日益严重，通过对能见度与颗粒物关系的分析发现，原因主要是随着人为活动的增加，人为排放的大气颗粒物显著增加。空气中大量细颗粒物的存在对环境、气候、健康、生态文明、经济及社会发展都会产生很大的影响，因此对细颗粒物应该展开一系列的研究。

二、我国霾化学研究现状

目前，我国霾化学研究比较活跃，主要集中在以下几个方面，包括细粒子源解析技术，细颗粒物区域排放特征，大气新粒子形成，细粒子的生长，污染气体的表界面过程。

细颗粒源解析技术是指对大气中细颗粒物的来源进行定性或定量研究的技术，其能够阐明细颗粒物主要污染来源及其贡献，确定其污染类型，是对细颗粒物污染进行有效控制和治理的重要技术手段，也是大气颗粒物研究领域的重要研究内容之一，主要包括源排放清单、空气质量模型以及受体模型等方法。贺克斌组利用排放因子法建立了亚洲污染物排放的人为源和生物质燃烧源的排放清单，这是我国目前最为广泛使用的源排放清单[3]。Hu 等建立了颗粒物混合源解析方法（a hybrid SM–RM particulate matter source apportionment approach），利用扩散模型的敏感性分析工具进行 $PM_{2.5}$ 源解析，并通过受体模型和实测数据对该源解析结果进行校正，该方法克服了单一受体模型法的不足，并降低了单一扩散模型源解析结果的不确定性[4]。史国良等对受体法中的 CMB 模型进行改进，得到 PCA/MLR–CMB、PMF–CMB 以及 NCPCRCMB 模型，并应用于太原、天津以及成都等地区的颗粒物来源分析，可降低共线性问题带来的干扰[5-7]。传统源解析技术难以对短时间内突发重污染事件来源进行解析，而在线仪器可提供化学组分的实时浓度，在线源解析是未来源解析工作发展的重要方向[8]。把气溶胶质谱仪（AMS）有机气溶胶质谱数据输入 PMF 模型中，可实现对大气中有机气溶胶（OA）的高时间分辨率来源解析，AMS–PMF 联用技术目前已有较多应用[9]。SPAMS 可同时提供无机元素和有机物种的信息，结合基于神经网络算法的自适应共振理论进行分类，可进行源解析研究[10]，未来具有较大的发展潜力。

我国有几个比较大的污染区，如京津冀、长三角、珠三角地区，由于其地理、气候及经济特色上的差别，导致细颗粒物（包括一次细颗粒物和二次细颗粒物）区域排放特征明显不同。杨复沫等对北京 $PM_{2.5}$ 研究表明，硫酸铵和硝酸铵在重霾期间比在清洁天对消光系数的贡献有极大增加，说明无机化合物二次形成对北京能见度影响很大[11]；丁爱军等在南京郊区对 HONO 的测定表明观测到的 HONO 浓度 $17 \pm 12\%$ 来自生物质燃烧，其余 80% 以上为生物质燃烧过程 NO_2 非均相转化生成，此研究也表明混合气溶胶会促进 HONO 的生成[12]；曹军骥等使用空气质量模型 CMAQ 对珠江三角洲二次有机气溶胶秋季的源进行了研究，结果说明在 PRD 地区，秋季总的 SOA 的 75% 来自生物源，异戊二烯是最重要的前体物，二羧基被液体粒子不可逆吸收是 SOA 形成的一个重要途径[13]。通过以上研究可以发现，不同地区排放源、形成机理、清除途径、地理环境和气象条件等随着区域的不同存在截然不同的排放特征，因而急需通过实验室模拟研究（如烟雾箱）认清一次颗粒物向二次颗粒物转化的复杂化学过程，这对了解大气污染的主要途径，确认主控因子意义重大。

新粒子生成（new particle formation，NPF）是气态污染物氧化生成的气态前体物（例如硫酸和低挥发性有机物等）在大气中反应形成稳定的分子簇，进一步通过凝结（condensation）和碰并（coagulation）形成颗粒物的过程，被认为是大气颗粒物的重要来源之一[14, 15]。目前，大气中新粒子形成的机理还没有一致的结论，其核机制包括二元均相成核、三元均相成核、多元成核、离子诱导成核、酸碱反应成核和碘参与成核等。Xu 等[16]研究了草酸与大气中主要的成核前驱体 H_2SO_4、H_2O 和 NH_3 的相互作用的四元物质参与的成核，发现虽然草酸与成核前驱体之间的结合作用比较弱，但是在带正电的团簇中草酸与成核前驱体的结合作用却比较强；郑军等[17]利用AP-ID-CIMS对中国的气态H_2SO_4首次进行了测量，AP-ID-CIMS结合了ID-CIMS和AP-CIMS优点，通过常压进样延长了分子离子反应时间和消除样品稀释的影响，使得检测限能够达到10^5 molecules·cm^{-3}比ID-CIMS提高了3个数量级[18]；蒋靖坤等[19, 20]将DEG-SMPS与Cluster-CIMS结合，使得Cluster-CIMS的检测限降低至1.1nm，从而实现了对1 ~ 6nm粒径的H_2SO_4分子簇的检测。

气－粒转化是大气中二次气溶胶形成的必要途径，包括成核、凝聚、吸附和反应等复杂非均相物理化学过程。其中由无机气体转化形成硫酸盐、硝酸盐以及铵盐等二次无机气溶胶的过程目前研究的已经相对较清楚。而二次有机气溶胶（SOA）也是灰霾期间大气细粒子的主要组成部分，其主要是通过气相挥发性有机物（VOCs）大气氧化转化成为含氧和含氮的难挥发性和半挥发性有机物（SVOCs），其蒸气压值在10^{-6}Pa到1Pa之间，再通过自身凝结或气－粒转化（气体相/粒子相再分配过程）形成，因此二次有机化合物的气－粒分配一直是SOA研究的重要部分。王新明等[21]对2012年夏季国内6个区域16站点的大气颗粒物样品进行了分析，发现来源于单萜烯及β-石竹烯气相氧化生成的SOA分别为10.5 ± 6.64 ng·m^{-3}和5.07 ± 3.99 ng·m^{-3}，此外发现生物质来源SOA的量与温度成正相关，这可能与高温区域内生物质挥发性有机物的排放增加及光化学反应加强有关；张为俊等[22]对1, 3, 5-均三甲苯的OH自由基氧化过程及NO_x条件下的老化过程进行了研究，运用气溶胶激光飞行时间质谱仪对SOA产物进行了分析测量，提出了可能的形成机理。

大气气溶胶通过与水蒸气相互作用，可以改变颗粒物粒径、相态和云凝结核活性[23]，因此大气气溶胶的吸湿性一直是大气科学的研究热点和中心问题之一[24-27]。气溶胶颗粒的吸湿生长可以通过直接和间接辐射强迫对气候产生影响，此外可以为大气非均相反应提供水相媒介以及影响大气能见度和人类健康[28]。葛茂发等运用自行搭建的H-TDMA系统模拟城市大气污染物苯甲酸对无机盐（硫酸铵、氯化钠）吸湿性质的影响，发现苯甲酸能够显著降低大气无机盐的潮解点，并抑制其潮解之后的吸湿生长[29]；同时也研究了与生物质燃烧有关的有机物种的吸湿性质及其对硫酸铵吸湿生长的影响，并与气溶胶热力学模型预测结果进行比较，发现不同的有机物种对硫酸铵潮解点的作用各异，并能显著影响混合气溶胶的吸湿行为[30]；陈建民等[31]运用H-TDMA对NH_4Cl、NH_4NO_3的吸湿及挥发性质进行了研究，发现相对湿度与粒径效应对以上两种物质挥发性影响较大，从而对其吸湿增长行为有显著影响；贺泓等运用蒸汽吸附分析仪对矿尘颗粒物、钙盐、草酸盐及二元羧酸与海盐混合体系的吸湿性质进行了一系列研究，指出共存物种之间的化学反应过程对吸湿性质有着重要的影响。如通过对$Ca(NO_3)_2$、$CaCO_3$与$H_2C_2O_4$体系吸湿性质的研究，发现硝酸盐的存在促进了$CaCO_3$与$H_2C_2O_4$的反应，起到了协同效应的作用[32]。

我国大城市地区灰霾期间存在高浓度的细粒子，这些细粒子为种类繁多的气态前体物及光氧化剂等物种提供了气－固、气－液等表界面反应的重要平台，外场观测结果表明，硫酸盐和硝酸盐占据细粒子质量的15% ~ 50%，二次有机气溶胶（SOA）也是细颗粒物的重要组分，占据细粒子有机组分的 40% 以上。硫酸盐、硝酸盐气溶胶主要来源于 SO_2、NO_2 等无机污染气体的大气化学转化过程，SOA 主要来源于挥发性有机物（VOCs）的大气氧化过程，气态前体物在细粒子上的表界面反应是其大气转化的重要途径，对这一反应通道的动力学、化学机理研究有助于揭示灰霾期间细粒子的增长过程。因此，细粒子表面的复杂非均相化学反应研究，越来越受到国内外学者的关注和重视，现已成为当今大气化学研究领域的热点问题。葛茂发等开展了一系列 SO_2 在矿尘颗粒物（α-Fe_2O_3、$CaCO_3$、CaO、α-Al_2O_3 等）表面的非均相反应研究，并发现温度、相对湿度（RH）、初始 SO_2 浓度等因素对该过程的摄取速率都有明显的影响。对 230 ~ 298K 温度范围内 SO_2 在 $CaCO_3$ 颗粒物表面非均相臭氧氧化过程的研究，获取反应性摄取系数（γ），发现低温下（250K）硫酸盐生成速率约为常温下的两倍[33]；同时，发现对 NO_2 在典型矿尘气溶胶表面反应的温度效应进行探索，发现随着温度的降低，NO_2 在 γ-Al_2O_3 表面生成的硝酸盐生成速率加快[34]。进一步还发现 MAC 经酸催化 H_2O_2 氧化能转化为多元羟基化合物，这为颗粒相多元羟基化合物的生成提供了一种可能的解释[35]，同时开展酸催化环氧类化合物（IEPOX）非均相反应动力学研究，发现 IEPOX 即使在低酸度下仍然具有稳态摄取，表明酸催化非均相反应是 IEPOX 大气降解的重要途径[36]。束继年等测量 NO_3 在三种甲氧基苯酚类颗粒物上的反应摄取系数为 0.28 ~ 0.33，NO_3 与颗粒相松柏醛的反应速率常数高出相同条件下臭氧非均相氧化速率 6 个量级，并且会产生草酸等典型的大气有机酸，表明 NO_3 非均相氧化甲氧基苯酚类物种可能比臭氧氧化过程更为重要，对 SOA 的生成也是一可能来源[37]。

三、国内外霾化学发展比较

我国大气污染呈现局地与区域污染相结合、多种污染物相互耦合的复合型污染特征，在以 SO_2、NO_x 和 PM_{10} 为特征的传统煤烟型污染基础上叠加 O_3 以及 $PM_{2.5}$ 等二次污染，与国外的燃煤型污染以及尾气型污染特征相比更加复杂，更加难以控制。目前，我国已成为全球 $PM_{2.5}$ 污染最为严重的地区之一，其中以京津冀、长三角、珠三角等为我国灰霾频发的重灾区，近些年国内霾化学发展较快，但由于起步较晚，与国外相比仍有一定的差距。具体体现在以下几个方面：

（一）源排放清单以及源解析技术

美国自 20 世纪 80 年代开始进行排放源清单的统计，建立了地壳物质、机动车以及燃烧源等的源谱库；并发展了受体模型作为源解析的分析技术手段。我国细颗粒物的源解析工作有近一半的研究采用了受体模型中的 CMB 模型[38]，但我国本土源谱十分缺乏，外来源谱在细颗粒物源解析中占较大比例，且由于地域和建立方法的差异，不同研究所得到的同类源谱也会存在很大的不同，因此需要建立并完善我国的本土源谱。

（二）新粒子生成

国外关于新粒子形成提出了多种成核理论，虽大都是理论研究，却也能够说明新粒子产生机制的发展状况；并发展了相应的观测新粒子形成的实验设备，最新的技术手段可观测到小至 1nm 的颗粒物和分子簇以及 0.5nm 的正负离子。不同地理区域和不同背景环境大气下的观测结果进行了概括总结。观测研究认为新粒子生成受多种因素的影响，其中交通源的影响十分显著，并受到气象条件以及季节变化的影响[39]。国内对于新粒子生成的研究起步较晚，观测还很缺乏，覆盖面少，没有长期连续的观测结果，但已有的观测结果认为在污染相对严重的城市大气中通过均相成核也可以发生新粒子事件[40]。随着新理论以及新仪器的发展，我国新粒子生成研究也将不断进步。

（三）表界面过程

国外由于较早进行大气污染的科学治理工作，使得大气环境相对比较清洁，在表界面反应中，较多的关注源自森林排放等的生物源 VOCs 以及海洋源物质，利用大气化学模型进行全球尺度上的模拟。而我国由于大气污染严重，环境较为复杂，重点关注区域尺度，集中在上述提到的城市群地区，人为排放的污染物，如 VOCs、NO_2、SO_2、H_2O_2、O_3 以及有机胺等是主要研究对象。近年来，国内对于单一典型无机污染气体在颗粒表面发生非均相反应的动力学、机理有较为清楚的认识。考虑到大气复合污染中多种污染物以高浓度同时存在，因此也会对于共存气体与颗粒物表面的非均相相互作用进行研究，尤其关于 SO_2、NH_3、VOCs、NO_x、H_2O_2、O_3 等多种气态污染物在颗粒物表面非均相过程对形成二次气溶胶影响的相关研究。

（四）二次粒子的爆发增长和多相过程

二次粒子爆发增长是近年来我国灰霾观测中发现的问题，其机理机制亟待深入研究。通常灰霾期间 RH 会比较高，RH 对大气复合污染过程中二次气溶胶形成会有重要影响，因此多相过程的重要性会更突出，这是未来需要重点研究的领域。此外相对于无机二次粒子，有机二次粒子形成机制的研究和认识目前还很薄弱，未来亟待开展深入研究。

我国目前虽然污染严重，但也处于一个空气质量逐步改善的发展阶段，为开展霾化学原始创新性研究提供了很好的研究平台，结合综合和加强观测事实，逐步总结现象后面的规律，不断提升科学认识水平，将会产生有我国特色的霾化学的创新性研究成果。

四、我国霾化学发展趋势与对策

近几年，我国特色的颗粒物“爆发增长”现象频发，从洁净天气向灰霾污染天气转化的时间只有几个小时，增长速度极快。颗粒物爆发增长过程中，既有气象因素的影响，又有复杂的大气化学转化，具有典型的大气复合污染特点，是环境领域的国际前沿科学问题。大气复合污染应对机制研究是我国社会、经济发展的重大战略需求，治理大气复合污染的创新思想来源于对大气物理、化学过程的深入认识，揭示大气复合污染的成因、发展应对机制需要多学科交叉、联合攻关。因此，我国霾化学发展应从大气复合污染形成的物理与化学过程与控制技术原理出发，揭示形成大气复合污染的关键化学过程和关键大气物理过程，从而阐明大气复合污染的成因，建立大气复合污染成因的理论体系，发展大气复合污染探测、来源解析、决策系统分析的新原理与新方法，提出控制我国大气复合污染的创新性思路。应以聚焦雾霾和光化学烟雾污染防治科技需求为对策，构建我国大气污染精细认知 – 高效治理 – 科学监管的区域雾霾和光化学研究防治技术体系，开展重点区域大气污染联防联控技术示范，形成可考核可复制可推广的污染治理技术方案，培育和发展大气环保产业，提升环保技术市场占有率，支撑重点区域环境质量有效改善，保障国家重大活动空气质量。

— 参考文献 —

[1] 王跃思，姚利，刘子锐，等. 京津冀大气霾污染及控制策略思考［J］. 中国科学院院刊，2013: 353-363.

[2] 曹军骥，等. $PM_{2.5}$ 与环境［M］. 北京：科学出版社，2014.

[3] Zhang Q, Streets D G, Carmichael G R, et al. Asian emissions in 2006 for the NASA INTEX-B mission［J］. Atmos. Chem. Phys., 2009, 9: 5131-5153.

[4] Hu Y, Balachandran S, Pachon J E, et al. Fine particulate matter source apportionment using a hybrid chemical transport and receptor model approach［J］. Atmospheric Chemistry and Physics, 2014, 14: 5415-5431.

[5] Shi G L, Zeng F, Li X, et al. Estimated contributions and uncertainties of PCA/MLR-CMB results: Source apportionment for synthetic and ambient datasets［J］. Atmospheric Environment, 2011, 45: 2811-2819.

[6] Tian Y Z, Liu G R, Zhang C Y, et al. Effects of collinearity, unknown source and removed factors on the NCPCRCMB receptor model solution［J］. Atmospheric Environment, 2013, 81: 76-83.

[7] Shi G L, Liu G R, Peng X, et al. A comparison of multiple combined models for source apportionment, including the PCA/MLR-CMB, unmix-CMB and PMF-CMB models［J］. Aerosol and Air Quality Research, 2014, 14: 2040-U2341.

[8] 郑玫，张延君，闫才青，等. 中国 $PM_{2.5}$ 来源解析方法综述［J］. 北京大学学报（自然科学版），2014: 1141-1154.

[9] Huang X F, He L Y, Hu M, et al. Highly time-resolved chemical characterization of atmospheric submicron particles during 2008 Beijing Olympic Games using an aerodyne high-resolution aerosol mass spectrometer［J］. Atmospheric Chemistry and Physics, 2010, 10: 8933-8945.

[10] Fu H Y, Zheng M, Yan C Q, et al. Sources and characteristics of fine particles over the Yellow Sea and Bohai Sea using online single particle aerosol mass spectrometer［J］. Journal of Environmental Sciences-China, 2015, 29: 62-70.

[11] Wang H, Li X, Shi G, et al. PM2.5 chemical compositions and aerosol optical properties in Beijing during the late fall［J］. Atmosphere, 2015, 6: 164-182.

[12] Nie W, Ding A J, Xie Y N, et al. Influence of biomass burning plumes on HONO chemistry in eastern China［J］. Atmospheric Chemistry and Physics, 2015, 15: 1147-1159.

[13] 闫凯，王跃思. 霾从哪里来［J］. 科学世界，2014, 04: 4-7.

[14] Matsui H, Koike M, Kondo Y, et al. Impact of new particle formation on the concentrations of aerosols and cloud condensation nuclei around Beijing［J］. Journal of Geophysical Research-Atmospheres, 2011,116.

[15] Yue D L, Hu M, Zhang R Y, et al. Potential contribution of new particle formation to cloud condensation nuclei in Beijing [J]. Atmospheric Environment, 2011, 45: 6070–6077.

[16] Xu Y, Nadykto A B, Yu F, et al. Formation and properties of hydrogen-bonded complexes of common organic oxalic acid with atmospheric nucleation precursors [J]. Journal of Molecular Structure-Theochem, 2010, 951: 28–33.

[17] Zheng J, Hu M, Zhang R, et al. Measurements of gaseous H2SO4 by AP-ID-CIMS during CAREBeijing 2008 Campaign [J]. Atmospheric Chemistry and Physics, 2011,11: 7755–7765.

[18] Zheng J, Ma Y, Chen M, et al. Measurement of atmospheric amines and ammonia using the high resolution time-of-flight chemical ionization mass spectrometry [J]. Atmospheric Environment, 2015, 102: 249–259.

[19] Jiang J, Chen M, Kuang C, et al. Electrical mobility spectrometer using a diethylene glycol condensation particle counter for measurement of aerosol size distributions down to 1 nm [J]. Aerosol Science and Technology, 2011, 45: 510–521.

[20] Jiang J, Zhao J, Chen M, et al. First measurements of neutral atmospheric cluster and 1–2 nm particle number size distributions during nucleation events [J]. Aerosol Science and Technology, 2011, 45: II–V.

[21] Ding X, He Q F, Shen R Q, et al. Spatial distributions of secondary organic aerosols from isoprene, monoterpenes, beta-caryophyllene, and aromatics over China during summer [J]. Journal of Geophysical Research-Atmospheres, 2014, 119: 11877–11891.

[22] Huang M, Lin Y, Huang X, et al. Experimental study of particulate products for aging of 1,3,5-trimethylbenzene secondary organic aerosol [J]. Atmospheric Pollution Research, 2015, 6: 209–219.

[23] Poschl U. Atmospheric aerosols: Composition, transformation, climate and health effects [J]. Angewandte Chemie-International Edition, 2005, 44: 7520–7540.

[24] Rosenfeld D, Lohmann U, Raga G B, et al. Flood or drought: How do aerosols affect precipitation? [J]. Science, 2008, 321: 1309–1313.

[25] McFiggans G, Artaxo P, Baltensperger U, et al. The effect of physical and chemical aerosol properties on warm cloud droplet activation [J]. Atmospheric Chemistry and Physics, 2006, 6: 2593–2649.

[26] Lohmann U, Feichter J. Global indirect aerosol effects: a review [J]. Atmospheric Chemistry and Physics, 2005, 5: 715–737.

[27] Park K, Dutcher D, Emery M, et al. Tandem measurements of aerosol properties – A review of mobility techniques with extensions [J]. Aerosol Science and Technology, 2008, 42: 801–816.

[28] Finlay W H, Stapleton K W, Zuberbuhler P. Errors in regional lung deposition predictions of nebulized salbutamol sulphate due to neglect or partial inclusion of hygroscopic effects [J]. International Journal of Pharmaceutics, 1997, 149: 63–72.

[29] Shi Y, Ge M, Wang W. Hygroscopicity of internally mixed aerosol particles containing benzoic acid and inorganic salts [J]. Atmospheric Environment, 2012, 60: 9–17.

[30] Lei T, Zuend A, Wang W G, et al. Hygroscopicity of organic compounds from biomass burning and their influence on the water uptake of mixed organic ammonium sulfate aerosols [J]. Atmospheric Chemistry and Physics, 2014, 14: 11165–11183.

[31] Hu D, Chen J, Ye X, et al. Hygroscopicity and evaporation of ammonium chloride and ammonium nitrate: Relative humidity and size effects on the growth factor [J]. Atmospheric Environment, 2011, 45: 2349–2355.

[32] Ma Q, He H. Synergistic effect in the humidifying process of atmospheric relevant calcium nitrate, calcite and oxalic acid mixtures [J]. Atmospheric Environment, 2012,50: 97–102.

[33] Wu L Y, Tong S R, Wang W G, et al. Effects of temperature on the heterogeneous oxidation of sulfur dioxide by ozone on calcium carbonate [J]. Atmospheric Chemistry and Physics, 2011,11: 6593–6605.

[34] Wu L, Tong S, Ge M. Heterogeneous reaction of NO2 on Al2O3: the effect of temperature on the nitrite and nitrate formation [J]. Journal of Physical Chemistry A, 2013,117: 4937–4944.

[35] Liu Z, Wu L Y, Wang T H, et al. Uptake of methacrolein into aqueous solutions of sulfuric acid and hydrogen peroxide [J]. Journal of Physical Chemistry A, 2012, 116: 437–442.

[36] Hao L, Wang R, Liu J, et al. The adsorptive and hydrolytic performance of cellulase on cationised cotton [J]. Carbohydrate Polymer, 2012, 89: 171–176.

[37] Liu C G, Zhang P, Wang Y F, et al. Heterogeneous reactions of particulate methoxyphenols with NO3 radicals: kinetics, products, and mechanisms [J]. Environmental Science & Technology, 2012, 46: 13262–13269.

[38] 郑玫，张延君，闫才青，等. 上海 $PM_{2.5}$ 工业源谱的建立［J］. 中国环境科学，2013: 1354-1359.

[39] Kulmala M, Vehkamaki H, Petaja T, et al. Formation and growth rates of ultrafine atmospheric particles: a review of observations［J］. Journal of Aerosol Science, 2004, 35: 143-176.

[40] Wu Z, Hu M, Liu S, et al. New particle formation in Beijing, China: Statistical analysis of a 1-year data set［J］. Journal of Geophysical Research-Atmospheres（1984-2012），2007，112.

撰稿人：葛茂发　佟胜睿　于晓琳　王　静　刘启帆　李　坤　侯思齐

化学基础教育研究进展

化学基础教育在培养能够适应未来生活的合格公民，促进化学科学可持续发展，为我国高等院校输送优秀化学科技和教育人才等方面发挥着奠基作用，扮演着重要角色。近年来，我国化学基础教育秉持“培养中学生科学素养”的课程改革宗旨，不断深化化学基础教育的理论与实践研究，如北京师范大学刘克文教授研究团队紧跟国际学生能力评估项目（Programme for international student assessment，PISA）发展于2015年7月在《比较教育研究》中发表的《PISA2015科学素养测试内容及特点》一文，全面剖析了科学素养的最新内涵[1]。在探索科学素养教学模式、落实科学素养教育目标的同时，我国化学基础教育研究者还在积极推进研究成果的国际化，如东北师范大学郑长龙教授团队和北京师范大学王磊教授团队在2014年4月出版的国际期刊《科学教育与技术》发表了各自研究团队在化学课堂教学有效性测评研究以及科学探究课堂教学特征分析研究方面取得的成果[2, 3]。此外，我国化学基础教育在化学课程与教材研究、化学教学理论与实践研究、化学实验教学研究、化学教学测量与评价、化学教师专业发展等方面也取得较大进展。现主要结合《中文核心期刊要目总览（2014年版）》中有关于化学教育类的中文核心期刊《化学教育》《化学教学》，以及其他教育类核心期刊中发表的研究成果进行分析和归纳。

一、核心期刊论文发表统计

2013年6月至2015年9月期间，《化学教育》共刊发文章675篇，其中有关于新课程改革教学研究论文226篇（包括“新课程天地”和“教学研究”两个栏目），实验教学与教具研制类论文138篇，不同栏目的具体数量如图1所示。

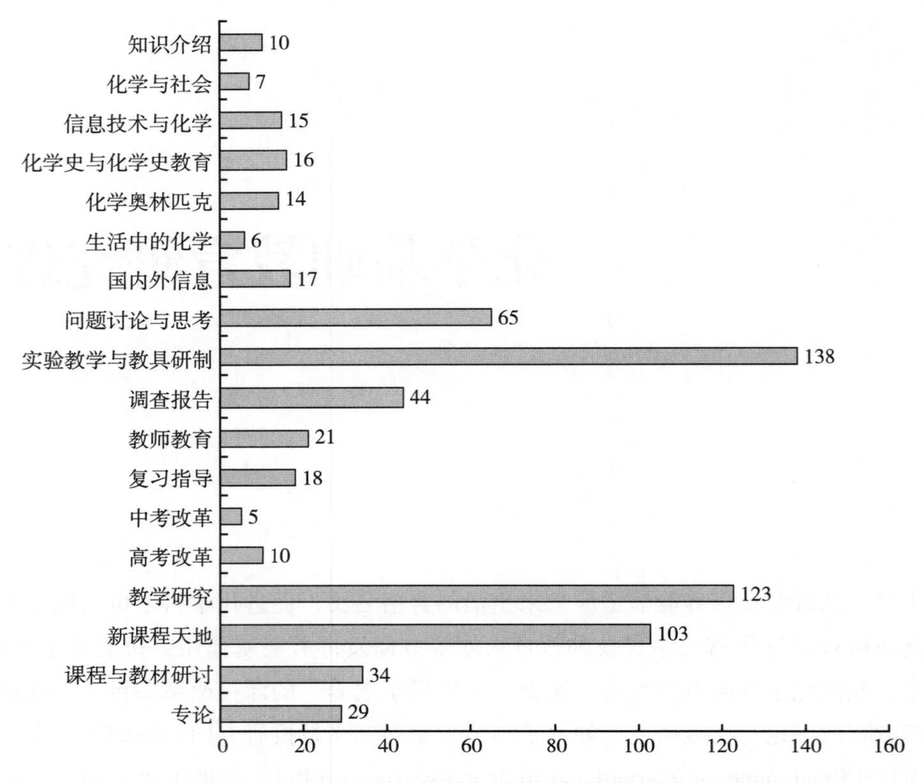

图 1　2013 年 6 月至 2015 年 9 月《化学教育》期刊各栏目发文数量统计

同时间，《化学教学》共刊发 800 篇研究论文，其中专论类（包括“教师发展”“化学篇”“教学篇”3 个栏目）有 64 篇，课改前沿类（包括“课程教材”“探索实践”“教学随笔”“专题研究”“科学教育”“名师基地”等栏目）共计 164 篇，聚焦课堂类（包括“案例研究”“精品课例”“专题研讨”等栏目）论文 180 篇，实验研究类（包括“拓展探究”“创新设计”“实验教学”等栏目）论文 187 篇，测量评价类（包括“习题研究”“解题策略”“考试评析”等栏目）论文 133 篇，教学参考类（包括“问题讨论”“知识拓展”“化学史话”等栏目）论文 60 篇，视野类（包括“趣说化学”“海外速递”“热点评论”等栏目）论文 12 篇，各栏目具体刊发的文章数量详见图 2。

通过对两大化学教育类中文核心期刊发文数量的统计来看，两年内共发核心期刊论文近 1500 篇，数量较大，说明我国化学基础教育研究发展较快，取得的研究成果较为丰硕。

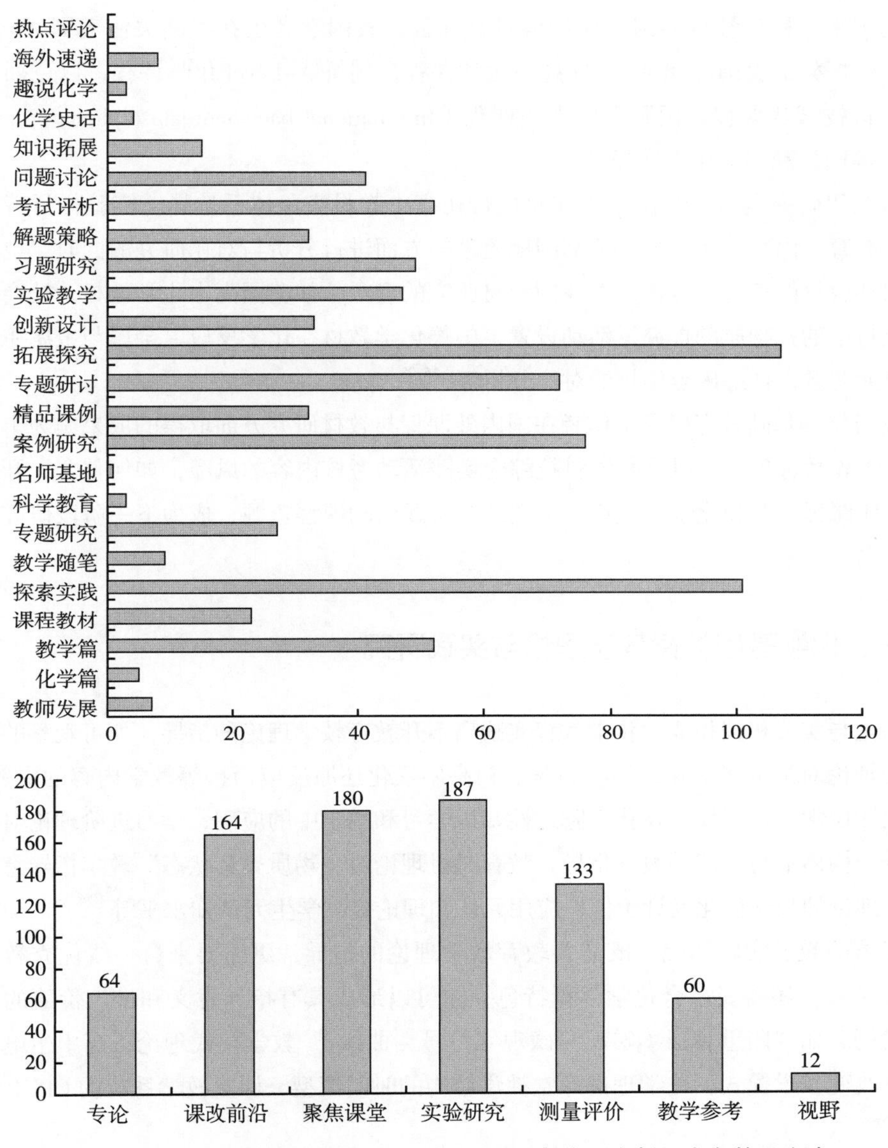

图 2　2013 年 6 月至 2015 年 9 月《化学教学》期刊各栏目发文数量统计

二、化学基础教育课程与教材研究

随着新课程改革的实施，化学基础教育者在完成国家课程的同时，开始关注校本课程的开发与建设，如以“食品中的化学”“走进化学科学发展史”“我们身边的化学”“八年级化学探究课”“初中化学环境专题研究性学习”“趣味化学实验”“阿司匹林”为主题的生活实践课程等[4-9]。

近年来，科学教育的国际化趋势日益加强，我国学者也在不断关注美国 AP 课程内容的主题框架，美国加州 Arcadia 高中化学课程，剑桥 A-Level 化学课程，以色列中小学各阶段科技素养课程，国际高中文凭课程（International baccalaureate diploma programme，IBDP）等国外和国际化学课程[10-15]。

与课程研究类似，我国学者在对现行初高中教材实验体系选择、实验栏目特点、实验安全教育、内容衔接、各类溶剂问题梳理等方面进行分析与对比研究的同时，也非常关注国内外教材的编写特点以及对我国教材研究的启示，如美国高中化学教材《社会中的化学》教材中的“物质的探究”活动设置，中德化学教材在化学反应、金属与金属矿物、原子、单元习题设计等内容编排的对比分析等[16-28]。

我国化学基础教育研究工作者在国内外课程与教材研究方面取得的成果颇为丰硕，但随着 STEM 教育理念，以及我国科技综合实践活动考核内容的风靡，如何整合、开发相应的 STEM 课程资源和化学（或科学）类综合实践活动课程资源，成为下一阶段研究工作的重要方向。

三、化学基础教育教学理论与实践研究

理论与实践相辅相成，化学教育实践离不开教育教学理论的指导，如可观察的学习成果结构理论对浓度影响化学平衡教学、初高中氧化还原反应衔接等教学内容的引领作用，简约化知识学习过程模型在化学陈述性知识学习和教学中的应用，学习进阶理论对有机化学同分异构体书写技能的教学指导，教育时机理论对“物质聚集状态”教学指导意义，认知负荷理论的教学优化设计价值，应用元认知理论提高学生元认知水平等[29-35]。

优秀的教学实践研究，既需要教育教学理论的指导，更需要来自一线优秀教师的教学实践经验，还需要结合化学学科特色，才可以形成具有指导意义和推广价值的教学理论与案例。如“四重表征（宏观 - 微观 - 符号 - 曲线）”教学模式理论，高中生电化学迷思概念改变教学模式，化学理论课堂教学结构的时间模型，课堂教学系统的 CPUP 模型理论等[36-39]。

创新是一个民族进步的灵魂，是一个国家兴旺发达的不竭动力，是一个现代人的必备素质。如何在化学教学中落实建设创新型国家的任务，培养创新型人才和接班人，是一线教师应该慎重思考的问题。尤其是随着科学技术的发展，如何实现跨学科、交叉学科教学内容的串联、整合，如何帮助学生学会提出问题、分析问题和解决问题，提升中学生的创新原动力，更是未来化学基础教育的重要研究问题。为了提升中学生的创新能力，北京师范大学刘克文教授研究团队在新课程改革背景下建构以问题解决为核心的课堂教学模式，引导学生积极探索、主动发现、实践体验、解决问题，以便从深层去理解并掌握和应用基本知识，重点培养学生的创造性思维、意志力和知识迁移能力，注重问题的整体性、逻辑性和层次性，加强学生问题解决思维能力的训练，帮助学生解决社会生活背景下的问题，

提升中学生的学科素养，为我们如何加强学科融合、提升中学生的创新原动力提供了很好的示范。

四、化学基础教育实验教学研究

化学实验是化学科学赖以生存和发展的基础，化学的每一次重大突破，都与实验方法的改革密切相关。近年来随着经济日益发展，国家财政不断加大对基础教育设施的资金投入，各学校的化学实验设备和仪器得到很大改善。与此同时，众多教育教学研究者不断更新或改良现有化学实验方法。

我国化学实验教学研究主要包括已有实验的优化、改进、创新、微型化，开发生活化和趣味化实验，利用手持技术开展数字化实验，创新化学实验教学模式等研究。

已有实验的优化、改进、创新、微型化主要集中在对铝热反应、1-溴丙烷消去反应、白色 $Fe(OH)_2$ 制备、燃烧条件、苯和溴反应、吸氧腐蚀、苯的溴代反应、钠在氯气中燃烧、氨气在氧气中燃烧、铜锌原电池等常规教材实验的改进[40-50]。

生活化和趣味化实验开发案例有：利用生活中常见的废弃饮料瓶加工进行气体爆鸣实验、CO_2 气体的性质实验、甲烷气体的性质实验或简易净水器的装置及其相应的实验；采用女贞子果实改进和完成铁元素检验、还原性糖的检验、酸碱指示剂制作和自制女贞子 pH 比色卡等学生分组实验；使用饮用水瓶、电蚊拍、厨房电子脉冲点火器、保鲜袋等生活用品创新设计氢气制备及其性质系列实验；利用废弃的饮料瓶将过滤、渗析 2 个实验装置进行整合；利用 pH 传感器、电导率传感器来间接比较胶棉膜、鸡蛋壳、硫酸纸、保鲜膜等生活中常见半透膜对 $Fe(OH)_3$ 胶体的渗析功能；创新化学检测指纹思路；尝试开发家用清洁剂资源；设计大象牙膏和魔术蛋糕、引“蛇”出洞、紫气东来演绎蓝色妖姬、面粉大炮等趣味实验；制备贴近中学生生活的天然表面活性剂——无患子皂苷等[51-60]。

利用手持技术开展数字化实验案例有：改进酒精灯火焰温度、中和滴定等传统实验，开发浓硫酸吸水性、酸碱稀释过程的 pH 变化等数字实验；探究燃碳法实验的可行性，压强影响 $2NO_2(g) \rightleftharpoons N_2O_4(g)$ 平衡，蜡烛燃烧现象，AgCl 在水中的溶解情况、溶解平衡的存在和移动；利用数字化实验从“离子反应的本质、进行方向、发生机理……”的角度认识离子反应；定量研究铁的吸氧腐蚀，铜锌原电池中的能量转化[61-68]。

创新的化学实验教学模式有：西北师范大学张学军教授结合科学探究过程的理论基础，设计的综合性化学虚拟实验系统；四川师范大学冉鸣教授研究团队开发的中学化学仿真实验平台教学资源等[69-70]。

我国的化学实验教学研究在短时间内取得了较多的丰硕成果，但仍然存在科学实验方法的重视不够、教师实验新设计的能力不强、理论水平有待提高、实验课时难以保障、实验考查与中考脱钩、实验经费严重不足、实验员队伍趋于弱化等值得进一步商榷、思考与研究的问题[71-73]。

面对化学实验教学研究中的问题，上海师范大学吴俊明指出，化学实验教学现代化必须认真考虑“人性的解放”和“效率的解放”，努力实现化学实验教学的创新、改革和超越式发展，实现思想观念、实验内容、实验方法、实验装备以及实验评价的现代化等[74-75]；江苏省宿迁市马陵中学康映卓进行了将验证实验改为探究实验，将常规实验改为微型实验，将单一实验改为对比实验，将复杂实验改为简易实验，将性质描述实验改为趣味实验，将危险实验改为安全实验等大胆尝试和探索[76]；江苏省扬州市教育局教研室赵华建议：课程标准和科学开设需要再建设，学业评价和实验考查需要再反思，实验教学软硬件和实验员配备需要再加强，实验资源建设与教师培训需要再深化等[77]。

五、化学基础教育教学测量与评价

随着大数据时代的到来，只有理论和实践的研究，不足以支撑也难以让其他研究者信服。基于数据和证据，借助必要的测量与评价手段展开教育教学研究成为众多研究者们的共识。

伴随着新课程改革的深入，在不断推进化学课程、教学研究纵深的基础上，我国化学教育工作者也在为中高考改革献言献策，如南昌大学周力、教育部考试中心单旭峰通过分析新课程高考中有机化学实验题的考查内容、考查重点和考试结果，对今后的综合实验能力和创新素养以及大学有机化学实验课程的开设提出建议[78]；江苏省金坛市华罗庚实验学校韦艳蓉以常州市初中化学实验操作考核为例，对初中化学实验操作考核的现状进行了理性地反思，并对今后的实验考核提出一些建议[79]；首都师范大学李田田、董素静、吴晗清以陈述性、程序性及策略性 3 类知识分类为切入点，重点对近 10 年北京市高考化学实验探究题进行分析，建议化学教学和试题编制均应注重基础知识的内在结构，强调程序性和策略性知识，关注化学科技前沿发展[80]；江苏省徐州市西苑中学李德前结合命题原则和命题经验，阐述了初中化学实验探究题的命制策略和基本流程[81]；福建厦门外国语学校蒋小刚结合教学实践，立足学生实验素养的考查，就“评价型”实验试题的命题立意、考查内容、考查方式等做了一些探讨[82]；浙江师范大学孙雅静、赵雷洪利用基本要素分析法量表开展实验教学评价[83]。

纵观我国化学教育测量与评价的研究内容，多是对现有化学课程与教材、化学教学以及化学人才选拔制度等内容的分析，都属于自我评价，鲜有从“局外人”视角进行第三方评价。而 PISA 测试则站在适应未来社会生活应具备的基本能力角度评价多个国家和地区的现有教育状况，而不再是基于不同国家的课程与教学体制进行自我评价，成为第三方评价的典型代表。在未来的化学基础教育测量与评价研究中，如何更新评价观念，从第三方评价的视角展开对学生学习效果、科学素养的评估，应该是一个重要的努力方向。

此外，如何以第三方评价带动区域性教学改进研究也是一个值得深思的地方，北京师范大学刘克文教授研究团队在全面深入了解 PISA 科学素养测试内涵的基础上，与北京市房山区教育委员会合作开展北京市房山区中学生科学素养提升项目研究，共同推进区域性科学教育教学改革，开创了国内化学（科学）教育领域以第三方评价带动区域性教育教学改进的先河。

六、化学基础教育中的教师专业发展

“振兴民族的希望在教育，振兴教育的希望在教师”，教师的素质和专业水平是影响教育教学质量的一个极为重要的因素[84]。化学基础教育中的教师专业发展成为众多研究者的关注焦点，如何提升化学教师素养越来越成为化学教师专业发展的研究重点。考虑到化学实验教学对提升学生科学素养、理解化学科学概念的重要性，化学教师的实验素养成为化学教师专业发展研究的重中之重：具备一定的化学实验素养，有利于化学教师完善知识结构，丰富课堂教育智慧，提升教学反思能力，从而有效地促进教师的专业化发展[85]。福建教育学院张贤金、吴新建为了提升教师的实验研究素养，阐述了实验研究素养的内涵，分析了当前教师实验研究素养存在的不足，探讨了实验培训课程框架的建构、课程实施方式的选择、课程保障体系的建设等问题，并对如何基于实验研究素养的提升开展实验培训提出若干建议[86]。

从个人发展层次来看，除了化学实验素养，化学学科教师的专业发展还涉及教师的学科教学知识、课堂教学行为、教学语言修养等方面的内容；从群体发展层次来看，教师专业发展还包括职前－职后教师、城乡－农村、新手－熟手教师在学科教学知识、教学行为、教学语言等方面的差异研究[87-110]。

通过对2014—2015年度化学基础教育研究领域的成果分析不难发现，在短短的两年时间内，我国化学教育研究者们取得了丰硕的研究成果。但是，对这些研究成果进行仔细分析之后，可以发现不少值得进一步研究的问题，如拓展教学渠道，整合教学资源，开发STEM课程、化学（或科学）类综合实践活动课程；丰富跨学科、多学科交叉的教育教学素材，营造浓厚的创新氛围；帮助学生树立问题意识，提升中学生的创新原动力；更新评价观念，从第三方评价和学生未来发展需要的视角衡量现有教育教学质量和学生能力。

参考文献

[1] 刘克文，李川．PISA2015科学素养测试内容及特点[J]．比较教育研究，2015，7：98-106.

[2] Zheng C L, Fu L H, He P. Development of an instrument for assessing the effectiveness of chemistry classroom teaching [J]. Journal of Science Education and Technology, 2014, 23 (2): 267-279.

[3] Wang L, Zhang R H, Clarke D, et al. Enactment of scientific inquiry: observation of two cases at different grade levels in China Mainland[J]. Journal of Science Education and Technology, 2014, 23 (2): 280-297.

[4] 陈潇潇．校本课程“食品中的化学”开发与实施[J]．化学教育，2014，35（13）：4-6.

[5] 李晓，王后雄，李晶玲. 以欧洲 PARSEL 理念开发化学校本课程的实践研究 [J]. 化学教育，2013，34（12）：13-15.
[6] 胡君. 欧洲 PARSEL 模式下的初中化学校本课程实践 [J]. 化学教育，2015，36（1）：6-9.
[7] 温利广. “初中化学环境专题研究性学习”校本课程的建构 [J]. 化学教育，2014，35（21）：13-19.
[8] 岳云华.《趣味化学实验》校本课程的实践研究 [J]. 化学教学，2013，35（3）：11-13.
[9] 李书霞. 例谈生活实践类校本课程的开发与实施——以“阿司匹林”主题活动为例 [J]. 化学教学，2015，37（3）：12-15.
[10] 宋怡，张相学. 以色列中小学科技素养课程概览及启示 [J]. 化学教育，2014，35（19）：76-79.
[11] 代伟. AP 化学课程内容修订的重要资讯 [J]. 化学教育，2013，34（8）：76-77.
[12] 余方喜. 美国高中化学课程考察——以加州 Arcadia 高中为例 [J]. 化学教学，2014，36（6）：79-81.
[13] 蒋敏，蒋浩，徐祖辉. A Level 化学课程及其在我国的教学概况 [J]. 化学教学，2015，37（3）：91-97.
[14] 徐祖辉，蒋浩，孙灏. IB 化学课程概况 [J]. 化学教学，2014，36（9）：27-30.
[15] 王茹. IBDP 化学新课程如何凸显“科学的本质”[J]. 化学教学，2013，35（12）：14-16，23.
[16] 郭浩，孙淑萍，李俊成. STSE 教育和“做科学”共赢的化学实验探究模式——评美国《社会中的化学》中的“物质的探究”[J]. 化学教育，2014，35（21）：8-12.
[17] 朱存扣，倪娟. 中德化学启蒙教材中“化学反应”编写的比较 [J]. 化学教学，2013，36（12）：11-13.
[18] 殷志忠，倪娟，陈强. 中德教材“金属与金属矿物”的内容设置比较研究 [J]. 化学教育，2013，35（12）：6-9.
[19] 朱存扣，倪娟. 中德初中化学教材中“原子”编写的比较 [J]. 化学教育，2013，35（11）：9-11，18.
[20] 朱存扣，倪娟. 德国初中化学教材单元习题设计特点分析 [J]. 化学教育，2014，36（15）：10-12.
[21] 郭洪. 3 种版本高中化学必修教材中实验体系选择的对比研究 [J]. 化学教育，2013，35（1）：25-27.
[22] 王伟，王后雄. 3 个版本初中化学教科书实验栏目的比较研究 [J]. 化学教育，2015，36（9）：20-25.
[23] 杨松辉，袁彩美. 对卤代烃消去反应实验修订的理解与思考 [J]. 化学教育，2015，36（5）：76-78.
[24] 张映明. 化学教材中与催化剂有关的几个问题 [J]. 化学教育，2013，35（2）：10-13.
[25] 周昌勇. 对中学化学教材中溶剂问题的思考 [J]. 化学教育，2014，36（19）：70-73.
[26] 张贤金，吴新建. “测定 NaOH 溶液物质的量浓度实验”的教材比较研究 [J]. 化学教学，2014，36（2）：11-13.
[27] 熊言林，魏魏. 3 版本高中化学（必修）教科书中实验安全教育内容统计分析与思考 [J]. 化学教育，2015，36（3）：27-31.
[28] 郑景景，王喜贵. 人教版初、高中化学教材实验技能训练的要求及衔接性分析 [J]. 化学教育，2015，36（3）：23-26.
[29] 韦新平. 基于 SOLO 分类理论的化学“四重表征”教学研究——以“浓度对化学平衡的影响”为例 [J]. 化学教学，2013，35（10）：31-33，49.
[30] 黄爱民. SOLO 分类评价理论在初高中化学衔接教学中的应用——以苏教版《化学 1》氧化还原反应为例 [J]. 化学教学，2014，36（4）：14-18.
[31] 张章录. 基于梅耶学习理论的化学教学策略研究——以化学陈述性知识的学习为例 [J]. 化学教学，2013，35（8）：20-22.
[32] 林建芬，陈允任. 基于学习进阶理论探讨“同分异构体”教学序列的跨学段设计 [J]. 化学教学，2014，36（12）：38-41.
[33] 徐星玛，胡志刚. 教育时机理论视域下的“物质聚集状态”教学设计分析 [J]. 化学教学，2014，36（8）：39-42.
[34] 陈颖，胡志刚，李盼盼. 基于认知负荷理论探讨化学高效教学的策略 [J]. 化学教学，2014，36（6）：19-22.
[35] 熊言林，刘阿娟，余婵娟. 基于元认知理论的化学实验教学策略 [J]. 化学教育，2013，34（10）：68-71.
[36] 林建芬，盛晓倩，钱扬义. 化学“四重表征”教学模式的理论建构与实践研究——从 15 年数字化手持技术实验研究的回顾谈起 [J]. 化学教育，2015，36（7）：1-6.
[37] 赵国敏，孙可平. 概念转变理论指导下的高中电化学教学设计研究与实践 [J]. 化学教育，2014，35（13）：11-15.
[38] 马罗平，吴道强. 化学理论课堂教学结构模型构建初探——基于课堂教学视频案例分析的研究 [J]. 化学教育，2014，35（7）：35-38.
[39] 何鹏，郑长龙，尹学慧. 化学课堂教学行为特征解析——基于课堂教学系统 CPUP 模型理论的案例分析 [J]. 化学教育，2014，35（5）：1-4.

[40] 俞远光. 铝热反应实验的改进 [J]. 化学教育，2014，35 (23)：59.

[41] 孙海龙，于永民. 铝热反应实验装置的再改进 [J]. 化学教学，2013，35 (8)：38-39.

[42] 尚永青，丁伟. 1-溴丙烷消去反应实验条件探究 [J]. 化学教学，2013，35 (7)：52-53.

[43] 周改英，王玉秋，许焕武. 对氢氧化亚铁制备实验的商榷与建议 [J]. 化学教育，2014，35 (17)：72-75.

[44] 刘松伟，王雪瑞. "燃烧条件的实验" 改进 [J]. 化学教育，2014，35 (17)：54-55.

[45] 郭万良. 苯和溴化学反应实验的改进 [J]. 化学教育，2014，35 (19)：67.

[46] 张展. 铁的吸氧腐蚀实验的改进 [J]. 化学教育，2014，35 (7)：60-61.

[47] 王先锋. 苯的溴代反应实验再改进 [J]. 化学教育，2013，34 (9)：62-63.

[48] 侯立平，王培明，齐俊林. 钠在氯气中燃烧实验的改进 [J]. 化学教育，2013，34 (8)：65-66.

[49] 林洪，陈贵新. 氨气在氧气中燃烧的实验设计 [J]. 化学教学，2013，35 (8)：44.

[50] 张艳. 铜锌原电池演示实验装置改进 [J]. 化学教育，2013，34 (8)：63.

[51] 王锦涛，洪印彬. 饮料瓶在化学实验中的利用 [J]. 化学教学，2013，35 (12)：46-47.

[52] 竺凌，高芮. 女贞子果在化学实验中的应用 [J]. 化学教学，2013，35 (12)：45-46.

[53] 鞠东胜，王金龙. 氢气制备及其性质系列实验的创新设计 [J]. 化学教学，2015，37 (6)：60-62.

[54] 张晨. "过滤－渗析联合实验装置" 的设计 [J]. 化学教育，2014，35 (19)：66.

[55] 刘晓红，袁文文，邓海威，等. 利用手持技术选择氢氧化铁胶体渗析实验半透膜 [J]. 化学教育，2014，35 (3)：77-79.

[56] 李云. 指纹检测及其实验条件探讨 [J]. 化学教育，2014，35 (23)：54-58.

[57] 鲁向阳. 初中化学基础实验：解读中重构——以 "家用清洁剂探究" 一课为例 [J]. 化学教育，2014，35 (23)：29-32.

[58] 王美志. "面粉大炮" 趣味实验 [J]. 化学教育，2014，35 (5)：68-69.

[59] 曹广雪. 神奇的催化反应趣味实验 [J]. 化学教育，2014，35 (1)：70-71.

[60] 赵晨，胡志刚，吕玮. 贴近中学的无患子皂苷制备实验 [J]. 化学教育，2013，34 (11)：66-68.

[61] 严西平，钱蕙. 初中化学数字化实验的探索 [J]. 化学教学，2013，35 (12)：48-50.

[62] 周梅华，李德前. 对燃碳法 "测定空气中氧气的体积分数" 实验的质疑与探究 [J]. 化学教学，2015，37 (2)：48-51.

[63] 刘长胜. 压强影响 $2NO_2(g)=N_2O_4(g)$ 平衡的实验设计 [J]. 化学教学，2014，36 (4)：46-47.

[64] 张志辉. DIS 数字实验探究蜡烛燃烧现象 [J]. 化学教育，2014，35 (9)：73-74.

[65] 郑晓红，支梅. AgCl 溶解平衡的实验探究与教学建议 [J]. 化学教学，2014，36 (3)：56-59.

[66] 胡爱彬. 基于 DIS 实验探究离子反应的生长课堂 [J]. 化学教育，2015，36 (9)：30-33.

[67] 江军. 利用数字化实验系统探究铁的吸氧腐蚀实验 [J]. 化学教育，2014，35 (7)：55-58.

[68] 李友银，范广伟，石璞. 基于数字化实验的原电池能量转化效率研究 [J]. 化学教育，2013，34 (10)：72-74.

[69] 魏江明，张学军，唐久磊. 基于科学探究活动资源的化学虚拟实验系统设计研究 [J]. 化学教育，2015，36 (11)：48-51.

[70] 黄红梅，严海林，李树伟，等. 中学化学仿真实验的开发与实施策略 [J]. 化学教学，2013，35 (12)：20-23.

[71] 孙丹儿. 中学化学实验研究视角的分析及其启示 [J]. 化学教学，2013，35 (7)：7-10.

[72] 靳莹. 超越器物层面，思想创新先行——《化学教学》2013 年实验类论文综述 [J]. 化学教学，2014，36 (2)：7-11.

[73] 王国峥. 初中化学实验教学的问题有对策 [J]. 化学教育，2015，36 (11)：66-69.

[74] 吴俊明. 关于化学实验教学现代化的几个问题 (上) [J]. 化学教学，2013，35 (10)：3-5，9.

[75] 吴俊明. 关于化学实验教学现代化的几个问题 (下) [J]. 化学教学，2013，35 (11)：3-6.

[76] 康映卓. 优化化学实验教学的点滴做法 [J]. 化学教育，2013，34 (12)：72-73.

[77] 赵华. 高中化学实验教学的问题有对策 [J]. 化学教育，2013，34 (9)：53-56：63.

[78] 周力，单旭峰. 高考有机化学实验题考查分析及对大学有机化学实验的思考 [J]. 化学教育，2015，36 (11)：41-43.

[79] 韦艳蓉. 初中化学实验操作考查的实践和思考 [J]. 化学教育，2015，36 (7)：45-48.

[80] 李田田，董素静，吴晗清. 北京市高考化学实验探究题探析 [J]. 化学教育，2014，35 (17)：30-34.

[81] 李德前. 初中化学实验探究题的命制 [J]. 化学教育，2014，35 (13)：43-45.

[82] 蒋小刚. 立足实验素养考查的高考 "评价型" 实验题的命题特点 [J]. 化学教育，2014，35 (1)：41-43.

[83] 孙雅静，赵雷洪. PTA 量表法在化学实验教学评价中的应用 [J]. 化学教学，2013，35（12）：17–19.
[84] 刘知新主编. 化学教学论（第四版）[M]. 北京：高等教育出版社，2009：311.
[85] 江家发，窦宁蕙. 化学实验对中学化学教师专业化发展的影响与思考 [J]. 化学教育，2014，35（15）：41–44.
[86] 张贤金，吴新建. 基于实验研究素养的提升开展实验培训 [J]. 化学教学，2014，36（1）：15–17.
[87] 何亚平，徐静，宋万琚. 城乡教师对义务教育化学课程标准（2011）的适应性研究 [J]. 化学教学，2014，36（5）：17–20.
[88] 张莹. 中学化学教师学科教学知识的课例研究——以“晶体的常识”为例 [J]. 化学教学，2014，36（9）：41–43.
[89] 王峰. 对教师 PCK 的比较研究——基于“氯气的生产原理”的集体备课 [J]. 化学教学，2013，35（9）：14–17.
[90] 陆真，任宁生. 支持化学教师专业发展的平台——“中学化学教学助手”软件介绍 [J]. 化学教学，2013，35（10）：78–80.
[91] 杨军峰，金东升，苏永平. 对甘肃省初中化学教师语言表达的分析与思考 [J]. 化学教学，2013，35（6）：15–16，27.
[92] 凌旭东. 教师博客——农村化学教师专业成长的催化剂 [J]. 化学教学，2013，35（5）：22–24.
[93] 柳秀峰. 科学教师的职前教育：中美可以互相学些什么 [J]. 化学教学，2014，36（3）：3–6.
[94] 张辰姝，刘敬华. 农村初中化学教师 PCK 现在及其相关因素的调查研究 [J]. 化学教育，2015，36（1）：56–60.
[95] 何鹏，郑长龙. 新手 – 熟手教师化学课堂教学有效性比较研究——以“离子反应”为案例 [J]. 化学教育，2015，36（1）：1–5.
[96] 陈凯. 关注职前化学教师实践性知识的主题教学研修——以师范生“化学肥料”课堂教学为例 [J]. 化学教育，2014，35（22）：42–47.
[97] 尹筱莉，谷晓凤，吕翠翠. 少数民族化学双语教师的汉语语言偏误分析与对策研究 [J]. 化学教育，2014，35（15）：45–48.
[98] 何鹏，郑长龙. 新手 – 熟手化学教师课堂教学行为及其所用时间的比较研究 [J]. 化学教育，2014，35（17）：1–4.
[99] 陈燕，李佳，王后雄. 职前与职后中学化学教师学情分析能力的比较研究 [J]. 化学教育，2014，35（19）：46–49.
[100] 成际宝. 县级教师赛课中的知识缺失——以“化学能转化成电能”为例 [J]. 化学教育，2014，35（17）：18–19.
[101] 李春武，朱丽艳. 基于网络的农村初中化学教师专业引领的探索 [J]. 化学教育，2013，34（12）：59–61，71.
[102] 刘君丽，潘伟. 中美化学教师“现代电池”的课堂教学行为比较研究 [J]. 化学教育，2013，34（11）：23–28，34.
[103] 王保强. 化学专家教师和新手教师的教学决策特征——基于“沉淀溶解平衡”的教学设计 [J]. 化学教育，2013，34（8）：45–49.
[104] 刘美丽，董素静，马占江. 高中化学教师课堂教学行为的有效性分析——以“难溶电解质的溶解平衡”一课为例 [J]. 化学教育，2013，34（6）：27–29.
[105] 冯志均，李佳，王后雄. 职前化学教师教学反思能力及影响因素研究 [J]. 化学教育，2013，34（6）：57–60，63.
[106] 刘岩. 完善教学细节：新手教师走向成熟的必经之路——以初中化学“酸碱指示剂的探究”一课为例 [J]. 化学教育，2013，34（7）：38–40.
[107] 经志俊. 浅谈化学教师的教学语言修养 [J]. 化学教育，2014，34（7）：52–54.
[108] 赵芹，熊彬舟，张文华. 高中化学教师 PCK 结构的调查分析 [J]. 化学教育，2014，35（7）：43–46.
[109] 周青，岳辉吉，邢丽娟，等. 初中化学教师“原子结构”认知结构的诊断及影响因素的研究 [J]. 化学教育，2014，35（9）：50–56.
[110] 王晓宁，吴育飞，刘敬华. 中学化学教师实践性知识调查研究 [J]. 化学教育，2014，35（9）：47–61.

撰稿人：李　川　刘克文

ABSTRACTS IN ENGLISH

Comprehensive Report

Advances in Chemistry

The past two years have witnessed great progresses in chemical research in Chinese mainland. Compiled by the Chinese Chemical Society (CCS), this report summarized the achievements of Chinese chemists and consisted of one comprehensive report, six special topic reports, and a supplement. There were more than 990 cited references.

The comprehensive report has five sections: ① introduction. ② viewing discipline development through contrastive analysis of statistical data. ③ development and research of higher chemistry education. ④ important progresses of Chinese chemistry, ⑤ development trends and perspectives.

The first section gives a brief introduction of the achievement of chemical researchers in Chinese mainland.

Statistical data collected by CCS and Elsevier revealed some good trends of chemical research in China. Not only the number of research papers has grown rapidly, but also have increased substantially in terms of quality and influence. During 2010—2014, Chinese researchers have contributed one quarter of the global academic publications in chemistry, which, more impressively, had the second-highest and the highest figures for publications being 1% and 10% most cited, respectively. However, the international cooperation should be enhanced.

The following section provides an overview for the higher education of chemistry.

The main body of this report describes briefly the main achievements and breakthroughs in chemical research and development attained by domestic researchers.

The research studies in the inorganic chemistry have made great achievements in recent years, particularly in the fields of metal-organic frameworks (MOFs), lanthanide functional materials, molecular magnetic materials and bio-functional materials. In the MOF studies, a MOF with high hydrophobicity on both the internal pore and external crystal surfaces was obtained via structural design and control and it was found that the MOF can separate various organic molecules from each other as well as from water. A porphyrin-involved Zr framework was demonstrated to show selectively capture and further photoreduce CO_2 with high efficiency under visible-light irradiation. As lanthanide functional materials, new light-driven upconversion nanoparticles were found to be able to self-organize into an optically tunable helical superstructure. It was realized the photochromism and photomagnetism of 3d-4f hexacyanoferrates at room temperature (RT). This is a new type of inorganic-organic hybrid photochromic material which opens a new avenue for RT photomagnetic polycyanometallate compounds. In the studies of molecular magnetic materials, great achievement was obtained by integrating spin crossover (SCO) and fluorescence. The hybrid materials display one-step SCO behavior and fluorescent properties, which provides an effective strategy for design and development of novel magnetic and optical materials. A series of multicentre-bonded $[M^I]_8$ (M = Zn, Mn, Co, Fe) clusters with cubic aromaticity and rare +1 oxidation state were successfully synthesized. New Pt(II)-Gd(III) complexes with simultaneous therapy and diagnosis of diseases were synthesized and their cytotoxicity and imaging capabilities make the Pt-Gd complexes promising theranostic agents for cancer treatment. Iridium(III) complexes were developed as theranostic agents to monitor autophagic lysosomes. In addition, vanadium oxide graphene-based superlattice nanosheets were synthesized and found to show emerging magnetocaloric effect. Such superlattice synthesized from a low-cost and scalable method should be beneficial to a wide variety of functionalized devices.

Organic chemistry is a highly important sub-discipline of chemical sciences. In recent years, organic chemistry research has attained rapid and yet sustainable developments in our country with the aid of various national policies about science and technology as well as human talents. First and foremost, the team of researchers is constantly expanding - the number of attendees in the National Conference on Organic Chemistry, Chinese Chemical Society, has grown by 4 to 5 folds: whereas merely 500 people attended such conference decades ago, about 2000~2500 scientists participated recently. More and more young chemists are active in and gradually becoming the major force of the organic chemistry community of China. Many middle-aged or young organic chemists have chaired international conferences; some have served as chief or deputy editors of international academic journals. Second, the global impact of China's organic chemistry research is continually increasing. The achievements in some areas such as natural products chemistry and organoflourine chemistry have earned global recognition. In the late 1960s, a team, mainly made up of Chinese natural product chemists, reaped huge successes in their research on Qinghaosu: their collective achievements have furnished the humanity a new medicine for the treatment of malaria and led to the first Nobel Prize of natural science in Chinese mainland. Third, scientific publications in chemistry coming from China have not only increased in numbers, the quality has also improved by leaps and bounds. According to incomplete statistics, since 2013 Chinese organic chemists have published one article in *Nature* and 18 in the other journals of the Nature publishing group. The past two years have also seen more than 500 publications by Chinese organic chemists in the *Journal of American Chemical Society* and *Angewandte Chemie International Edition*, the world's top academic journals, which represents a 32% increase from the previous two years. These researches covered the most popular direction of organic chemistry, including C-H functionalization, asymmetric catalysis, photoredox catalysis, fluorine-containing functional group transformations and highly efficient organic syntheses, etc. In addition, some characteristic research programs, centering around national economy-related concerns such as environment, resources and public health, have also made great progress in both fundamental and applied domains. For instance, in the area of resource chemistry (the reasonable, efficient and clean utilization of resources in the molecular level), research findings have led to the application of hydrogen peroxide instead of chromium trioxide in the oxidative degradation of steroidal sapogenins on the industrial scale. This achievement has not only fulfilled a dream of three generations of Chinese chemists, but also solved one of the most severe environmental pollution problem which plaguing China's steroidal pharmaceutical industry for a long time since 1950s. Moreover, the improved protocol converts otherwise useless by-products of oxidative degradation into more valuable chiral reagents and chiral starting materials. "Symbiotic reaction", a new concept about making two or more reactions proceeding in one reaction system, is presented and practiced by Chinese chemists and will provide some new opportunities and challenges for the organic chemistry progress.

In summary, since 2013, our organic chemistry research team has achieved further growth; our organic chemists have attained increased international impact; our scientific publications have increased in numbers and concomitantly quality. Organic chemistry is also playing an increasingly significant role in our national economic developments.

In part of chemical kinetics, progresses have been made, including: ① Xueming Yang's group observed the dynamical resonances accessible only by reagent vibrational excitation for the first time in the F + HD (v = 1) reaction. This work clearly reveals that initial vibrational excitation not only provides energy required for the reaction but also gives rise to new reaction pathways. In the reaction of Cl + HD (v = 1) → DCl + H, they detected extremely short-lived resonances result from chemical bond softening, which indicates the existence of similar resonances in many other chemical reactions involving vibrationally excited reagents. ② In Mingfei Zhou's group, the iridium tetroxide cation ($[IrO_4]^+$) was successfully generated in gas phase and studied by infrared photo-dissociation spectroscopy, which lead to the identification of a formal oxidation state of IX for the first time. ③ The experimental investigation in Xueming Yang's group provided strong evidence that molecular hydrogen from photocatalysis of methanol on $TiO_2(110)$ is produced via a thermal recombination reaction of hydrogen atoms. They also observed the strong photon energy dependence of photocatalytic dissociation rate of methanol on $TiO_2(110)$. This result raises doubt about the widely accepted photocatalysis model on TiO_2, which assumes that the reaction of the adsorbate is only dependent on the number of electron-hole pairs created by photoexcitation. ④ Collaborating with the experts in the field of catalysis, Zicao Tang and Hongjun Fan et al. validated both theoretically and experimentally that the dehydrogenation coupling of methane on the single Fe cite catalyst confined by silicide lattice undergoes radical mechanism.

In recent two years, electrochemistry has made great progress in methods and principles, electrochemical power source, photoelectrochemistry and application. For example, Lijun Wan's group developed in situ electrochemical STM method to direct probe electron transfer between electron donor and electron receptor at the molecular level. Shengli Chen's group has developed a micro/nanoelectrod-based method to investigate the electrochemistry of the single nanosheets of graphene and other 2D materials. Several micro-nano machining approaches were developed by Dongping Zhan's group, and these approaches can machine materials, such as metals, semiconductors and insulators, by modulating the external field. Shi-Gang Sun' group has prepared an Fe/N/C electrocatalyst with high activity for oxygen reduction, which can yield 1 W cm^{-2} output in fuel cell test; they further employed electrochemical in situ FTIR spectroscopy with probe molecule to investigate the nature of catalyst active sites. Yu-Guo Guo et al. have made series of progress on Li-S batteries. They have revealed a novel electrochemical mechanism of 1D sulfur chains in Li-S batteries, and developed a long-life lithium metal anode with mitigated lithium dendrite formation problem by accommodating lithium into 3D current collectors with a submicron skeleton. Jun Chen's group have shown phase and composition controllable synthesis of cobalt manganese spinel nanoparticles towards efficient oxygen electrocatalysis. This provides new routes for non-noble cathode catalysts for metal-air batteries and hydrogen-oxygen fuel cells. Some cathode materials manufacturer, such as Pulead technology industry Co., LTD., Xiamen tungsten Co., Ltd., and so on, have broken through high-voltage phase change of lithium cobalt oxide, and the capacity of all-battery achieved 180 mAh/g, and the output voltage can be stable at 4.35 V and 4.4 V. Peng Wang et al prepared a series of acetylethylenediamine dyes, which can increase the intramolecular charge transfer as donor or acceptor. Besides, devices fabricated from the dyes have an efficiency of 12.5% under condition of AM1.5G. Glucose can be detected without enzyme with a high sensitive detection by Qing Jiang et al. In Nanjing University, Nongjian Tao's group constructed the method of ion spectrum imaging, and this method can be used to image the oxidation and reduction for a single nanoparticle.

In the field of biophysical chemistry, Hao Ge and Xiaoliang Sunney Xie at Peking University have uncovered the molecular mechanism of transcriptional burst in bacterial by combining stochastic models and the in-vitro techniques of single-molecule enzymology. They have proposed a new rate formula for phenotype transition inside a single cell, quantifying how the switching rates between gene states affect the transition rates between different phenotypes at the single-cell level. Yiqin Gao of Peking University has further developed efficient molecular dynamics simulation methods, in which they combined integrated tempering sampling with QM/MM simulations to obtain structural, thermodynamics and kinetics information of biological systems. Hongda Wang, from Changchun Institute of Applied Chemistry of Chinese Academy of Sciences, has investigated the nucleated tissue cell membranes by in-situ single molecule techniques and proposed a novel model of the structure of whole cell membranes. Hongda Wang has been granted the National Science Fund for Distinguished Young Scholars in 2015, becoming the first winner of this honor in the field of biophysical chemistry.

In the period of 2013—2015, the number of analytical chemical researchers in China grew, and the research level elevated constantly. Great progresses have been made in the fields of bioanalysis and sensing, together with big developments in the fields of *in vivo* bioanalysis, proteome separation and analysis, bioanalysis based on functional nucleic acids, biomolecular recognition, microfluidic analysis, nanoanalysis. In 2014, professor Weihong Tan et al from Hunan University won the National Natural Science Award of China (the Second Class) for their work on recognition of functional nucleus acid and bio sensing methodologies. While in 2015, three research projects in analytical chemistry passed the first and final round evaluation of National Natural Science Award of China (the Second Class), including the research on the fundamental study of analytical chemistry on biomolecular recognition by professor Xiurong Yang et al from the Changchun institute of applied chemistry, Chinese academy of sciences, the research on electroanalytical chemistry and bioanalysis of graphene by professor Jinghong Li et al from Tsinghua university, and the work on new methodologies for *in vivo* analysis by professor Lanqun Mao et al from Institute of Chemistry, Chinese Academy of Sciences. All these achievements represent the hot research areas in analytical chemistry in recent years, and also demonstrate the development trend of analytical chemistry in China in the future.

After more than one hundred years of development, chromatography, as a subject of separation and analysis, has played an increasingly important role not only in the basic research of natural science but also in the development of the national economy. In the latest three years, significant progress has been made on the chromatography research in China including sample preparation techniques (characterized by hig-speed, high efficiency, high selectivity, high throughput, environmental friendliness, and automation), new stationary phase and column technology, multidimensional separation and analysis system (characterized by Integration, high-throughput and automation), and the innovative instruments and apparatus (characterized by Integration, miniaturization, and high sensitivity). Furthermore, the significant progress on the chromatographyprovides technical support for the separation and analysis of Chinese major research on the proteomics, metabonomics and muti-component Chinese Medicine. The research has been published on mainstream journal in the field of chromatography, *Journal of Chromatography A*, first-class journal in the field of analytical chemistry, *Analytical Chemistry*, and *Nature*'s series, while the number of publications is increasing year by year. According to the statistical results, since 2010, the number of SCI papers in the field of chromatography in China has been beyond the United States and always kept the leading position. From the January of 2013 to the May of 2015, the SCI publications in the field of chromatography from China account for nearly 25% of the total publications around the world. Compared with the publications in the previous three years (20.14%, from 2010 to 2012), these have been significantly increased. In recent years, obviously, the development trend of Chinese chromatography research is thriving, the overall research level has reached the advanced level, and part of the research direction has reached the global leading level.

Researchers in polymer chemistry have also made important progresses. Aiming at the low thermal resistance of CO_2-based polycarbonates, Lu et al. developed highly stereoregular catalysts for the stereoselective alternating copolymerization of CO_2 and various epoxides to afford semicrystalline polycarbonates. Also, they succeeded in preparing novel crystalline-gradient polycarbonates with adjustable melting points. Moreover, a new way to prepare various semicrystalline CO_2-based polycarbonates was discovered by the interlocked orderly assembly of the opposite enantiomers, providing various crystalline stereocomplexed polycarbonates with enhanced thermal stability.

Yong Cao's group developed a series of new water/alcohol soluble conjugated polymer(WSCP) for the interface modification of the polymer optoelectronic devices. They found that the significant improvement of electron injection/collection in the devices can be attributed to the dipole formation or/and the doping effect in the interface of the cathode and WSCP/active layer. Based on these innovative findings, the first all-printed full-color polymer light-emitting displays and the state of the art single junction polymer solar cells with efficiency over 10% were realized.

Using Brownian Dynamics simulation together with a set of newly developed analysis tools, Lijia An and coworkers systematically examined the evolution of chain conformation and entanglements, as well as stress-strain response in entangled polymer melts under startup shear. Their work for the first time offers convincing evidence that calls into question the fundamental assumption in the prevailing tube model that the topological constraint can be modeled as a Rouse chain confined in a smooth, barrierless tube. Their results suggest that instead of chain orientation, it is chain stretching followed by retraction, that is responsible for stress overshoot. The concept of disentanglement inhibition by shear proposed in their work provides new insight into the molecular mechanism of the large deformation behavior of polymers, which may lead to a new theoretical framework for the nonlinear rheology of entangled polymers.

Nuclear science and technology are developing continuously in recent years with the exploitation and utilization of nuclear energy, as an indispensable part of nuclear science and engineering, the research areas in radiochemistry and nuclear chemistry are further deepened and expanded, focusing on some hotspot research like energy utilization and environmental protection, scholars carried out extensive studies on and achieved significant progress on research areas of the new technology of nuclear fuel cycle, the fundamental research of nuclear chemistry, the new technology of analytical radiochemistry, the application and expansion of the nuclear pharmacology and the marked compound, the new method of the radioactive waste disposal and management, the application in environmental radiation chemistry and radiochemical, many examples was listed as follows:

Actively exploring on non-aqueous fuel reprocessing technology of new-type thorium based molten reactor; the establishment of the new separation procedure that can separate the fission products from the molten salt carrier; synthesis of new type of effective adsorbents for minor actinide nuclides and new type materials for uranium extraction from seawater; developing variety of special effect radiopharmaceuticlals and radioactive imaging agents that can be used in cancer diagnosis and treatment; scientific governance of $PM_{2.5}$ pollution by "special team for prevention and treatment of $PM_{2.5}$ " ,which was found in may 2013,and consisted of the recruitment of global experts and state academicians; studies on the immigration and chemical behaviors of U and other elements with existence of and microbes and humus in typical soil in south west china; development of Lithium isotope separation method in graphite-organic electrolyte system; so and so on. The results in these areas mentioned above have important supporting role in constructions of national defense, development of nuclear energy, the application of nuclear technology and the environmental protection and management. At the same time, under the support of technique of particle accelerator, reactor, all kinds of probes and analysis equipment together with the computer technology, some independent technical system were formed. Crossing with other subjects many new growing points appeared and new developing directions were generated.

The last section describes the developing status and trends of every sub-discipline and provides some insightful perspectives.

There are eight special reports: metal-organic frameworks, asymmetric catalysis, green chemistry, bioinspired multiscale interfacial materials with special wettability, carbon nanomaterial, self-assembly, haze chemistry, and chemical basic education.

Written by Shi Yong, Deng Chunmei, Tian Weisheng

Reports on Special Topics

Advances in Metal-organic Frameworks

Coordination polymers consisting of metal ions or clusters coordinated to organic molecules to form one-, two-, or three-dimensional structures, which can be regarded as a new sort of inorganic-organic hybrid materials. These materials can exhibit characteristics of both inorganic and organic materials with robustness and flexibility. According to the recommendations of International Union of Pure and Applied Chemistry, organic molecule-bridged coordination polymers with potential voids are usually called metal-organic frameworks (MOFs).

Chinese scientists have involved in this field for about 20 years, the research has been developed rapidly. In recent years, Chinese scientists have important contributions and impact in the field.

By a selection of about 100 representative publications authorized by researchers in Chinese mainland, this report briefly summarizes the investigations of Chinese community in the fields of metal-organic frameworks published in the period of 2012 to 2015, which includes the advances in molecular design and synthesis, fabrication of membranes and devices, selective absorption and separation, carbon dioxide capture, catalysis (in particular, the application of MOF-nanomaterial composites), sensing, optoelectronics and magnetism of metal-organic frameworks. Brief comments on the frontier and perspectives of the field are also given at the end of this article.

Written by Chen Xiaoming, Xue Wei

Advances in Asymmetric Catalysis

Enantiopure compounds are of fundamental importance both from academic and industrial perspectives, due to their pivotal roles in the synthesis of natural products, pharmaceuticals, agrochemicals, new materials and fragrances. Efficient approaches to various chiral molecules with high chemical yield and enantiomerical purity are required to meet the ever-increasing demand from lab and market. Since the high efficiency and atom economy, asymmetric catalysis is a hot issue and a frontier of the research in current organic chemistry. Organic chemists from China have made tremendous achievements in this research filed. This chapter provides a brief introduction of the latest significant advances in the research of metal catalysis, organocatalysis and enzyme catalysis in China.

In metal catalysis research field, chemists of China have succeeded to develop new ligands, new reactions and new concepts. Many of chiral ligands "made in China" have shown high catalytic activities and high enantioselectivities for a wide range of asymmetric reactions, some of which have become 'privileged ligand'. Zhou and Ding have built a library of powerful chiral ligands based on spiroskeleton, Feng has designed a new family of C2-symmetric N,N'-dioxides from readily available chiral amino acids, Lin has discovered a new family of C2-symmetric chiral diene ligands bearing a simple bicyclo[3.3.0] backbone, Tang has established the bi/trisoxazoline ligands with "Side Arm" for remote control of enantioselection, Dai and Hou have synthesized planar chiral N-P ligand based on ferrocene, Liao and Xu have invented novel chiral sulfoxides respectively, etc. At the same time, some reactions have been realized with good enantiocontrol by chemistries of China, which are difficult in obtaining high enantioselectivities before. Such as metal-catalyzed heteroatom-hydrogen bond (X-H) insertions, Roskamp-Feng Reaction, haloamination reactions, high efficient hydrogenations, dearomatizations and hydrogenations of aromatics, copolymerizations of epoxides and CO_2, cycloadditions of 1,3-dipolars, asymmetric catalytic synthesis and transformations of cyclopropanes, etc. Notably, some of the above reactions have successfully applied in manufacturing chiral drugs. In addition, we also established some new concepts that include self-supported catalysts, catalysts based on nano materials (metal-organic frameworks and carbon nanotube), macrocyclic ligands, relay catalysis, cooperative catalysis, enantioselective trapping of active intermediates, and switchable selectivity of reactions.

In organocatalysis research field, some powerful catalysts have been invented: Luo's primary/tertiary diamines represents one of the most versatile amine catalysts; Feng's chiral guanidines have been used in asymmetric transformations via an unconventional bifunctional mode of Lewis and Brønsted acid activations; Shi and Zhao's chiral phosphines can efficiently promote asymmetric Morita-Baylis-Hillma reaction and cycloaddition reactions of allenes, respectively; Ye's NHC-carbenes are very efficient in cycloaddition of ketenes; Gong's dual chiral phosphoric acids is able to catalyze three-component 1,3-dipolar cycloaddition; Du has realized metal-free asymmetric hydrogenations by using chiral Frustrated-Lewis-Pairs catalyst. Besides, we have reported some new reactions that further broadened organocatalysis concepts. Dienamine and trienamine catalysis developed by Chen, as an extension of amine catalysis, has emerged as a powerful tool with a novel activation strategy for polyenals/polyenones. Xu and Liu have designed supermolecular organocatalysts including hydrogen-bond-mediated iminium ion catalyst and self-assembly catalyst with vesicle structures regulated by compressed CO_2. Combining with metal catalysis provide new opportunities for organocatalysis. Wang has realized oxidative coupling by using metal-catalytic oxidation and amine catalysis, Luo has developed dual acid catalysis based chiral phosphoric acid and Lewis acid. Moreover, we have made many significant progresses in total synthesis of natural products and drugs with organocatalysis as key step. Gong and Ma have furnished natural indole alkaloids (+)-Folicanthine, (-)-Chimonanthinede with high yields, respectively. Ma has prepared Zanamivir, a drug used for the treatment of Influenza, in gram scale by using chiral thiourea-catalyzed Michael addition as key step.

In summary, owing to the endeavor of organic chemistries, China is already thought to have a lead in asymmetric catalysis. However, we still face many disadvantages and challenges. Henceforth, more emphasis of asymmetric catalysis research should be put on innovativeness, systematicness of theories, as well as practicability of methods. Asymmetric C-H functionalization, asymmetric visible-light catalysis, supermolecular chiral catalyst and cheap-metal catalyst should become hot topics and gain more attention.

Written by Zhou Yonggui, Luo Sanzhong, Feng Xiaoming

Advances in Green Chemistry

Sustainable development is a key issue to our society. How to obtain enough chemicals, materials, and energy sustainably without damaging our planet is extremely important and challenging. Chemical industry plays an important role in the world economy. However, most chemical processes used currently are not sustainable because they use fossil resources as feedstock and produce large amount of waste and hazardous materials. In recent years, green chemistry has become very attractive because it is an effective route to achieve the goal of sustainable development.

In recent years, green chemistry has received much attention from academia, industry, funding agencies, and government in China. Many leading chemists, young researchers, and chemical engineers are working in this field. Significant progress has been made both in fundamental research and industrial application of green technologies. In this Report, we highlight the progress in combination with some examples mainly in 2014 and 2015. The topics include atom-economic, selective, and energetically efficient approaches that can transform starting materials effectively to reduce or eliminate waste and save energy; design, prepare and utilization of greener and cheaper catalysts with high activity, selectivity, and stability; design and utilization of greener solvents such as water, supercritical fluids, ionic liquids, and their various combinations; development of clean, efficient and economic routes to use renewable or greener raw materials, such as biomass, CO_2, oxygen and H_2O_2, in preparation of valuable chemicals, materials and energy; design and production of green and sustainable products; development of clean and effective processes and technologies for chemical industry. Finally, we try to discuss the trend, opportunity, and challenge in this area.

Written by He Mingyuan, Liu Haichao, Han Buxing

Advances in the Wettabilities of Solid Surfaces

The wettabilities of solid surfaces have gained tremendous interest during a long period, and being intensively explored and accelerated by discoveries of unique wetting phenomena in both nature and experimental research. In the past decades, bioinspired surfaces with superhydrophobicity that is one of the extreme states of surface wettability have been intensively explored and accelerated by discoveries of superwetting phenomena in nature. Accordingly, several possible extreme states of superwettability were disclosed, including superhydrophilic, superhydrophobic, superoleophilic, and superoleophobic. When air is changed to water or oil, several possible extreme states appear: underwater superoleophobic, underwater superoleophilic, underoil superhydrophobic, and underoil superhydrophilic. Those terms, going far beyond new terminologies, have dramatically accelerated the development of new surface technologies and deepen the understanding of fundamental knowledge of wettability. Moreover, engineered wettability is a traditional, yet key issue in surface science and attracts tremendous interest in solving large-scale practical problems. Herein, some recent application progress of wettability system are introduced as following.

Inspired by spider silk and cactus spine, we forces on one-dimensional materials (1D), which capable of transporting vliquid droplets directionally. This remarkable property comes from the arrangement of micro- and nanostructures on these organisms' surfaces, which inspired chemists to develop methods to prepared surfaces with similar directional liquid transport ability. We first discuss some basic theories on droplet directional movement. Then, we discuss the mechanism of directional transport of water droplets on natural spider silks and cactus spines. Based on our studies of natural spider silks and cactus spines, we have prepared a series of artificial spider silks and artificial cactus spines with various methods. Herein, we demonstrated some applications of this directional liquid transport, from aspects of efficient fog collection to oil/water separation.

Low-adheson superhydrophobic surfaces are biologically inspired, typically by lotus leaf. Wettability investigated at micro- and nanoscale reveals that the low adhesion of the lotus surface originates from the composite contact mode, a microdroplet bridging several contacts, Within the hierarchical structures. These surfaces are inspired by the surfaces of gecko feet and rose petals. Base on our studies, we design and fabricated a high- adhesion superhydrophobic surfaces. Furthermore, we can tune the liquid -solid adhesion on the same superhydrophobic surface by dynamically controlling the orientations of microstructures without altering the surface composition. The superhydrophobic wings of butterfly show directional adhesion: a droplet easily rolls off the surface of wings along one direction but pinned tightly against rolling in the opposite direction. Through coordinating the stimuli-responsive materials and appropriate surface-geometry structures, we develop materials with reversible transitions between a low-adhesive rolling state and a high-adhesive pinning state for water droplets on the superhydrophobic surfaces, which were controlled by temperature and magnetic and electric fields.

Patterning of controllable surface wettability has attracted wide scientific attention due to its importance in both fundamental research and practical applications. In particular, it is crucial to form clear image areas and non-image areas in printing techniques based on wetting and dewetting. Here we presented the recent research on and applications of patterning of controllable surface wettability for printing techniques, with a focus on the design and fabrication of the precise surface wettability patterning by enhancing the contrast of hydrophilicity and hydrophobicity, such as superhydrophilicity and superhydrophobicity.

In summary, several novel application fields, mainly gas, water, oil and/or other liquid environments, are presented in this section. By combining different super-wettabilities, novel interfacial functional systems could be generated and integrated into devices for use in tackling current and the future problems including resources, energy, environment and health.

Written by Liu Mingjie, Jiang Lei

Advances in Carbon Nanomaterial

Carbon Nanomaterial has been touted as one of the most significant scientific discoveries in the field of materials science for the past 30 years, where the key investigators contributing to the main breakthroughs have been awarded a Nobel Prize in Chemistry in 1996 and a Nobel Prize in Physics in 2010. Carbon nanomaterials constitute a large class of versatile carbon-based nanostructures, mainly encompassing fullerene, diamond, carbon nanotube, graphene, graph(di)-

yne, as well as their derivatives. As represented by carbon nanotube (CNT) and graphene, such materials possess a great deal of extraordinary properties, for instance, carbon nanomaterials especially graphene exhibit far higher carrier mobilities than that of silicon semiconducting material, simultaneously having supreme thermal conductivity and mechanical strength. In turn, their practicalization will be expected to serve as a powerful driving force for the development of a variety of traditional and novel sectors, which includes National Security Service, Information and Communications, Renewable Energy, Smart Transportation, Aviation, Resource Utilization, and Bio-medicine. Carbon nanomaterial is deemed as one of the "super" materials leading competitiveness in future high-tech industry. To date, investigations on carbon nanomaterials are gradually breaking the confinement of laboratory research stage and entering early stages of industrialization. Over the next decade, the progressive realization of technology industrialization will center on a series of key areas such as Energy Storage, High-strength Composite Material, Flexible Displaying Device, Optical Communications, High-frequency Electronics, Flexible Transistor, and Carbon-based Large Scale Integrated Circuit.

With a strong scientific and technological background as well as fairly early start in the research and development of carbon nanomaterials, Our nation, China, indeed possesses huge potentials and unique advantages in this hot research area. The past few years have witnessed a bombing growth of research teams and frameworks in relation to carbon nanomaterials, where there is currently more than 1,000 research groups focusing on carbon nanomaterial research within academic universities and research institutions across the country. The total count of scientific publications of China in relevant fields has rocketed to the top of the world. Meanwhile, we are able to maintain outstanding performances in all aspects with respect to the industrialization of carbon nanomaterials, which is specifically reflected in the fields of scalable production, electrochemical energy storage, transparent conductive film, and hybrid material *etc.* Nowadays, as the carbon nanomaterial research is approaching light of dawn of industrialization, we all are facing an important period of strategic opportunities concerning the development of emerging industries of carbon nanomaterials. Under such circumstances, our government is advised to make key layouts and promote ordinal development in order to seize this rare historical opportunity.

Written by Liu Zhongfan, Xie Sishen, Fan shoushan, Cheng Huiming, Xu Ningsheng, Xue Zengquan, Peng Lianmao, Wei Fei, Zhang Jin, Jiang Kaili, Deng Shaozhi, Chen Yongsheng, Shi Gaoquan

Advances in Self-assembly

Chemical syntheses and self-assembly are two typical approaches to create new matters. Chemical syntheses focus on the formation and break of covalent bonds, and have gradually become mature during the past two centuries. By contrast, self-assembly, which relies mainly on non-covalent interactions, is still in its infancy. In the 125th anniversary issue of the journal Science, "How far can we push chemical self-assembly" was issued as one of the 25 "most compelling puzzles and questions facing scientists" in the next 25 years, thus manifesting its importance in the whole scientific community. This review systematically summarized recent progress on the field of self-assembly, including building motifs, novel interactions, and morphology, functionalization of assemblies, and novel theories and technology.

In the first chapter of this review, novel building motifs were categorized by sizes. For small host molecules, pillarenes, triazole macrocycles and foldamers, cycloparaphenylenes, nitrogen and oxygen bridged calixarenes and some other examples were featured. For macromolecules, Hyperbranched polymers, Janus dendrimers, cyclized block copolymers and other polymers with novel topology were highlighted. In addition, bioconjugated molecules especially DNA fused polymers were also frequently used as building blocks. For giant molecules and nanoparticles, fullerene, polyhedral oligomeric silsesquioxane (POSS), polyoxometalate, graphene derivatives and anisotropic nanoparticles including Janus and patchy ones were featured.

In the second chapter of this review, novel interactions involved in self-assembly process were summarized. For non-covalent interactions, anion-π interactions and radical dimerization interaction were investigated and used as driving force for self-assembly. Besides, some weak interactions such as halogen bonding and metal-metal interaction, which was investigated early in crystal engineering, were gradually used in self-assembly. For dynamic covalent bonding, new types of bonds such as Se-N bond and special C-C bond were developed and involved in tuning self-assembly process.

In the third chapter of this review, novel self-assembling morphology was summarized. First, novel topological structures including trefoil knot, David catenane, Sierpinski triangle, dendrimeric rotaxanes were listed. Then, novel strategies for controlling supramolecular polymerization were interdicted, and narrow dispersed assemblies established by taking advantage of supramolecular living polymerization were featured. Third, periodically ordered structure such as 2D polymers based on dynamic covalent bonding and 2D/3D supramolecular organic frameworks were introduced.

In the fourth chapter of this review, progress on fuctionalization of assemblies was summarized in two categories. First, functionalized systems which mimic the behavior of life were introduced, including self-replicating, chiral amplifying/transferring, enzyme mimicking, ion transporting artificial systems. In addition, primitive trials towards artificial lives were featured. Second, functionalized materials constructed by self-assembly were introduced, such as organoelectronic materials, ferroelectric materials, self-healing materials, crystalline sponges, long-range energy transport systems and photoresponsive materials.

In the fifth chapter of this review, novel theories and technology that related to self-assembly were featured. For theories, systems chemistry and catassembly were introduced. Systems chemistry stems from the concept "systems biology", and it attempts to capture the complexity and emergent phenomena prevalent in the life science within a wholly synthetic chemical framework. Catassembly is a concept innovated from traditional catalysis in synthetic chemistry. By summarizing existing example in the field of self-assembly, it's obvious that this concept has been in fact put into practice, yet further exploration is still needed. Besides, theories based on computational modeling results were introduced. For technology, visualization of non-covalent bonding and direct measurement and modulation of single-molecule coordinative bonding forces in a transition metal complex were highlighted as stunning progress to uncover the nature of bonding.

In summary, since 1980s, self-assembly had been growing fast and became a multidiscipline subject that closed related to synthetic chemistry, life science, material chemistry, informatics and some other subjects, helping scientists to give deeper insight into the physical world.

Written by Zhou Cen, Xuan Wei, Cao Xiaoyu, Zhang Xi, Tian Zhongqun

Advances in Haze Chemistry

The rapid development of the economy, urbanization and industrialization has led to an increase in air pollution in China, with regional haze taking place frequently in mega cities. The essence of haze pollution is the fine particle ($PM_{2.5}$) problem, which could influence atmospheric visibility, public health, and sustainable development of economy. Beijing had experienced a severe haze episode in January 2013. The instantaneous concentration of $PM_{2.5}$ during this period exceeded 680μg m^{-3}, 9 times than that of the national standard.

In the recent 3~5 years, a series of research focused on the haze chemistry under the combined pollution situation had been performed and making progress. Atmospheric chemists had investigated of $PM_{2.5}$ on the aspects of its sources, compositions, nucleation and growth processes, heterogeneous processes, health effects, and control technology. They found that the formation mechanism of $PM_{2.5}$ is closely related to the locations, meteorological conditions and transmissions in different regions including Beijing-Tianjin-Hebei, Yangtze River Delta and Pearl River Delta by comparing their emission features. In addition, atmospheric chemists have paid much attention to laboratory researches to get a better understanding of chemical mechanisms of haze events. Combining the experiments and field measurements results, they hope to provide constructive suggestions for controlling regional haze pollutions. Elucidating the chemical transformations of $PM_{2.5}$ during the urban haze events in China is a challenging research project in the field of atmospheric chemistry and the key problem to effectively control haze pollution. In summary, analyzing the impacts of chemical processes of $PM_{2.5}$ during the haze formation can provide theoretical results and scientific basis for abating haze pollutions in metropolitan areas.

Written by Ge Maofa, Tong Shengrui, Yu Xiaolin, Wang Jing, Liu Qifan, Li Kun, Hou Siqi

Advances in Chemical Basic Education

Great achievements have been made in domestic chemical basic education from 2014 to 2015. Based on the published results and related research trends, we have made great achievements in research of a number of fields, such as internationalization of research results, chemistry curriculum and teaching materials, chemistry theory and practice, chemical experiment teaching, assessment of chemistry teaching, and chemistry teachers' professional development. Moreover, with the development of concept of STEM (science, technology, math and engineering) and interdisciplinary technologies, the popularity of third-party evaluation methods and the integrated practical assessing activities, we should apply ourselves to explore means of teaching in basic

chemistry education, to integrate teaching resources, to develop STEM curriculum and chemistry (or science) courses, to enrich interdisciplinary teaching materials and create a strong innovation atmosphere, to help student set up the problem consciousness and improve their source power of innovation, to renovate concept of assessment, that is, to evaluate the existing teaching quality and students' ability by third-party evaluation out of the needs of students' future development.

Written by Li Chuan, Liu Kewen

索　引